风景园林理论与实践系列丛书
北京林业大学园林学院　主编

The Place Involvement of Wildlife Tourism

野生动物旅游场所涉入

从　丽　著

中国建筑工业出版社

图书在版编目（CIP）数据

野生动物旅游场所涉入 = The Place Involvement of Wildlife Tourism / 丛丽著. --北京：中国建筑工业出版社，2024.12. --（风景园林理论与实践系列丛书）. -- ISBN 978-7-112-30747-0

Ⅰ. F590.31

中国国家版本馆CIP数据核字第202441CM73号

责任编辑：李玲洁　杜　洁
书籍设计：张悟静
责任校对：赵　菲

风景园林理论与实践系列丛书
北京林业大学园林学院　主编
野生动物旅游场所涉入
The Place Involvement of Wildlife Tourism
丛　丽　著

*

中国建筑工业出版社出版、发行（北京海淀三里河路9号）
各地新华书店、建筑书店经销
北京锋尚制版有限公司制版
建工社（河北）印刷有限公司印刷

*

开本：880毫米×1230毫米　1/32　印张：8⅝　字数：295千字
2024年12月第一版　2024年12月第一次印刷
定价：**40.00** 元
ISBN 978-7-112-30747-0
（44074）

丛书序　学到广深时，天必奖辛勤

——挚贺风景园林学科博士论文选集出版

人生学无止境，却有成长过程的节点。博士生毕业论文是一个阶段性的重要节点。不仅是毕业与否的问题，而且通过毕业答辩决定是否授予博士学位。而今出版的论文集是博士答辩后的成果，都是专利性的学术成果，实在宝贵，所以首先要对论文作者们和指导博士毕业论文的导师们，以及完成此书的全体工作人员表示诚挚的祝贺和衷心的感谢。前几年我门下的博士毕业生就建议将他们的论文出专集，由于知行合一之难点未突破而只停留在理想阶段。此丛书则知行合一地付梓出版，值得庆贺。

以往都用“十年寒窗”比喻学生学习艰苦。可是作为博士生，学习时间接近二十年了。小学全面启蒙，中学打下综合的科学基础，大学本科打下专业全面、系统、扎实的基础，攻读硕士学位培养了学科专题科学研究的基础，而博士学位学习是在博大的科学基础上寻求专题精深。我唯恐“博大精深”评价太高，因为尚处于学习的最后阶段，博士后属于工作站的性质。所以我作序的题目是有所抑制的“学到广深时，天必奖辛勤”，就是自然要受到人们的褒奖和深谢他们的辛勤。

“广”是学习的境界，而不仅是数量的统计。1951年汪菊渊、吴良镛两位前辈创立学科时汇集了生物学、观赏园艺学、建筑学和美学多学科的优秀师资对学生进行了综合、全面、系统的本科教育。这是可持续的、根本性的“广”，是由风景园林学科特色与生俱来的。就东西方的文化分野和古今的时域而言，基本是东方的、中国的、古代传统的。汪菊渊先生和周维权先生奠定了中国园林史的全面基石。虽也有西方园林史的内容，但缺少亲身体验的机会，因而对西方园林传授相对要弱些。伴随改革开放，我们公派了骨干师资到欧洲攻读博士学位。王向荣教授在德国荣获博士学位，回国工作后带动更多的青年教师留学、进修和考察，这样学科的广度在中西的经纬方面有了很大发展。硕士生增加了欧洲园林的教学实习。西方哲学、建筑学、观赏园艺学、美学和管理学都不同程度地纳入博士毕业论文中。水的源头多了，水流自然就宽广绵长了。充分发挥中国传统文化包容的特色，化西为中，以中为体，以外为用。中西园林各有千秋。对于学科的认识西比中更广一些，西方园林除一方风水的自然因素外，是由城市规划学发展而来的风景园林学。中国则相对有独立发展的体系，基于导师引进西方园林的推动和影响，博士论文的内容从研究传统名园名景扩展到城市规划所属城市基础设施的内容，拉近了学科与现代社会生活的距离。诸如《城市规划区绿地系统规划》《基于绿色基础理论的村镇绿地系统规划研究》《盐水湿地“生物—生态”景观修复设计》《基于自然进程的城市水空间整治研究》《留存乡愁——风景园林的场所策略》《建筑遗产的环境设计研究》《现代城市景观基础建设理论与实践》《从风景园到园林城市》《乡村景观在风景园林规划与设计中的意义》《城市公园绿地用水的可持续发展设计理论与方法》《城市边缘区绿地空间的景观生态规划设计》《森林资源评估在中国传统木结构建筑修复中的应用》等。从广度言，显然从园林扩展到园林城市乃至大地景物。唯一不足是论题文字繁琐，没有言简意赅地表达。

学问广是深的基础，但广不直接等于深。以上论文的深度表现在历史文献的收集和研究、理出研究内容和方法的逻辑性框架、论述中西历史经验、归纳现时我国的现状成就与不足、提出解决实际问题的策略和途径。鉴于学科是研究空间环境形象的，所以都以图纸和照片印证观点，使人得到从立意构思到通过意匠创造出生动的形象。这是有所创造的，应充分肯定。城市绿地系统规划深入到城市间空白中间层次规划，即从城市发展到城市群去策划绿地。而且城市扩展到村镇绿地系统规划。进一步而言，研究城乡各类型土地资源的利用和改造。含城市水空间、盐水湿地、建筑遗产的环境、城市基础设施用地、乡村景观等。广中有深，深中有广。学到广深时是数十年学科教育的积淀，是几代师生员工共铸的成果。

反映传承和创新中国风景园林传统文化艺术内容的博士论文诸如《景以境出，因借体宜——风景园林规划设计精髓》是吸收、消化后用学生自己的语言总结的传统理论。通过说文解字深探词义、归纳手法、调查研究和投入社会设计实践来探讨这一精髓。《乡村景观在风景园林规划与设计中的意义》从山水画、古园中的乡村景观并结合绍兴水渠滨水绿地等作了中西合璧的研究。《基于自然进程的城市水空间研究》把道法自然落实到自然适应论、自然生态与城市建设、水域自然化，从而得出流域与城市水系结构、水的自然循环和湖泊自然演化诸多的、有所创新的论证。《江南古典园林植物景观地域性特色研究》发挥了从观赏园艺学研究园林设计学的优势。从史出论，别开蹊径，挖掘魏晋建康植物景观格局图、南宋临安皇家园林中之梅堂、元代南村别墅、明清八景文化中与论题相符的内容和“松下焚香、竹间拨阮”“春涨流江”等文化内容。一些似曾相见又不曾相见的史实。

为本丛书写序对我是很好的学习。以往我都局限于指导自己的博士生，而这套书现收集的文章是其他导师指导的论文。不了解就没有发言权，评价文章难在掌握分寸，也就是“度”、火候。艺术最难是火候，希望在这方面得到大家的帮助。致力于本书的人已圆满地完成了任务，希望得到广大读者的支持。广无边、深无崖，敬希不吝批评指正，是所至盼。

孟兆祯

2015 年 1 月

本书序

从丽博士在其博士学位论文的基础上，整理加工而成《野生动物旅游场所涉入》专著，要求我在一个星期之内拿出一篇引序，一般情况下，这么短的时间是写不出什么好序来的。但是当我接到这个任务时，毫不迟疑地同意了：因为这样一本谈论通常情况下只能在自然保护地核心保护区才能开展的野生动物旅游的学术专著，不仅具有国内第一部野生动物旅游学术研究专著的理论价值，也对当前争议颇多的中国国家公园和国家级自然保护区的核心保护区内，能否让游客进入、进入多少、如何进入、进入以后可以被允许做哪些等现实问题的学理解释和应用指引，也是一项十分紧迫的任务。

与世界上大多数国家的自然保护地保护等级次序不同，中国的自然保护地按照保护严格程度从严到松的次序依次是：国家（自然）公园、国家级自然保护区、国家级自然公园。而国际上比较流行的顺序则是：自然保护区、国家公园、其他自然保护地。我们的国家公园在所有自然保护地体系中，要实行“最严格的保护”。2017年中共中央、国务院办公厅发布的《建立国家公园体制总体方案》第五条国家公园定位明确指出：“国家公园是我国自然保护地最重要类型之一，属于全国主体功能区规划中的禁止开发区域，纳入全国生态保护红线区域管控范围，实行最严格的保护。国家公园的首要功能是重要自然生态系统的原真性、完整性保护，同时兼具科研、教育、游憩等综合功能。”在这里，我们尝试将“最严格的保护”的科学含义，分解为“三严”：最严肃的政治态度、最严谨的科学分析和最严密的管理措施。“最严格的保护”绝不是那种一刀切地规定“禁止人为活动”，而是在“严肃、严谨、严密”的保护与利用关系协调过程中，实现“国家所有、全民共享、世代传承”的治理目标。

最严肃的政治态度，是指在理解、落实中央生态文明建设的总体战略问题上，必须坚定不移地贯彻“两山理论”，在严格保护好绿水青山的前提下，不“躺平”、不推诿，带领群众通过合理利用生态资产，实现绿色发展、改善民生的可持续目标。既不能搞封闭式的一刀切“禁止入内”、一关了之，也不允许粗暴开发、“杀鸡取卵”式的开发利用。

最严谨的科学分析，是指在自然保护地的保护与利用实践中，应该倡导科学研究、摸清家底、理顺机理，因地制宜、因园制宜、因时制宜、因人制宜。在成百上千的自然保护地中，受保护的对象千差万别，保护地所处的自然地理环境千差万别，适宜开展的自然教育、自然游憩、生态旅游、康养疗愈的人类活动及其产生的场所涉入也是千差万别的。只有在科学研究的基础上，针对不同的保护地、保护对象、可进入性和可承接容量，制定出合理、可行、满足多利益主体要求的生态红线划定、功能分区和游客容量限定。

最严密的管理措施，无论是国家公园、自然保护区，还是其他类型的自然公园，要实现任何一种设定的管理目标，都不可能找到单一的、放之四海而皆准的管理模式、管理标准和管理办法。细节是“魔鬼”。实际上，关于自然保护区的核心保护区，理论上、法律条文上，多年来一直要求“禁止人为活动”，但这一法定要求基本上没有做到：因为绝大多数核心保护区都有原住居民的农业生产和外来访客的旅游观光大面积的存在。基于这一尴尬局面的长期存在，也经历了长期的央地博弈、部门博弈和主客博弈，2024年9月10日，首次提请全国人大常委会会议审议的《中华人民共和国国家公园法（草案）》第二十六条规定“国家公园实行分区管控，划分为核心保护区和一般控制区。”第二十七条规定“国家公园核心保护区主要承担保护功能，最大程度限制人为活动”，不再使用其前各种文件中“禁止人为活动”的说法，而且具体设立了允许存在的9类人为活动，其中包括原住居民的生产生活活动，以及科学研究、考古调查发掘和文物保护活动，国家公园设立之前已有的民生基础设施和其他线性基础设施的运行维护，以及法律法规允许的其他情形。也就是说，那些在国家公园设立之前就已存在的旅游活动是受到国家公园法的保护的，因为根据联合国世界旅游组织的《旅游权利法案和旅游者守则》和《马尼拉世界旅游宣言》，都规定了旅游是人类个体基本的权利，国家公园设立之前建立的旅游安全、遗产解说、基本食宿等设施属于保障其旅游权利的“民生基础设施”。也就是说，最严密的管理措施和管理规划，也属于“最严格的保护”的必然要求。

说了这么多，无非是借丛丽博士的大作即将付梓之机，向作者表达热烈的祝贺，也借这个机会向广大读者分享一点长期思考的个人见解。值得高兴的是，我们马上就要有一部《中华人民共和国国家公园法》了，根据这部法律的基本精神，自然保护地的自然旅游，当然也包括野生动物旅游，就可以依法规划、依法运营、依法发展了。

是为序。

北京大学城市与环境学院教授

文化和旅游部“十四五”规划专家委员会委员

2024 年 12 月 3 日

前　言

我国自然保护地体制改革进入关键阶段，实现野生动物的保护和利用的双赢，是自然保护地建设目标，也是多学科共同关注的重点和难点问题。然而"人—野生动物—保护地"之间互动的关系尚不明晰，野生动物旅游在我国的自然保护地建设中是否可行？野生动物旅游者的目的地行为和心理特征是什么？该问题不仅关乎游客行为管理的策略，还关乎以国家公园为主的自然保护地建设目标的实现。

人类对于野生动物喜爱的历史由来已久，最早记录可追溯到公元前2300年前的埃及，一块石匾上刻有美索不达米亚南部苏美尔的重要城市乌尔收集珍稀动物的描述。回溯历史发展，人类与野生动物之间的关系脉络也经历了阶段性变化：从原始社会的图腾崇拜，到农业文明和工业文明的开发利用以及生态文明的和谐共生。

传统野生动物通常被作为一种资源来对待，人类保护它们的目的也是为了更好利用，因此出现了"人类中心主义"的世界观，然而在现代，对于野生动物的情感主要被属性和价值所影响，因此出现了"生态中心主义"的环境伦理观，主张生物多样性是地球上生命元素必不可少的组成部分。这种对不同生命内在价值的认可，引导人类与野生动物进入一种新的关系——以观赏和接触野生动物为对象的旅游活动，即野生动物旅游。

提到野生动物旅游，很多人的第一反应是：只有到东非草原去欣赏野生动物大迁徙、到黄石公园野外追踪野狼，才可以算上真正意义的野生动物旅游……的确这是野外生境中野生动物旅游的典型代表，而广义的野生动物旅游是指以接触非家养野生动物为主要目的的旅游活动，它不仅可以发生在野外生境中，也可以发生在圈养和半圈养生境中，包括一系列的活动，如观鸟、观鲸、一般的野生动物观光，参观动物园和水族馆，观赏水下生命的潜水、狩猎以及休闲性垂钓等。

近些年，野生动物旅游在世界范围内得到蓬勃发展。据估计，全球每年有1200万次与野生动物相关的旅行，并以大约每年10%的速度增长，对国家的经济贡献可多达1550亿美元。在全球每11个岗位中有1个工作机会与野生动物旅游相关。在国外，尤其是美国、澳大利亚等发达国家和野生动物资源丰富的非洲地区，野生动物旅游作为一种产业现象引起了学者广泛的关注，且成果颇丰。

我国野生动物旅游已展现初露锋芒的发展态势。在市场供给方面，有动物园、鸟语林、海洋馆、野生动物园等圈养和半圈养野生动物旅游景区，据不完全统计，已有700多处。其中，四川大熊猫繁育与养殖基地、广州长隆野生动物园、珠海长隆海洋王国、东北虎林园等半圈养生境野生动物旅游地，成为节假日国民出游热点景区。在市场需求方面，伴随着亲子家庭出游比例的增长，以缓解学业压力、增进自然接触、培养动物关爱情感等为目的的出游决策中，野生动物旅游成为很多亲子家庭出游的首选。

野生动物保护已经成为中国政府“一带一路”倡议及“人类命运共同体”理念的重要内容。经验表明，国家公园是野生动物保护一种非常重要且有效的管理手段，但未来国家公园体制试点中如何解决好野生动物保护与游憩利用，的确是一个值得思考的问题。随着国家公园体制试点的稳步推进，尤其是大熊猫和东北虎豹国家公园体制的建立，迫切需要加强相关领域的研究。因此，本书将直接对接“以国家公园为主的自然保护地”的战略需求，融合动物地理学、旅游地理学、社会学等学科理论与基础，聚焦探析了半资源消费型和非资源消费型野生动物旅游现象，以计划行为理论和涉入理论为基础，选取中国四川成都大熊猫繁育与研究基地和澳大利亚班伯里海豚探索中心为案例地，通过方差分析、因子分析和结构方程模型等定量统计分析方法，对野生动物旅游者的特征进行实证分析，构建在野生动物旅游情境中“风险感知—环境态度—场所涉入”的理论关系。

本书是国内第一本关于野生动物旅游研究的专著，系统梳理了国内外关于该领域的研究进展，并首次提出野生动物旅游概念；同时，本书采用跨国案例地的不同物种进行实证分析，涵盖了半资源消费型和非资源消费型野生动物旅游两种类型。本书的研究结论可以为当下我国建设以国家公园为主的自然保护地体系相关政策制定提供决策基础，可以为野生动物旅游市场的可持续发展提供营销和管理的指导，在理论层面也可以丰富旅游地理学和风景园林等学科的相关理论研究关注对象。

书中对与野生动物旅游相关的部分名词进行了英语释义，受作者视野和水平所限，错漏难免，敬请指正。

目　录

第1章

野生动物旅游的国内外发展概况

1.1 野生动物旅游发展的背景

1.1.1 人与野生动物互动的历史渊源

回溯历史发展，人类与野生动物之间的互动关系，经历了阶段性变化：从原始社会的图腾崇拜，到农业文明和工业文明时期的冲突和开发利用以及生态文明的和谐共处。人类对于野生动物喜爱的历史由来已久，最早记录可追溯到公元前2300年前，人们在一块石匾上刻下对当时在美索不达米亚南部苏美尔的重要城市乌尔收集珍稀动物的描述（Falk，1991）。据《诗经·大雅》记载，周文王曾兴建苑囿，放养禽兽，供戏乐狩猎。大约在公元前1500年，埃及法老有自己的动物收藏。公元前1100年，亚述王提革拉·帕拉萨也收藏了大量的野生动物，彰显政治统治权威；亚里士多德对野生动物兴趣浓厚，曾观察和研究动物，并写了一本《动物的历史》。印度皇帝阿克巴建立了当时世界上最好的笼养动物园，拥有5000只大象和1000只骆驼。15世纪末，意大利的佛罗伦萨正是文艺复兴时期，动物被视为美丽和高贵的象征，狼和狮的图像经常出现在家族的徽章上。动物被画家们当作模特进行艺术创作，它们的形象展现在许多杰出的艺术作品中，达·芬奇也养了一些动物做模特。有魅力的野生动物往往能够吸引游客，如布温迪国家公园的山地大猩猩、加拉帕戈斯群岛的巨型陆龟以及撒哈拉以南非洲草原公园里大量的大型哺乳动物。根据人类与野生动物接触机会和生境类型不同，将野生动物旅游分为圈养型、半圈养型和野外生境型三类。中国的野生动物旅游主要是在圈养型和半圈养型的野生动物旅游景点中观看动物表演、进行亲密互动等活动，少数是在野外生境型的自然栖息地中观赏动物。人类与野生动物的互动发生在许多情境中，包括游憩、狩猎、生计、交通、土地利用和被动欣赏活动，人与野生动物互动包括积极和消极的体验（Freeman et al.，2021），一方面，人们重视野生动物，因为它们提供重要的文化和娱乐生态系统服务，如研究表明观看野生动物可以带来积极的心理健康益处，动物园、野生动物园、水族馆、鸟语林以及野外观鸟、观鲸、观海豚等野生动物旅游在世界得到了蓬勃发展；另一方面，消极的互动会导致人兽冲突，会给人类、动物或两者带来不良后果（Nyhus，2016）。

1.1.2 人与野生动物和谐共生是世界可持续发展的共同目标

人类在过去数万年的时间里，一直处于与野生动物冲突和共存的关系中。工业革命之后，科学技术和现代工业文明的飞速发展，极大地改变了人类的生活空间和生存境遇，也导致人与野生动物之间的冲突愈加尖锐，野生动物栖息地空间被人类开发利用挤占，种群数量锐减，野生动物资源遭到严重破坏，生态危机已经严重威胁到了人类自身的生存，大自然向人类敲响了警钟，人类逐渐认识到人和动物都是自然生态体系中不可缺少的一部分，实现人与野生动物的和谐共生是必然选择。从地球进入“人类世”之后，物种灭绝率达到背景灭绝率的1000倍（Pimm et al.，2014），被称为“第六次生物大灭绝”，人类与野生动物互动的关系严重威胁人类社会的可持续发展（Ceballos et al.，2015）。随着人类文明的不断发展和进步，人们开始认识到野生动物保护的重要性，人与野生动物和谐共生成为世界可持续发展的共同目标（史培军 等，2019）。党的十八大以来，习近平总书记对生态文明建设高度重视，明确提出坚持人与自然和谐共生，并将其作为新时代坚持和发展中国特色社会主义的基本方略之一。2021年，世界自然基金会（World Wide Fund for Nature，WWF）与联合国环境规划署（United Nations Environment Programme，UNEP）共同发布报告《共享的未来——人类与野生动物共存的必要性》。2022年，第十五次《生物多样性公约》缔约方大会第二阶段会议指出，保护生物多样性是通向人与自然和谐共生美好未来的新起点。从原始社会古人赖以生存的狩猎到现代社会生活中各种野生动物相关产品和服务，人类和野生动物一直保持着息息相关的紧密联系。随着生态环境持续向好、野生动物种群和栖息地增多，人与动物的“亲密接触”在所难免，如今，我们更应该深思：人类应该怎样与动物和谐共生，方能共同守护生态系统的平衡，实现可持续发展。

1.1.3　我国建立以国家公园为主的自然保护地体制

自党的十八届三中全会提出“建设生态文明制度”，到党的十九大提出“建立以国家公园为主的自然保护地体系”，中共中央、国务院多次在重要文件和会议中提及自然保护地体系重构，构建科学合理的自然保护地体系已成为国家生态文明战略的紧迫课题（陈耀华 等，2019）。历经70多年的实践和发展，我国已建成了以自然保护区为核心、多类型组成的自然保护地体系（侯鹏 等，2017），对生物多样性保护起到了关键作用，但现有自然保护地存在空间交叉重叠、管理机构冗杂、权责利划分模糊问题（何思源 等，2019），物种保护、国民游憩和社区经济发展在自然保护地方面矛盾突出（吴承照，2018）。加强以国家公园为主的自然保护地的野生动物游憩研究，有利于补充和完善我国自然保护地体系相关研究，更好地解决野生动物保护与游憩利用及社区经济发展的矛盾，对维护国家生态安全、增进国民福祉、落实生态文明战略具有重大的战略意义（马建章 等，2003）。2021年10月，我国正式设立三江源、大熊猫、东北虎豹、海南热带雨林、武夷山5个国家公园，其中有2个是专门以保护野生动物及其生态系统为对象的国家公园，我国国家公园建设的理论基础是“坚持生态保护第一、坚持国家代表性、坚持全民公益性”这三大理念，根据全民公益共享的理念，国家公园也是一个为公众提供亲近自然、了解自然的重要地方。如何在保护第一的前提下，更好地发挥国家公园的全民公益性，适当开展游憩、自然教育等活动，是亟待解决的时代课题，因此在国家公园里，人与野生动物的互动尤为重要。

1.1.4 城市化背景下游客需求和行为特征变化

随着社会经济的发展和民众收入的增加，人们价值观念呈现多元化，自我主宰意识全面提高，更强调对个性化生活品质的追求，旅游偏好正在对社会生活的各个方面产生深远影响（王文慧，2007）。以旅游者为中心的旅游需求研究对于旅游业发展来说有非常重要的意义，特别是在整个社会进入体验经济时代后，个体的旅游行为将发生重大转变，旅游产业也将随之发生根本性的变革。从过去的以产业供给为中心的模式转为以旅游者需求为中心的模式，旅游业将更表现出需求拉动型的特征。因此，只有更加关注旅游者个体的需求和个体的满足，才能获得旅游产业的持续发展，旅游地可以为旅游者提供涉入机会，旅游产品的供给更加考虑到旅游者的参与性。旅游市场特征包括：更加崇尚自然，返璞归真，追求个性化、知识性、参与性和体验性，表现更加多元化、层次化；呈现散客游、家庭游和自助游的发展趋势；在旅游产品上，生态旅游、遗产旅游、乡村旅游、山地旅游、森林旅游、非资源消费型野生动物旅游等受到偏爱。

1.2 人与野生动物互动的环境伦理观演变

1.2.1 以传统人类中心主义为典型代表的环境伦理观

环境伦理观有很多不同的形式，根据道德关怀的范围可以分为人类中心主义和非人类中心主义。传统的人类中心主义是延续了几个世纪的哲学思想，其世界观主要原则有：人类是该宇宙最重要的物种，人类独立于自然之外并且对除人类外自然界的一切负有管理的职责和义务，通过科学技术手段的利用可以无休止地挖掘利用自然资源。人类和自然关系是人类中心主义最主要的环境伦理形式，认为大自然的一切只作为可供人类随意利用、满足人类无休止欲望的资源存在，这是一种典型的人类中心主义观点（Wearing et al.，2000）。即使在今天，野生动物在医学、农业和工业中都体现了其美学和医药价值。

1.2.2　非人类中心主义道德关怀的范围逐步扩大

非人类中心主义是随着环境保护的深入开展，人们开始在价值观层面寻求解决环境危机的方法中产生的，包括不是人类中心主义或者走出人类中心主义的各种流派和思潮。在反对人类中心主义的立场上，从动物权利主义、动物解放主义到生物中心主义再到生态中心主义，人类道德关怀的范围一步步扩大，从有感觉能力的动物到有生命的生物再到整个自然，都已纳入人类的道德视野（Desjardins，2005）。动物解放主义认为动物有感受苦乐的能力，理应获得道德关怀。动物权利主义认为，动物是生命主体，它们也有“天赋价值”，这种天赋价值赋予了一种道德权利。这是当代西方动物权利主义的主要观点。动物权利主义有两个基本派别：一个派别主张动物福利，强调动物权利。保护动物福利者主张从法律上禁止残酷对待动物，要求人道地对待动物；另一个派别则彻底反对所有利用动物的方式，如实验、动物园、马戏团、狩猎等（李媛，2011）。

1.2.3　生态中心主义注重生态系统的整体性和完整性

生态中心主义主张人、土壤、水、植物和动物一起组成了大地共同体，人是大地共同体的成员，而不是征服者，人类应尊重他/她的生物同伴和大地共同体，既要承认他们永续生存的权利，又要承担起保护大地的责任和义务（Aldo Leopold，1992），代表人物是奥尔多·利奥波德（Aldo Leopold）。生态中心主义是从道德上关心整个生态系统、自然过程及无生命的自然存在物，生态伦理学必须是整体主义的，必须以生态系统的整体性和完整性为立足点，生态系统的稳定与和谐不仅构成了生命存在的目的，也是自然界中所有存在物的共同目的，因此，人类对生态共同体负有伦理义务（李秀艳　等，2006）。生态中心主义建立在现代生态学的整体主义世界观基础上，将道德关怀的范围扩展至整个自然世界，非人类中心主义价值观主张扩展道德关怀的范围，也就是要在承认人类利益的基础上，把原来仅属于人类自身的道德关怀扩展到自然万物中去，关心人类自身与关怀人以外的自然，是非人类中心主义价值观不可分割的两个方面。因此，坚持非人类中心主义并不等于否定人类的生存和延续，人类有权利从自然中获取满足自身生存与发展的物质资料，只是应同时在道德上关心非人类存在物，但对非人类存在物的关心与对人的关心也并不是完全相同的。

1.3 野生动物旅游的发展概况

1.3.1 国外野生动物旅游发展概况

野生动物旅游活动发展飞速（Newsome et al.，2005）。经营野生动物旅游的旅行社数量以及参与野生动物的旅游者数量大幅增长（Shackley 1996；Roe et al.，1997）。这种发展势头主要是非资源消费型野生动物旅游，例如赏鲸旅游（Hoyt，2000）、旅游潜艇（Cater et al.，2000）、观鸟（Cordell et al.，2002）、潜水或者浮潜（Davis et al.，1996；Shackley，2001）等。野生动物作为自然资源的一部分，有助于生态恢复或竞争体系的建立（Newsome et al.，2005）。据估计，全球每年有1200万次以邂逅野生动物为动机的旅行，并且以大约每年10%的速度增长（Curtin，2010a），全球野生动物旅游产值大约为1550亿美元（Mintel，2008）。在1988年，与野生动物相关的旅游收入大约占国际旅游业总收入的20%～40%，不同区域情况不同，对国家经济贡献从47亿美元到1550亿美元不等（Newsome et al.，2005）。霍伊特（Hoyt，2001）研究证实，大约有900万人参加了1998年的赏鲸旅游，总花费为10.49亿美元。休闲潜水每年吸引了约1400万的参与者（Shackley，2001），旅游潜艇和半潜式船只每年吸引超过200万乘客，收入在1.5亿美元左右（Cater et al.，2000）。估计每年有6亿游客参与了动物园旅游，虽然未区分这些参与者的身份是外地游客还是当地居民，但显然这比其他任何形式的野生动物旅游都要多很多（IUDZG/CBSG，1993）。

世界各地每年有数百万人参加野生动物旅游活动。在英国，90%的度假者会优先考虑与野生动物相关的娱乐活动（Roe et al.，1997）；有超过50%的人口参观了动物园、野生动物园或狩猎场等（Shackley，1996）。在野生动物资源丰富的澳大利亚，有32%的国际游客受野生动物的吸引而前往观光（Risk and Policy Analysts Ltd.，1996），有18.4%的国际游客在是否来澳大利亚的出游决策中受到能否体验野生动物旅游这一因素的影响，有67.5%的游客表明在旅行途中很想观赏到当地的野生动物（Fredline et al.，2001）。在以野生动物观赏为主要旅游目的地的加拉帕戈斯群岛（Galapagos Islands），每年吸引了超过6万人的游客，经济收入超过1亿美元（CDRS，2001）。野生动物旅游是肯尼亚旅游产业的支柱（Akama et al.，2003），每年吸引了超过80%的国际旅游者（Risk and Policy Analysts Ltd.，1996），基于自由放养的野生动物旅游经济收入超过4亿美元（MCNEELY et al.，1992）。类似情况也发生在津巴布韦和坦桑尼亚。1990年，津巴布韦国际狩猎旅游的收入为900万美元（Heath, 1992），坦桑尼亚每年狩猎许可证的收入超过400万美元（Makombe，1993）。

有学者对单物种的经济影响进行了估算，如山地大猩猩一年可为卢旺达创造超过400万美元的经济收入（Groom et al.，1991），肯尼亚安博塞利国家公园（Amboseli National Park）一只狮子一生作为旅游产品价值超过515000美元（Thresher, 1981）。野生动物旅游对于澳大利亚的经济价值每年维持在18亿～35亿澳元，其中树袋熊这个单一物种就可以贡献11亿澳元（Hundloe et al.，1997；Davis et al.，2001）。苏格兰海鸟中心一年对当地的经济贡献超过100万英镑。在秘鲁东南部，每个观赏金刚鹦鹉的旅游景点在生命周期内都可能产生超过165000美元的旅游收入（Munn，1992）。

丰富的野生动物资源可以提高当地的经济收入（McCool，1996；Fennell et al.，1997；Goodwin et al.，1998）。在一些案例中，野生动物旅游已经成为一些地区或者城镇主要的经济收入来源。例如，苏格兰海鸟中心发展观鸟旅游，不仅树立了旅游品牌项目，还增强了当地居民的自豪感，增加了居民个人收入（Brock，2002），该地已成为当地非常重要的野生动物旅游目的地。加拿大马尼托巴湖北部城镇丘吉尔主要的经济活动就是观赏北极熊。在非洲南部一些地区，观赏野生动物已被证实比饲养家畜有更好的经济收入（Muir，1987；Sindiga，1995；Akama, 1996）。

1.3.2 国内野生动物旅游发展概况

在我国，野生动物旅游发展逐渐呈现由大众观光向小众市场转向的趋势，以遇见、接触野生动物为目的的游憩活动成为很多家庭亲子出游的首选，野生动物游憩需求已趋规模化、常态化。途牛网发布的《动物主题游消费分析2017》中指出，56%的游客一年中会进行2次动物主题游。《中国境内野生动物旅游消费体验报告（2021年）》调研发现，野生动物旅游者的旅游动机呈现多样化特征，其中“精神满足”和“社交休闲”是最主要的两项，因而“亲近和关爱自然”“欣赏野生动物之美”“开拓视野、增长见识”等类型的活动更受到游客的青睐。

总体来说，我国野生动物旅游目的地目前较多是圈养生境的动物园、水族馆和半圈养生境的野生动物园等，野外生境的野生动物旅游仍属于小众市场，以观鸟、邂逅金丝猴或藏羚羊等为代表。我国典型的野生动物旅游目的地有四川（大熊猫）、广州（长隆野生动物世界）等。四川成都大熊猫繁育与研究中心、中国保护大熊猫研究中心雅安碧峰峡基地、四川卧龙中华大熊猫苑、都江堰繁育野放研究中心等，该类型的旅游景区不仅承担了大熊猫保护和科学研究任务，为游客提供近距离观察大熊猫的机会，还成为我国中小学生研学实践活动基地，承载了科普教育和游憩功能。2021年，我国宣布第一批国家公园成立，大熊猫国家公园试点和东北虎豹国家公园位列其中，在未来的国家公园中，人与野生动物的互动接触机会将显著增加，野生动物旅游需求市场空间巨大。

我国是野生动物资源极为丰富的国家。据统计，我国的脊椎动物共有6347种，占世界总数的14%。其中，兽类500种，占世界总数的8%；鸟类近1300种，占世界总数的13.7%，是世界上鸟类最多的国家；爬行类376种，两栖类284种；鱼类3862种，占世界总数的20%（王红英，2008）。许多野生动物属于我国特有或主要产于我国的珍稀物种，如大熊猫、金丝猴、朱鹮、普氏原羚、白唇鹿、褐马鸡、黑颈鹤、扬子鳄、蟒山烙铁头等。而在旅游产品的开发方面，我国尚处于初级阶段，各地野生动物园、海洋馆、水族馆仍是野生动物旅游产品的重要领域（马晓哲 等，2011）。

1.4 本章小结

以观赏野生动物为目的的旅游活动正在飞速发展，尤其非资源消费型的野生动物旅游，市场在逐渐扩大（Shackley，1996）。非资源消费型的野生动物观赏不仅可以满足旅游者接近野生动物的需求，还可以增加目的地和当地社区居民的收入，从而激发目的地及当地社区居民的参与热情。我国拥有大熊猫、金丝猴、雪豹、藏原羚、普氏原羚等珍稀濒危特有物种，对这些濒危物种的保护，需要在结合目的地生态系统可持续发展的前提下开展。野生动物旅游对野生动物及其生境会造成一定的负面影响，在未来一段时间内，我国野生动物旅游有较大的市场需求，但同时也面临着更具挑战的物种保护发展制约。因此，野生动物旅游产业的发展需要学术界更多关注这一领域的新问题和新需求，研究总结更多的学术成果，以指导产业健康、稳定、持续地发展。

第2章

野生动物旅游研究及相关理论

2.1 野生动物旅游研究综述

1. 野生动物的定义

据考证，术语“野生动物（Wildlife）”出现的时间不足一个世纪，直到1961年才被美国主要的大辞典收录，英国更晚于1986年（Hunter，1990）。它首次出现在发行的书刊中是1913年《正在消失的野生动植物》（*Our Vanishing Wild Life：Its Extermination and Preservation*），预见性地指出了20世纪后期野生动植物将面临的保护危机。词典解释，“Wildlife”包括野生动物和野生植物，但是在使用过程中，通常指野生动物，国际上通常指动物中任何非人类的、非家养的生物有机体（Moulton et al.，1999）。不同利益相关者对于“Wildlife”的理解不甚相同，从管理和法律范畴范围内，世界上许多国家所制定的法律、法规对野生动物概念都有明确界定。1973年的《美国濒危物种法案》（Endangered Species Act，ESA）中明确规定，“Wildlife”广泛地包括任何动物界的成员，包括哺乳动物、鱼类、鸟类（包括受条约或国际协议保护的迁徙鸟类、非迁徙鸟类和濒危鸟类）、两栖动物、爬行动物、软体动物、甲壳类动物、节肢动物和其他无脊椎动物。该定义还扩展到这些动物的任何部分、产品、蛋或后代，以及它们的尸体或其中一部分。我国2023年5月1日修订实施的《中华人民共和国野生动物保护法》中明确规定，保护的野生动物是指珍贵、濒危的陆生、水生野生动物和具有重要生态、科学、社会价值的陆生野生动物，只是规定了保护的范围，没有对野生动物的概念进行界定。从野生动物管理学和科学研究的角度，Moulton等人（1999）指出：野生动物为非家养的生物有机体；国内学者周志华和蒋志刚（2004）认为野生动物可定义为自身和上两代亲本来自野生环境，或虽然由人工繁殖所获，但仍需要定期引入野外个体基因的动物。邹红菲（1997）认为，野生动物是指生存在天然自由状态下，或来源于天然自由状态下的，虽然已经短期驯养还没有产生进化的，具有经济价值、社会价值和生态价值的各种动物。一些研究者在使用“Wildlife”一词时，主要指非家养的脊椎动物，这与最近主要专著研究文献中提到的概念范围是一致的（Berwick et al.，1995；Bolon et al.，2003；Bookhout，1996），尽管非脊椎动物和植物没有包括其中，但作为野生动物种群，它们之间的相互影响是存在的，也可能是学术界关注的兴趣点。

2. 野生动物旅游的界定

国外学界对野生动物旅游有多种英语表达，如野生动物旅游（Wildlife Tourism）、基于野生动物的旅游（Wildlife-based Tourism）、以野生动物为导向的游憩活动（Wildlife-oriented Recreation）等。但是野生动物旅游在英语里作为一个专有名词出现，是在20世纪末，英国诺丁汉特伦特大学教授Shackley于1996年出版《野生动物旅游》（*Wildlife Tourism*）一书，该书是第一本系统阐述野生动物旅游理论的专著，对野生动物旅游的定义是：一种以接触非家养野生动物为主要目的的旅游活动，它可能发生在自然环境或者在圈养环境，包括一系列的活动，如观鸟、观鲸、一般的野生动物观光、参观动物园和水族馆、观赏水下生命的潜水、狩猎以及休闲性垂钓（Shackley，1996）。学者们对野生动物旅游概念的研究相当重视，这涉及野生动物旅游理论体系的构建，一般采用"野生动物旅游"（Wildlife Tourism）这个术语。但由于野生动物旅游内涵的复杂性，学者们对野生动物旅游概念的界定尚未取得一致意见。野生动物旅游的定义见表2-1。Conway认为，野生动物旅游是围绕非驯养（非人类）的动物在自然环境或者承载力范围内开展的旅游活动，包括非资源消费型旅游形式的野生动物（如观赏，摄影和喂食）和资源消费型旅游产品（如狩猎和垂钓）（Conway，1995）。同Shackley和Conway观点相近的还有澳大利亚学者Newsome、Dowling和Moore，他们认为野生动物旅游作为自然区域旅游的一个亚类，主要指对非家养动物的观赏（Newsome，Dowling，Moore，2004），国内学者王红英（2008）认为以野生动物资源为对象的休闲旅游活动通称为野生动物休闲旅游。他们对野生动物旅游的定义可视为广义理解，不仅包括非资源消费型也包括资源消费型，这种观赏活动可能发生在野外自然环境或圈养环境中。从发展过程来看，在大众旅游出现之前，人们热衷于动物园式的陈列野生动物观光，然而随着时代发展，很多游客更倾向于在野生动物真实的生境中了解野生动物并希望有近距离接触的机会。而很多学者更认可狭义的野生动物旅游定义，所谓狭义野生动物旅游是指野生动物作为出游的唯一资源吸引要素，旅游者可以通过一系列非资源消费的方式来欣赏野生动物，如观察、喂食、摄影以及触摸等（Duffus et al.，1990；Oram，2002）。此外，有学者还强调野生动物旅游是指人们为了解野生动物而决定的出游，其旅游行动应该对环境有益（Maclellan，1999；Morrison，1995）。综上所述，野生动物旅游的定义可以归纳为如下几点：由一系列产品、经历和方法构成的，旅游者从中获得的经历包括景色质量、场所氛围、科普知识、本土文化等，主要面向小众市场，但在野外观赏动物、鸟类等情形下亦可面向大众市场的旅游方式，既可以作为一种独立的旅游经历构成产品，也可以作为团队旅游的一部分。从目的地建设与营销角度来看，亦可作为旅游目的地宣传的一张名片（Newsome，Dowling，Moore，2004）。

野生动物旅游的定义 表2-1

年代	提出者	定义内容
1990	Duffus和Dearden	创造了非资源消费型野生动物休闲的术语。他认为人类以野生动物为目的的休闲活动应该强调不故意把野生动物从原栖息地移走
1995	Conway	以野生动物为基础的旅游活动
1996	Shackley	一种以接触非家养野生动物为主要目的的旅游活动，它可能发生在自然环境或者圈养环境。包括一系列的活动，例如观鸟、观鲸、一般的野生动物观光、参观动物园和水族馆、观赏水下生命的潜水、狩猎以及休闲性垂钓
1997	Roe等人	指以非资源消费型与野生动物发生接触的行为活动，包括观察、投食、触摸、摄影以及其他方式
2001	Reynolds和Braithwaite	以自然为基础的旅游、生态旅游、野生动物的消费利用、乡村旅游，以及人与野生动物之间的关系的一个交叉领域。因此它继承了生态学、心理学、生理学、伦理学以及其他社会科学研究的一些方面，包括旅游。野生动物旅游构成的要素：产品、特定条件、参与动机、体验质量影响因素
2001	Weaver	把野生动物旅游区分为资源消费型和非资源消费型。前者主要倾向于有形的产品，如狩猎垂钓；而后者更注重获取经历，如观鸟、观鲸和野生动物摄影等
2004	Higginbottom	围绕非驯养（非人类）的动物在自然环境或者承载力范围内开展的旅游活动。它包括：非资源消费型旅游形式的野生动物，如观赏、摄影和喂食；资源消费型旅游产品，如狩猎和垂钓的形式
2004	Newsome、Dowling和Moore	为自然区域旅游的一个亚类，主要指对非家养动物的观赏。包括非资源消费型和资源消费型的野生动物旅游产品，这种旅游可能发生在野外自然环境，也可能发生在圈养环境中

续表

年代	提出者	定义内容
2004	Lemelin	是以对生活在野外自然生境中的野生动物的非资源消费型使用为主要动机的旅游活动。这些活动包括观赏、投食摄影等
2010	Curtin	包括以下活动：专业的哺乳动物观赏、特定生境类型旅游团、花卉蝴蝶旅游，探险旅游、狩猎和游轮旅游，以保护或研究为目的的旅行、投食野生动物和与超凡魅力的海洋哺乳动物共泳等，一切可以和野生动物接触的机会

来源：根据文献整理。

野生动物旅游作为一种小众市场（Niche Market），与自然旅游、乡村旅游、生态旅游都有一定的联系（Reynolds et al.，2001）。野生动物旅游可以定义为以自然为基础的旅游、生态旅游、野生动物资源的消费利用、乡村旅游以及人类和野生动物关系之间的叠加部分。它继承多个传统学科的研究，包括生态学、心理学、生理学、伦理学等，其中也有旅游。野生动物旅游概念范围如图2-1所示。

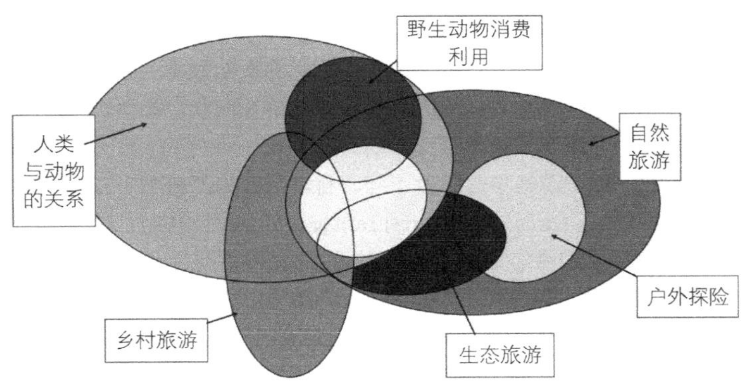

图2-1 野生动物旅游概念范围
（来源：Reynolds et al.，2001）

因此，本书对野生动物旅游的定义为：是指以遇见野生动物为主要目的，前往野生动物的野外自然生境地或人工生境地，发生的非定居旅行和游览过程中的一切现象和关系的总和。野生动物人工迁地生境包括动物园、野生动物园、繁育与研究中心等。

3．野生动物旅游者

（1）野生动物旅游者的含义和分类

野生动物旅游者是指旅游者选择访问目的地纯粹为了邂逅当地

动物的野生动物爱好者群体，包括度假或者旅游过程中安排部分行程的旅行者，以保护或研究为目的的旅行者，志愿者、科考人员和野生动物摄影者，普通的野生动物观光者等。该定义是在野生动物旅游广义概念的基础上提出的。

研究发现，野生动物旅游者存在严格的细分市场，不同类型的游客具有不同的人口特征、心理需求和旅游行为，因此不能对野生动物旅游者进行整齐划一的研究，否则将会影响旅游地的营销、规划和管理（Lemelin et al.，2006）。依据不同的视角，野生动物旅游者可以分为不同类型。

首先，依据对野生动物知识了解程度，野生动物旅游者可分为专家型（Specialist）和大众型（Generalist/Novice）（Duffus et al.，1990；Higham，1998）。专家型野生动物旅游者指对特定物种（如海洋哺乳动物、鸟类、蝙蝠、蝴蝶等）有深入了解，拥有观察野生动物需配置的昂贵设备（如望远镜、双筒望远镜、相机）和田野向导，会花大量时间特地近距离观察野生动物的活动；大众型野生动物旅游者指对多种类的野生动物感兴趣，对物种知识了解有限，观赏野生动物只是他们访问目的地系列活动中的一项（Pearce et al.，1995；Higham，1998；Pennisi et al.，2004）。专家型旅游者通常出现在旅游地发展的早期，对旅游地基础设施及旅游解说的依赖度低，对野生动物和环境的影响极小。随着旅游地的发展，专家型旅游者会逐渐被大众型旅游者取代，旅游消极影响也会增加，管理干预显得极为必要。

其次，根据游客参与程度不同，将其划分为严格型（Serious）和随意型（Causal）两类（Ballantyne et al.，1994；Curtin，2010b）。严格型游客以让野生动物和环境获益为目标，具有较强的环保意识，注重内在的审美和学习动机，倾向于生物平等理念（Biocentric），随意型游客只是在旅游宣传、促销的鼓动下寻求一种轻松愉悦的经历，但随着旅游经历的增加，他们也可能转化为严格型游客。

最后，根据旅游动机不同，可将野生动物旅游者划分为三种类型：逃避者（Escapist）、学习者（Learner）和精神满足者（Spiritualist）（Beh et al.，2007）。逃避者追求的是一种异于日常生活的体验，要求旅游经历的独特性；学习者渴望获取关于野生动物及当地文化的具体知识；而精神满足者希望在旅途中获得自我反思（Self-reflection）的机会，追求的是多样化的旅游体验。

（2）野生动物旅游者动机及特征

1）野生动物旅游者动机

旅游动机是推动人们进行旅游活动的内部驱动力，是旅游者行为研究的重要内容之一。基于旅游价值观将野生动物旅游者的动机划分为九类：自然主义动机、生态主义动机、人文主义动机、道德主义动机、科学主义动机、审美主义动机、功利主义动机、支配主义动机、否定主义动机（Reynolds et al.，2001）。此外，有文献针对特殊群体进行了研究，男性狩猎旅游者动机的研究结果显示，体现男性身份、逃避、亲近自然、巩固亲朋好友关系是最主要的动机（Radder et al.，2008）；非洲野生动物旅游者的动机包括：逃避、异文化体验、个人成长、欣赏大型动物、冒险、学习、亲近自然和观光（Beh et al.，2007）。总的来看，野生动物旅游者的动机与自然旅游者、生态旅游者并没有太多本质区别，游客动机与其人口统计学特征相关（Eubanks et al.，2004；Ryan et al.，2000），同时也受到旅游经营商广告和营销的影响（Beh et al.，2007）。

2）野生动物旅游者特征

野生动物旅游者比一般的旅游者花费更多，消费项目更广，停留时间更长（Pearce et al.，1995），有较高的环境意识，参与环境、野生动物保护的积极性也更高（Rawles et al.，2004）。他们大多数是年龄介于35～65岁之间的中老年游客，受过良好的教育，有较高的收入水平（Ballantyne et al.，1994），并且女性人数略多于男性（Muloin，1998；Lemelin et al.，2006）；大多拥有共同的环境伦理，专注于内在而不是外在动机，不以人类为中心的生态中心为价值取向；此外，他们的目标接触野生动物和环境，注重环境解说、自然教育和自身体验。

4．野生动物旅游产品

野生动物旅游作为小众和大众旅游市场两种需求并存的旅游产品，主要包括三类：半资源消费型野生动物旅游（Semi-consumptive Wildlife Tourism）、资源消费型野生动物旅游（Consumptive Wildlife Tourism）和非资源消费型野生动物旅游（Non-consumptive Wildlife Tourism）。

（1）半资源消费型野生动物旅游

该类型产品的典型代表就是动物园。动物园包括普通动物园、生态公园、野生动物园、水族馆、鸟语林、爬行动物馆，以及昆虫饲养所等各种方式。最早关于野生动物用于展示的文献记录是在古埃及。公元前2500年，当时的动物仅限于国王、皇帝和王公贵族们收藏。随着人类文明的进步，动物收藏开始变得广泛和普遍，动物园的发展也经历了笼养时代（图2-2）、哈根贝克理念式动物园时代、沉浸式景观类动物园时代、野生动物园时代四个阶段，而动物保护中心则是动物园努力和发展的方向（罗小红，2011）。世界范围内共有10000～12000处动物园（WAZA，2005），其中90%的动物园是圈养环境，并且对动物保护的条件都不太好（Armstrong et al.，1993）。目前世界上大约有1000个公共或私有动物园，被国际公认为在野生动物的照顾和物种保护方面做得较好，他们每年能够接待大约6亿人次的游客（WAZA，2005）。人们访问动物园的原因很多，但是最重要的应该是休闲（Woods，1998），参观动物园的成人像孩子一样更喜欢重游的乐趣、表现出更大的责任感和使命感（Holzer et al.，1998）；此外，孩子在决定是否去动物园参观这个决定中起了很重要的作用（Turley，2001）。动物园对国家经济的发展有着重要的贡献，通过一些商业活动，动物园创造了就业机会，提供了旅游商品销售和旅游服务，通过吸引国内外游客而实现利润创收。

长期以来动物园持续发展面临两个问题的困扰：其一是商业可行性（Commercial Viability）。动物园为了生存必须实现利润，但是这个任务越来越艰巨。通过较低的门票来提高重游率，然而动物园为此也付出了代价。如果动物园单纯为了娱乐公众，那么动物园的经营方式会改变，它们的境况会好很多，但是政策是不允许的，所有的动物园都肩负着生态保护和科学研究的目标，这也是很多动物园感到困扰的问题。其二是动物伦理诚信（Ethical Credibility）。尽管很多动物园尝试进行改变，但是它

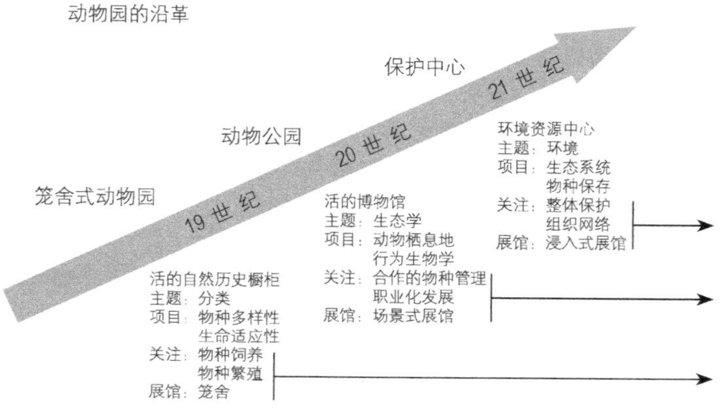

图2-2 动物园的沿革（来源：世界动物园组织，2005）

们很多还受到哲学伦理的谴责，甚至一些社区提出要废除动物园，如澳大利亚和新西兰动物联合会反对动物园的建立，认为目前动物园的现状对动物的生存条件造成压力是不必要的。

国内研究领域主要为产业现状描述（何卓，2006；张少青，2008）、产品开发（于洪贤　等，2005）、问题分析（魏婉红，2006），以及旅游可持续发展对策（要红，2012）。

半资源消费型野生动物旅游的典型代表就是动物园。动物园主要包括三种类型：城市动物园、野生动物园和专业性动物园（罗小红，2011）。其中专业性动物园包括水族馆、东北虎林园以及鸟语林等。20世纪90年代，我国曾出现建设野生动物园的高潮，到2011年，上海、广东番禺、湖北武汉、安徽合肥、山东济南、北京、河北秦皇岛共建成30家野生动物园，如海洋馆、鳄鱼馆、猴山、百鸟园等（罗小红　等，2011）。动物园持续发展面临两个问题的困扰：商业可行性和动物伦理诚信。

游客的需求对于规划、设计和改进景区的解说系统具有重要意义。游客在不同动物种类展馆中表现出的行为差异很大，这些行为包括召唤动物、阅读解说牌和投喂食物（程鲲，2003）。周洋（2009）从游客的角度出发，从人口统计学特征、游览特征、解说使用、解说需求及解说效果等五个方面入手，研究游客对于动物解说媒体的需求情况。田秀华等人（2007）调查了我国60家动物园的保护教育情况，结果显示，受教育途径选择通过阅读动物说明牌所占比例最高，依次为观察动物、同伴或其他游客、动物园工作人员、科普教育馆及其他途径。除游客行为的涉猎外，个别学者对野生动物旅游者动机和满意度的研究进行了实证分析（田秀华　等，2007）。研究发现旅游者来熊猫基地旅游获得的满足感是多维的，既有来自于观赏大熊猫，了解大熊猫的习性和繁衍知识，也有来自于体验熊猫基地良好的生态环境、气候条件及管理等多方面的辅助条件（唐勇　等，2008）。王格婷等人（2014）调查了野生动物园内游客的安全意识，提出切实可行的建议、措施，保障游客游园安全，减少或完全杜绝事故的发生。部分文献研究了动物园的发展战略，例如康玉花等人（2016）运用SWOT分析法建立模型，对动物园内部和外部条件进行了归纳和概括，分析了动物园的优劣势、面临的机会和威胁，进而提出了适合动物园发展的战略对策，以期实现神州荒漠野生动物园的可持续发展。

对于动物的爱护无论是西方还是东方都有它的伦理思想背景和社会基础，而且近几十年来由于经济的发展、道德和环境保护的考虑，国际上很多国家都纷纷制定了动物福利标准和动物福利法（赵英杰，2009）。动物福利所强调的不是人类不能利用动物，而是应该怎样合理、人道地利用动物，要尽量保证那些为人类作出贡献和牺牲的动物享有最基本的福利。对于动物园的可持续发展策略，不同的学者侧重不同。赵英杰（2009）构建了一套动物园野生动物福利评价体系，包括野生动物福利模型的构建、指标体系、权重计算方法等，开创了我国动物园野生动物福利评价研究的先例。刘妍（2007）在理论上提出了保护性旅游开发和大熊猫生态旅游的概念，指出保护性旅游开发是成都大熊猫繁育研究基地实现可持续发展的必然选择。杨秀梅和李枫（2008）从满足游客需求视角，结合资源经济学的可持续发展观和体验经济学的旅游体验论，提出了以资源保护为首要目的，通过加强参与性与提高科普教育功能的手段吸引游客的可持续发展对策。吕慎金等人（2008）的研究表明：在游客高峰期与低峰期，黇鹿雄性取食、观望行为，雌性观望以及幼鹿取食、观望和修饰行为之间均存在显著差异（$P<0.105$）。长期处于圈养状态下的大熊猫对游客的干扰行为仍产生了一定的应激性（崔媛媛　等，2009）。减少游客对野生动物的干扰和影响是实现动物保护和动物园可持续发展的必要策略。除此之外，部分学者在自然的社会构建视角下提出自己的观点，例如尹铎等人（2017）基于自然的社会建构视角提出人与野生动物的关系应该是亲近与征服并存的，两者伴随着旅游体验的开展相互交织，无法割裂看待。崔庆明等人（2019）基于自然的社会构建视角，通过分析“猴子蹬石砸死游客事件”的评论，得出自然天命观是国人对自然的一种传统的文化构建，这种观念依旧延续传统社会对自然的赋魅，学者应该采取理性的态度进行科学调研。

确保发挥城市动物园科学研究和科普教育功能的前提下，改善动物生存环境和园区游览环境，将其建设成为城市园林网络和旅游目的地网络的重要节点，已成为研究城市动物园发展方向的重要课题（刘思敏，2004）。环境丰容即环境丰富度（Environmental Enrichment），是指对圈养动物所处的物理环境进行修饰，改善环境质量，提高其生物学功能，如生殖成功率和适应性等，从而提高其福利水平（李华　等，2005）。建立野生动物园则是较好地保障动物福利的一种可持续发展策略（程鲲，2003）。基于城市发展及动物福利视角的考虑，一些学者建议将城市动物园迁出城区（刘思敏，2004）。教育是动物园的一个重要任务和功能，动物观赏是动物园教育的基础和重要组成部分（程鲲，2003）。影响游客观赏时间的主要因素有展馆特征，包括展馆大小、视觉障碍、多样性、动物距离、可见度、最近展馆、拥挤度；动物特征，包括动物活跃程度、大小和幼患有无以及游客团体大小、阅读解说牌和温度。游客在不同动物种类展馆中表现出的行为差异很大，这些行为包括召唤动物、阅读解说牌和投喂食物（程鲲，2003）。游客的需求对于规划、设计和改进景区的解说系统具有重要的意义（程鲲，2003）。周洋（2009）从游客的角度出发，以北京动物园、北京南海子麋鹿苑和黑龙江扎龙国家非自然保护区三个不同类型的动物展示类景区作为研究区域，通过文献研究、实地研究和问卷调查，从人口统计学特征、游览特征、解说使用、解说需求及解说效果等五个方面入手，研究游客对于其解说媒体的需求情况。杨华等人（2017）以郑州市动物园为研究对象，采用SWOT方法，对郑州市动物园的资源条件、社会经济条件、客源市场等特点进行现状分析，旨在为郑州市动物园未来的综合发展提出合理化建议，使其更好地发挥现代城市动物园在保护、科研、教育、游憩四个方面的作用及意义。

截至2019年3月底，我国共有574家半资源消费型野生动物旅游景区，其中260家城市动物园、51家野生动物园、207家专类动物园（从丽 等，2020）。我国半资源消费型野生动物旅游景区的发展可分为探索期（1906—1948年）、快速发展期（1949—1959年）、慢速发展期（1960—1992年）和高速发展期（1993—2019年）四个阶段。空间上呈凝聚型分布，地理集中程度较高，地区间不均衡程度高，形成了以北京、江浙沪交界及广州为核心的三个高密度区，整体呈现东南沿海多，中部过渡，西北内陆少的格局。随着时间的演化，凝聚形态一直延续，地理集中度逐渐下降，地区间的不均衡程度逐渐加深。杨秀梅和李枫（2008）针对中国野生动物园目前发展存在的问题，结合资源经济学的可持续发展观和体验经济学的旅游体验论，提出了以资源保护为首要目的，通过加强参与性与提高科普教育功能的手段吸引游客的可持续发展对策。魏婉红（2006）提出野生动物园应具有鲜明的特色主题，强化物种保护和救护功能，强化科普基地定位，才能实现可持续发展。王丽华（2003）在对游客所进行市场调研的基础上，得出大连森林动物的旅游形象“生命之园”的主题定位。田秀华等人（2007）调查了我国60家动物园的保护教育情况，对游客受教育途径、效果及意愿等进行调查。结果显示，受教育途径选择通过阅读动物说明牌所占比例最高，然后依次为观察动物、同伴或其他游客、动物园工作人员、科普教育馆及其他途径；游客在游园后认识更多动物比例最高，然后依次为了解动物行为方式、认识到保护动物的重要性、了解动物生活习性、了解动物生存环境。陈文汇等人（2007）的研究表明，我国野生动物园数量分布与各区域人均GDP、人均消费水平和人口数量等三个指标之间都呈现出很强的正相关性。毕雪（2020）提出，野生动物世界是城市与自然的中转站，更是一个城市的形象窗口，它在一定程度上能够反映出一个城市的发展水平和对自然物种的关怀。

（2）资源消费型野生动物旅游

该类型典型代表是狩猎和垂钓。狩猎活动在欧美地区有着悠久的历史。19世纪末期，在一些欧洲贵族中流行着一种以收集野生动物作为战利品的旅行，狩鹿、狩牛等动物猎杀活动也长期存在于美国乡村地区，狩猎和垂钓是传统旅游市场中的重要组成部分，近些年作为特殊兴趣旅游的一种形式得到了发展（MacKay et al.，2004），狩猎人群由许多高素质的人构成，如医生、律师、学校教师，非狩猎的人也参与狩猎有关的市场、节日、狩猎准备与消费等一些活动。

狩猎在实践发展中尚存争议，一方面，作为一项传统的休闲娱乐行为，狩猎不仅是实现经济创收的手段，也是提供体验社会、心理、情感、身体等有益作用的机会，如狩猎是美国乡村文化的一个重要部分；另一方面，受到反狩猎组织的影响，狩猎被认为是不可持续的发展方式，其所带来的一次性收入，远比不上观光旅游更具有可持续性，因而狩猎活动正在减少（Cordell et al.，1999；Duda et al.，1996）。研究发现，人们对于狩猎的态度具有差异性，且与狩猎活动特征相关，支持狩猎的居民往往是那些受教育程度较低，生活在乡村地区，从父辈那里了解狩猎的人；反对狩猎的人往往是那些年轻、受过良好教育、具有较高收入的城市女性，狩猎与她们没有什么关系（Duda et al.，1996）。

国内学者关于资源消费型野生动物旅游的研究，主要集中于：国外狩猎发展经验介绍（赵殿升，1992；谢屹 等，2008；周洪涛，2012），我国狩猎旅游发展的现状（高学斌 等，2006；李维余 等，2007；马鹏，2007；龚明昊，2010；王永志，2010），以及开发狩猎旅游的意义（关芳，2014）。

中国狩猎旅游发展只有26年，尚属于初级阶段。截至2009年，中国狩猎旅游暂停前共建立了112个狩猎场（王永志，2010）。狩猎旅游受外部环境影响很大，狩猎旅游开展的可能性小，由此引发学者对野生动物狩猎在国内开展的可行性研究（郑杰，2006；暨诚欣，2007）。高学斌等人（2006）介绍了陕西省11个狩猎场在建设和运营期间积累的经验和存在的问题。尤明慧（2011）在对鄂伦春族人狩猎传统进行分析的基础上指出，从游猎到定居的转变涉及狩猎文化系统的重新建构，未来可发展狩猎民俗旅游。暨诚欣（2007）分析了中国运动狩猎的收益情况及狩猎旅游开发可持续发展问题。意愿调查价值法（Contingent Valuation Method，CVM）在评估野生动物资源的游憩、生态、存在价值中得到了广泛的应用（柴寿升，2008；韩嵩，2008）。于明士（2014）研究发现，狩猎活动带来了良好的经济效益。这不仅能为国家创汇，还可将部分资金投入到保护事业中去，为各项野生动物保护管理和技术措施的实施提供保障，体现野生动物合理保护与开发利用的相互协调、共同发展。金雨慧等人（2017）综合分析现代狩猎对于野生动物保护的生态效益、经济效益以及相应的社会效益，针对现代狩猎的相关问题提出建议。

相对狩猎旅游，垂钓旅游文献数量较少，仅有17篇，研究角度不尽相同。在有限的文献中，主要集中于现状分析、资源分类和开发评价、价值评估以及游客动机研究。休闲渔业在我国内地的兴起时间是20世纪90年代初（徐争妍，2012）。从发展潜力来看，淡水和海洋休闲渔业都有很大的发展空间（徐红罡，2004）。休闲渔业能产生经济、社会和环境效益（陈明宝，2008）。于洪贤等人（1996）则对游钓渔业进行了关注，分析了我国游钓资源的开发利用和保护现状，并构想我国游钓渔业的发展前景。杜颖（2008）对北京市休闲渔业游客动机进行了详细分析与定位，认为有一部分游客出游动机是参与休闲渔业活动，其他则为增加人生阅历、放松身心、社交需要、外出等。卢飞（2009）构建了休闲渔业游客满意度研究模型。陈明宝（2008）提出了提高休闲渔业资源的价值的对策，建立了休闲渔业资源价值的评估体系。柴寿升（2008）将影响区域休闲渔业开发的众多因素确定为11个亚类，构建出区域休闲渔业开发评价模型树。孙宇岸（2017）认为垂钓运动具有休闲性、娱乐性、社交性，对参与者的身体素质、运动技巧、运动天赋、场地环境要求都相对较低，适用于调节繁忙的生活节奏。王昱婷等人（2019）在襄阳市实地研究，发现休闲垂钓旅游可以为农村发展提供多元化途径，调整农村产业结构，改善现阶段农业农村环境。

（3）非资源消费型野生动物旅游

生态旅游、资源保护和地方经济发展是可以相互协调的（Blondel，2008），野生动物观光和摄影是非资源消费型野生动物旅游的重要组成部分和典型代表。20世纪80年代，随着人与自然之间关系的重要性日益为世人所知，人们的自然意识、环境意识日益增长，自然取向的旅游体验深受旅游者的追捧，促使非资源消费型野生动物旅游在世界范围内迅速发展（Higham，1998；Wilson et al.，2001）。作为一种重要的可持续旅游形式（Maclellan，1999），该类型满足了游客在自然环境中领略珍稀动物魅力的愿望，也获得长足发展，并成为目前世界上快速增长的旅游类型之一（Rodger et al.，2007）。从全球野生动物旅游供给市场来看，目前主要的野生动物旅游目的地分布在北美（美国和加拿大）、欧洲（英国、德国、荷兰等）、拉丁美洲（伯利兹和哥斯达黎加）、大洋洲（澳大利亚和新西兰等）以及作为新兴市场的非洲大陆（南非、肯尼亚、博茨瓦纳、坦桑尼亚等）（Valentine et al.，2004），南极和北极地区也将成为具有竞争力的目的地。

随着旅游需求的增加，野生动物旅游产品供给在不断扩大，具备下列特点的野生动物可以开发成旅游产品：动物的活动地点可准确预测、可接近、有可观赏性、对人类活动的干扰有耐性、珍稀度高、属日间活动动物（Reynolds et al.，2001）。对旅游体验具有重要影响的野生动物旅游产品的组成部分包括：物种的感知魅力、脆弱性、独特性和易观赏性（Green et al.，1999）。

野生动物观赏在大洋洲以观鲸为典型代表，在欧美以观鸟为多。以观鸟为代表的野生动物观赏活动也是野生动物旅游的源流，早期大多是贵族的休闲活动，兴起于英国，有着超过200年的历史，目前，世界观鸟市场主要集中在欧洲、北美洲、日本和澳大利亚等发达国家，是受大众欢迎的一种产品。

学者们的研究经历了从单独旅游产品开发管理到区域性、行业性考察的路径。早期研究侧重于单独的旅游产品发展与管理，如对骆驼旅游（Shackley，1996b）、鲸鲨旅游（Davis et al.，1997）、海豚旅游（Orams，1997）、鳄鱼旅游（Ryan，1998）的研究等。后期开始向区域性研究转变，如对澳大利亚海龟旅游的考察（Wilson et al.，2001）、新西兰凯库拉（Kaikoura）的观鲸旅游的研究（Curtin，2003）等。有些学者从产业的角度对野生动物旅游进行研究，如Rodger等人（2007）研究了澳大利亚野生动物旅游业的产业特征。Hughs（2001）对英国海豚旅游业全面研究后发现，英国野生动物旅游产品的形式发生了明显的变化，海豚旅游产品逐渐从海豚馆过渡到野生海豚观光游。整个英国的野生动物旅游市场也产生重大变化，逐渐从精英市场向大众市场转变

（Curtin et al.，2005）。Catlin等人（2010a）对澳大利亚1996—2006年的观鲸旅游活动进行了纵向研究，得出结论：观鲸活动虽然是一种冒险旅游活动，但是游客数量基本呈现逐年增加的趋势，已经由小众市场逐渐转向主流旅游活动，游客的年龄分布也很广泛（James et al.，2010）。观鲸游客主体是澳大利亚人，但越来越多国籍的游客参与其中，尤其是日本游客。

国内研究内容主要集中于：野生动物资源调查，野生动物旅游产品开发，以某种野生动物为例分析以该物种为基础的野生动物旅游发展现状及对策（廖明旗，2006；付蓉　等，2008；王红英　等，2008b；陈亚芹，2011；张涛　等，2011；周琳　等，2014；刘鹏　等，2017；张建军，2019；孙璐　等，2021）。总体上看，国内缺乏对旅游者的深度调查分析。

随着旅游需求的增加，野生动物旅游产品供给在不断扩大。目前我国开展的野生动物旅游有：哺乳动物观光游，以大熊猫（张瑞英，2004；刘记，2005；刘妍，2007；何方永，2009；唐恩富，2011；赵川，2021）、亚洲象（崔庆明　等，2012；陈翔，2016；刘鹏　等，2017）、麋鹿（黄震方　等，2007；袁林旺　等，2007；黄震方　等，2008；袁林旺　等，2009）等为主要旅游对象；以滇金丝猴为主的灵长类旅游等（李进华，1998；余辉亮　等，2011；周杏会，2013），以蝴蝶为主的昆虫旅游（聂绍芳　等，2001；束印　等，2012；刘铭　等，2017）和以丹顶鹤为主的观鸟旅游发展迅速（陈晶，2005；赵衡　等，2005；王红英　等，2008a；尤鑫　等，2010）。野生动物旅游产品主要分布在自然保护区和湿地，动物有野生的和人工饲养的，可满足不同层次游客的需求。

少数文献对野生动物旅游的游憩价值进行了定量评估，对目的地及野生动物的影响进行了分析。野生动物游憩价值评估方法主要有条件价值评估法CVM（林英华，2001；黄晨，2006）、旅行费用支出法（李跃峰　等，2010；施德群，2010；王晶　等，2010）、模糊数学（于洪贤　等，2007）、商业价值的动态评估方法（马春艳　等，2015）等。以旅行费用法计算的大熊猫价值为例，其主导价值包括商业价值、游憩价值、教育价值、非利用价值、生物多样性价值、文化美学价值、科学研究价值，经过定量计算，我国大熊猫2007年平均每只的价值是1.9564亿元，其中游憩价值（1257.7万元）占比最大（韩嵩，2008）。孙婉莹等人（2012）建立了自然保护区野生动物旅游资源价值定量评价的指标体系（包括科研宣教价值、观赏价值、可开发利用价值3项，共7个指标），确定了影响自然保护区野生动物旅游资源价值的各因子权重，并据此建立了自然保护区野生动物旅游资源综合评价模型。李芳等人（2014）通过实地考察和深度访谈，在综合研究的基础上，明晰武夷山大安源旅游区昆虫资源的多元生态旅游价值，提出了实现昆虫旅游价值的三大原则（科学与人文结合、经济与生态协调、共性与特色兼顾）及其具体实施路径。

野生动物旅游活动的开展不仅影响了野生动物原有的生活方式，而且影响了它们的行为活动，主要表现在以下方面：影响野生动物的活动范围及其繁殖行为，使野生动物受到惊吓，影响野生动物取食行为（张涛　等，2011）。刘建国等人对卧龙自然保护区进行调查，认为每年5万人的旅游活动是造成保护区内大熊猫种群减少的主要原因之一（Liu et al.，1999；Liu et al.，2001）。李进华（1998）对安徽黄山鱼鳞坑群短尾猴比较研究后认为，游人观猴行为及管理措施加快了猴群的分群和出现某些异常行为。周学红等人（2009）研究了朱鹮游荡期对游客干扰的耐受性，结果表明，朱鹮对游客干扰表现出一定的适应性。此外，干扰者的衣物颜色是影响朱鹮对人类干扰耐受性的主要因子，朱鹮对鲜艳衣物敏感，其最小接近区域面积为4700m^2，因此该区域范围内应限制游客进入，并禁止游客穿着鲜艳衣物进入自然保护区（周学红　等，2009）。周杏会（2013）研究了云南白马雪山生态旅游对滇金丝猴的影响，发现当人猴距离小于5m时，猴群移动次数频繁，持续时间较长，滇金丝猴表现出精神紧张，焦躁不安；当游人与滇金丝猴距离大于10m时，猴群移动时间则明显下降。因此游人与滇金丝猴之间的距离应保持10m以上，才能使滇金丝猴的安全感增加，使人为干扰的影响相对减少。罗庆华（2019）在张家界大鲵保护区进行调查，发现重度旅游干扰对大鲵栖息空间质量与水质产生了显著影响，推迟了大鲵繁殖前期的出洞时间，增加了雄鲵的扇尾与搅动时长等种群繁殖行为，延长了受精卵孵化时长等。野生动物旅游对野生动物的栖息地有重大的影响，主要表现在以下4个方面：森林火灾隐患增加、植被受到破坏、栖息地破碎化加剧、生态环境受到污染（张涛　等，2011）。马建章和程鲲（2008）研究指出，旅游活动类型、范围、强度、时空分布等是影响野生动物的主要因素。

生态旅游对野生动物的影响包括直接影响（个体的行为反应和生理指标改变、繁殖力降低、种群分布和物种组成的改变等）和间接影响（生境破坏、外来种散布和环境污染等）。王静等人（2011）研究了陕西佛坪自然保护区开展生态旅游对野生动物活动的影响。

蔡景龙等人（2003）研究了环青海湖旅游资源开发对野生动物和生态环境的影响。戴建兵（2008）以浙江临安为例，研究了农家乐旅游对野生动物种群数量、生活习性、栖息环境的影响。向丹凤（2014）研究了旅游活动对云南大山包黑颈鹤的影响。张鹏等人（2018）就海南南湾猴岛景区，研究了猕猴与游客接触产生的影响。付磊（2021）研究了旅游噪声对中国大鲵活动节律产生的影响。

基于产品需求的视角对旅游者进行研究。早期的观鸟旅游研究是野生动物旅游研究的一个方向，为野生动物旅游的理论和实证研究积累了一定的学术基础。国内学者对观鸟的研究较多基于供给视角的研究，强调对野生动物资源现状进行调查，如陈晶（2005）对黑龙江扎龙自然保护区观鸟旅游的研究。王俅等人（2006）对黑龙江扎龙、凉水、兴凯湖、牡丹峰及呼中等五个国家级自然保护区的鸟类进行了观赏性评估。此外，赵衡等人（2005）对滇池地区鸟类资源进行调查并设计旅游线路。尤鑫和戴年华（2010）通过调查国内外观鸟生态旅游和鄱阳湖鸟类野生动物旅游资源开发现状，解析了观鸟旅游在鄱阳湖生态经济规划下的开发建设前景，提出开发鄱阳湖观鸟生态旅游资源的对策依据和具体的实施办法。王红英等（2008）以鄱阳湖候鸟保护区内吴城镇生态观鸟旅游的景观点为调查研究对象，对当地居民进行问卷调查，结果表明当地居民大部分支持生态观鸟旅游，但目前的生态观鸟旅游对当地的社会经济影响不明显，需要进一步发展。江国英（2012）就城市湿地公园的规划和营建展开研究，尝试在景观营建、公众游憩和鸟类生存三者间寻求平衡点，在营建适宜鸟类栖息生境的同时，又能为人们提供休闲游憩的绿色生态空间。李伟强等人（2012）选取盐城丹顶鹤湿地生态旅游区为研究对象，根据鸟类的栖息要求，营建相应的栖息生境，并对观鸟旅游方式进行了粗浅的探讨，以期对以鸟类栖息地保护为主的湿地规划提供借鉴。李越（2013）通过对观鸟活动和观鸟旅游概念及内涵的梳理，结合北戴河湿地鸟类自然保护区的自然地理条件，对北戴河地区观鸟旅游的现状进行了分析，提出了当地观鸟旅游者的人群特点，并对未来该地发展观鸟旅游提出了目标市场定位、硬件设施建设和管理、旅游主题定位等可操作性对策，促进北戴河观鸟旅游的健康发展。刘娜等人（2019）通过实地调研与问卷调查，分析了齐齐哈尔市泰来县居民对观鸟旅游的认知、态度，发展湿地观鸟旅游的可行性及对泰来县生态减贫的作用，并在此基础上提出合理的规划和方案，带动当地经济的发展及湿地鸟类的保护和文化宣传。

还有学者分析了游客的人口统计学特征及行为特征（赵金凌等，2007；李玲，2009；梅玫，2010）。北京观鸟旅游者以中、青年旅游者为主体，普遍具有较高的受教育程度和旅游素养，男性游客的数量略高于女性游客，男性游客年龄分布较为广泛，女性则以中青年为主（李玲，2009），收入水平位于中低档水平。亲近并了解自然，拓展知识面、增长见识，丰富生活、欣赏观鸟地的美丽风景，是北京观鸟出游者最重要的三项动机（李玲，2009）。一些学者运用Tramo/Seats方法、小波分析等对生态旅游区旅游流的时空特征进行了分析，并用多种数学方法构建模型预测游客数量（黄震方 等，2008；袁林旺 等，2009）。李玲（2009）在观鸟旅游者行为因素体系的基础上，分别从人口统计学特征、心理特征、行为特征三个方面分析了北京地区观鸟旅游者群体的总体行为特征，将观鸟旅游者分为四类，分别是大众型、偶尔型、积极型和熟练型。赵金凌等人（2007）运用休闲分类学方法，通过调查到访过目的地的观鸟旅游者的旅游行为、观鸟水平和忠诚度，分析观鸟旅游者行为特征和目的地偏好属性，将观鸟旅游者分为三类，即偶尔型、积极型和熟练型。李文明等人（2019）以鄱阳湖国家湿地公园的观鸟游客为研究对象，利用结构方程模型分析发现观鸟游客存在着明显的地方依恋情感，此情感促进了亲环境行为的产生。杨丽雯等人（2021）使用重要值计算文化服务需求，评价生态系统文化服务的供需关系得出观鸟旅游、审美价值和存在价值需求较高，表明人们重视物种的保护，可能与全球气候变化和人类活动加剧引起的生物多样性不断丧失有关。

此外，国内个别文献也涉及野生动物旅游发展中社区参与及旅游影响等探讨。唐承财等人（2011）分析了西藏自治区申扎县野生动物旅游发展的基础与现状，提出野生动物旅游社区参与发展的理念和原则，从管理经营、资源环境保护、产品生态化开发、利益合理分配四方面构建申扎县野生动物旅游的社区参与模式，并探讨其保障机制。

（4）野生动物旅游基础理论研究

我国学者对于野生动物旅游研究多数是从生态旅游的视角出发，在有限的成果中多是结合动物学界、生态学界关于旅游对野生动物及其环境影响的研究。野生动物旅游作为一个单独的领域引起学者关注始于2004年（徐红罡，2004）。严格意义上的非资源消费型野生动物旅游是不存在的，中国非资源消费型野生动物旅游通常发生在野生动物类型的自然保护区内（孙婉莹，2012）。

从丽等人（2016）对前往澳大利亚班伯里海豚探索中心的游客进行调研，将受访者样本根据总体环境态度分为近人类中心主义者、近生态中心主义者和立场中立者三类，分析游客在野外生境中接触海豚的环境态度及差异性。从丽（2019）在深层生态学理论视角下分析了基于人口统计学和人口地理学分异的野生动物旅游者的环境态度特征，将野生动物旅游者分为近生态中心主义者、近人类中心主义者和立场中立者三类。从丽等人（2020）在地理学视角下分析了1906—2019年间我国574个半资源消费型野生动物旅游景区，发现我国半资源消费型野生动物旅游景区的发展可分为探索期（1906—1948年）、快速发展期（1949—1959年）、慢速发展期（1960—1992年）和高速发展期（1993—2019年）四个阶段，空间上呈凝聚型分布，地理集中程度较高，地区间呈不均衡分布。

野生动物为基础的旅游活动类型、范围、强度、时空分布等是影响野生动物的主要因素。旅游对野生动物的影响包括直接影响（个体的行为反应和生理指标改变、繁殖力降低、种群分布和物种组成的改变等）和间接影响（生境破坏、外来种散布和环境污染等）（马建章　等，2008）。国内学者对旅游活动的影响也进行了实证研究，结论一致，认为负面影响不容忽视（戴建兵，2008；王静等，2011）。唐承财等人（2011）以西藏自治区申扎县野生动物旅游发展为例，提出野生动物旅游社区参与发展的理念和原则，从管理经营、资源环境保护、产品生态化开发、利益合理分配四方面构建申扎县野生动物旅游的社区参与模式，并探讨其保障机制。李佳等人（2015）利用36台红外相机监测湖北神农架国家级自然保护区旅游公路发现，兽类对公路具有一定的回避效应。

部分文献探讨了游客的情感特征和伦理取向，例如从丽与何继红（2020）以长隆野生动物世界为例，从景区体验情感、管理要素认知情感、动物生境感知情感、科普教育互动情感四个角度分析了野生动物旅游景区游客情感特征，该研究对其他野生动物旅游景区的管理和营销具有一定的借鉴意义。徐红罡等人（2021）在共建地球生命共同体的时代背景下，探讨野生动物旅游中的游客体验及其伦理取向，总结野生动物旅游可持续发展的实践经验，深入讨论野生动物旅游中人与动物的关系。崔庆明（2021）通过整合性综述的方法，发现旅游一方面通过给社区带来经济利益，提高居民对野生动物的容忍度；另一方面也会产生负面生态影响，导致野生动物对人类习惯化和种群数量过度增长，进而加剧景区周边社区与野生动物的冲突。

5．野生动物旅游影响

（1）野生动物旅游对目的地经济影响

野生动物旅游目的地生境类型包括：①圈养环境，如动物园、鸟语林、水族馆等；②半圈养环境，如野生动物园、哺育中心和野外生境，包括自然保护区、迁移路径以及投水/投食处等。每种生境类型人类的干扰程度相异。野生动物旅游典型的目的地生境类型见表2-2。事实表明，野生动物旅游对目的地国家或地区的经济发展做出了巨大贡献。国际生态旅游协会（The International Ecotourism Society，TIES）的调查报告显示，整个国际旅游者总数的20%～40%是野生动物旅游者，人数多达1.06亿～2.11亿人，每年创造830亿～1660亿美元的经济价值❶。美国鱼类及野生动植物管理局（United States Fish and Wildlife Service，FWS）的调查显示，2006年美国有8700万人参加了与野生动物相关的钓鱼、狩猎或观赏等活动，旅游总支出为1200亿美元，占其GDP的1%❷。而以发展野生动物旅游著称的非洲肯尼亚，野生动物旅游对国内经济的贡献更为显著。据加勒比旅游组织（Caribbean Tourist Organization，CTO）的调查，与野生动物相关的旅游活动每年为肯尼亚带来50亿美元的收入，占其GDP的14%❸。

❶ The International Ecotourism Society, 2010-07-10.

❷ U.S.Fish and Wildlife Service, 2010-07-10.

❸ Caribbean Tourist Organization (CTO), 2009-07-12.

野生动物旅游典型的目的地生境类型　表2-2

种类	场所	例子	人类影响的程度
圈养	鸟语林	冈瓦纳大陆（昆士兰）	完全人工建造
	动物园	圣地亚哥（加利福尼亚）	
	海洋水族馆	海洋世界（佛罗里达）	
	水族馆	蒙特利海岸水族馆（加利福尼亚）	
半圈养	野生动物园	东北虎林园（哈尔滨）*	有人工修建的要素
	康复中心	比勒陀利亚野生动物康复中心（南非）*	
	海岸圈牧场	海豚中心（佛罗里达）	
	饲养中心*	成都大熊猫繁育养殖基地（成都）*	
野生	国家公园	克鲁格国家公园（南非）	自然环境
	迁移路径	科德角观鲸（曼彻斯特）	
	投食、饮水处	蒙利普斯观海龟（昆士兰，澳大利亚）	

来源：在Orams（1996）研究的基础上修改完成，*为修改和增补的部分。

国外学者十分重视对野生动物旅游经济影响的研究，多选择某一具体野生动物旅游目的地进行案例研究，目前已积累不少的研究文献（Davis et al.，1998；Wilson et al.，2003；Catlin et al.，2010a）。Stoeck等人（2005）运用问卷调查的方法对比研究了猴子米亚（Monkey Mia）海豚旅游和哈维湾（Harvey Bay）观鲸旅游对当地经济的贡献，研究发现海豚旅游者每年对猴子米亚的直接经济贡献为420万～880万美元，占当地总经济收入的5%～11%；观鲸旅游者每年对哈维湾的直接经济贡献为650万～1150万美元，占当地总经济收入的2%～4%。除直接旅游收入外，野生动物旅游发展对促进当地的就业、消费以及产生的乘数效应对其他旅游相关产业也会起带动作用。同时，野生动物旅游的经济功能也会激发政府、各种组织干预野生动物保护的热情，增加对野生动物保护的资金支持（Tisdell et al.，2001）；观鸟作为一种生态旅游活动，可以促进热带野生动物资源丰富的欠发达国家的自然资源和生物多样性的保护，促进当地经济和文化的发展（Blondel，2008）。王红英（2008）分析了生态观鸟的影响，认为我国包括生态观鸟在内的以野生动物为对象的休闲旅游规模较小，还处于旅游发展的探索和导入期，其所产生的经济、社会和生态影响较小。

对于经济影响价值的评估，代表性研究包括：孙婉莹等人（2012）构建了野生动物旅游资源价值定量评价的指标体系（包括科研宣教价值、观赏价值、可开发利用价值3项共7个指标），确定了影响自然保护区野生动物旅游资源价值的各因子权重，并据此建立了自然保护区野生动物旅游资源综合评价模型。施德群（2010）区分公费旅游者和自费旅游者，改进旅行费用法（TCM）模型的应用思路，提出并构建了基于费用性质的个人旅行费用法模型，评估观鸟游憩价值。总体来说，对野生动物旅游经济影响的研究倾向于强调发展旅游而增加的获利能力，但忽略了旅游对野生动物及环境消耗的成本分析。提高游客体验和控制旅游的环境影响是野生动物旅游产品可持续性的关键，而缺乏对人与动物行为互动的科学理解是导致野生动物旅游问题的主要原因（Abdulbaki et al.，2008）。

（2）野生动物旅游对旅游者的影响

对于游客来讲，野生动物旅游的影响几乎都是积极的，包括强化了环境保护意识，增加了人与自然的接触和互动的欣赏，让人身体和精神都能恢复活力，增强人们的环境保护责任感（Ballantyne et al.，2007）等。此外，可以使旅游者获得独特的旅游体验，更多的知识、教育和乐趣，鼓励旅游者对环境事业作出经济的和非经济的贡献（Powell et al.，2008）；在游览过程中影响环境意识、心态、知识获取及旅游者的行为（Medio et al.，1997；Orams et al.，1998），如激发旅游者对野生动物和自然环境的尊重和感恩，激发旅游者关注环境问题的意识，促使其采取环境可持续行动等（Ballantyne et al.，2007；Lee et al.，2005；Wilson et al.，2005）。

1）强化亲近自然体验，提高满意度

首先，享受独特旅游体验。和动物互动能够暂时性地将旅游者的注意力从忙碌的生活中转移出来，让游客的精神处于平衡状态，使其获得精神满足感、内心幸福感、心理健康及其他隐性的心理益处，该结论以注意力恢复理论（Attention Restoration Theory，ART）为解释工具，证明了野生动物旅游可以成为独特旅游体验，有转移和恢复注意力的功能（Curtin，2009）。除此之外，旅游者还可以通过导游解说增长见识、学习目的地文化、培养对当地人的积极态度并获得满意的旅游体验（Zeppel et al.，2008）。Curtin（2006）用现象学方法分析海豚旅游者的回忆来研究旅游者的体验，发现旅游者的体验效果与对海豚吸引力的感知、互动方式、实际体验与期望的匹配程度等因素有关。Kuo（2002）认为，解说至少在三个方面会提高游客的体验：为游客指引道路，规范游客的行为，引导游客产生旅游体验。通过对野生动物习性、生境、遗迹的介绍，强化游客对野生动物真实存在的感受，提高人与动物交流的能力。Orams（2000）在澳大利亚对704名观鲸旅游者进行了问卷调查，结果发现鲸鱼的数量、行为、同伴游客数量、游船的设施、是否晕船等变量影响了观鲸游客的满意度，是否真正接触到鲸鱼不是主要影响因素，有35%的游客甚至在没有看到鲸鱼的条件下，最后对行程结果表示满意。

其次，激发旅游者环境保护意识。Ballantyne等人（2010）运用体验学习圈理论（Experiential Learning Cycle）分析研究了4种不同类型的野生动物旅游者的旅游后行为，发现部分旅游者在其旅游后日常生活中更少使用塑料袋，关心所购买的产品是否损害野生动物，注意爱护环境和收集有关动物的信息，更多地参与环境问题讨论和志愿环境服务等环境友好活动。Schnzel和McIntosh（2000）运用ASEB栅格分析法和严格访谈法，研究了新西兰奥塔哥（Otago）半岛观赏企鹅的旅游者的个人情感体验效果，发现旅游者在观赏企鹅的活动中，通过接近企鹅、体验真实性，认识到了处于濒危状态的企鹅的重要性。

Curtin（2010a）运用叙事分析法（Narrative Analysis）并引入心理学自我概念理论（Self-concept Theory），研究严格型野生动物旅游者的消费体验，认为严格型游客的消费行为在很大程度上是自我展示（Self-presentation）和自我发展（Self-development）的体现，表现在他们的服饰、行为、经验积累、旅游装备和知识资本中。

Curtin和Wilkes（2007）运用访谈法对比研究发现，成功的野生动物旅游必须充分了解游客的偏好。野生动物旅游的本质是在原生态环境中进行人与动物的交流和体验，游客的满意度受到“真实性”和“交流”影响。从发展趋势看，游客出游的目的是要体验真实的生态环境，即原始的生态环境和真实的野生动物行为，满足各种层次游客对野生动物“真实性”的感受，是开发野生动物旅游必须解决的问题（Reynolds et al.，2001）。Reynolds和Braithwaite（2001）指出，游客满意度主要受物种和生境两个因素的影响，其中物种需具备以下条件：其活动和活动场所是可以预测的，并且是可以用于欣赏的（生境是开放的）；对人类的活动具有一定的抗干扰性；具有一定稀有性但在当地又有相对的丰富度。然而不一定所有的物种都具备这些特征。派特森（Patterson）于1986年讨论游客满意度时，也认为游客满意度与动物的情绪、动物体形大小、游客的预期、是否有幼仔出现、物种特征、稀缺性和可爱性等因素有关（Beneeld et al.，1986）。控制游客数量也是提高游客满意度的一个重要方面，导游解说直接影响到游客的旅游体验。Ballantyne等人（2011a）对澳大利亚进行水族馆旅游、海洋公园旅游、观赏海龟和观鲸的240名游客进行了质性访谈，分析结果表明，游客一次旅游活动要经历看、听、感和想四个阶段。对影响野生动物旅游者满意度的要素，学者进行了大量的实证分析，野生动物旅游者满意度影响要素研究见表2-3。

野生动物旅游者满意度影响要素研究　表2-3

研究者	研究对象	影响因素
Benefield等人（1986）	野生动物旅游者	动物的体形、动作，游客参与度，是否有小动物，见到野生动物的可能性，游客对动物特征的感知
Leuschner等人（1989）	弗吉尼亚观鸟旅游者	观赏从未见过的鸟类，鸟类物种丰富，有珍稀和濒危的鸟类

续表

研究者	研究对象	影响因素
Duffus等人（1993）	加拿大太平洋海岸观鲸旅游者	观看鲸鱼，接近鲸鱼，鲸鱼的表演，游览海域风光，有专家/组员解答相关问题，观赏其他海洋生物
Hammitt等人（1993）	美国大烟山国家公园野生动物旅游者	观赏不同类型的野生动物，观赏黑熊，观赏白尾鹿，观赏大量动物，首次到访者，用望远镜观看野生动物，拍照，观看到的动物数量与期望值匹配
Davis等人（1997）	澳大利亚西海岸观赏鲸鲨的旅游者	亲近大自然，观看大型动物，观看不同类型的海洋生物，兴奋感，了解海洋环境，具有冒险性，海底风光，自由感，放松，与朋友同行
Johnston（1998）	对动物园旅游的文献回顾	亲近大自然，动物大小，隐性障碍
Tourism Queensland（1999）	澳大利亚昆士兰观鲸旅游者	鲸鱼的数量，团体旅游而不是家庭旅游，重游者，其他游客的评论，较小的参观船只
Foxlee（1999）	澳大利亚赫维湾（Hervey Bay）观鲸旅游者	鲸鱼的数量，与鲸鱼的距离，鲸鱼的活动，提供鲸鱼的信息，提供其他动物的信息，信息提供的方式
Schanzel等人（2000）	新西兰观赏企鹅的旅游者	企鹅的自然习惯和行为，亲近，受教育的机会，新奇的展示方法，较少的游客量，观赏小企鹅
Reynolds等人（2001）	野生动物旅游者	体验的兴奋程度，体验的真实性或自然性，体验的独特性，游客控制，物种的知名度，物种的等级（稀缺程度和濒危程度）
Orams（2000）	澳大利亚莫利顿岛观鲸旅游者	鲸鱼的数量、行为，乘客的数量，航行时间，船舱的结构，观察位置，是否晕船
Valentine等人（2004）	澳大利亚大堡礁潜水观鲸旅游者	与小须鲸的距离，潜水地点，看到物种的种类，社会交往，接近鲸鱼的方式，鲸鱼的数量，和鲸鱼接触的时间

来源：根据Moscardo等人（2004）、Reynolds等人（2001）、Orams（2000）、Valentine等人（2004）的研究成果编制。

2）游客教育，增强环境保护意识

游客自然教育在野生动物旅游发展中起着至关重要的作用。一方面，游客自然教育是旅游者体验的重要组成部分（Ballantyne et al.，2007)；另一方面，通过专业导游、旅游手册、标志（语）等方式教育游客使其规范和约束自身行为，是保护野生动物及生态环境最有效的方法（Orams et al.，1998；Burns et al.，2003；Ballantyne et al.，2009）。国外对游客进行教育的方式主要包括政府干预、非政府组织干预、政府与非政府组织联合干预、旅游地所有者干预、导游干预等几种形式（文首文，2008）。为了实现发展旅游和野生动物及其栖息地保护的双重目标，野生动物旅游地会专门聘请那些拥有多重资历，精通人际交流和相关科学知识的专业研究人员担任导游或定期举行专家讲座，对游客进行生态环境和野生动物知识教育。例如，澳大利亚布鲁姆（Broome）观鸟台就为观鸟者开设了专家讲座，内容涉及海鸟保护、鸟类识别、鸟类数量监测、鸟类控制和海鸟生物学等（文首文，2008）。Boren等人（2008）专门研究了导游在规范和约束游客旅游过程中的不正当行为的作用，结论表明，导游通过讲解、提醒和监督，游客在旅游过程中的不正当行为（如大声喧哗、闪光灯拍照、随意喂食等）会大大减少。然而事实上，旅游者对野生动物产生消极影响的行为并非只发生在旅游地，还普遍存在于他们的日常生活中。因此，旅游地的游客教育项目不仅要合乎本地的要求，还要着眼于增强旅游者的环境（动物）保护意识，促使旅游者在日常生活和其他旅游地能自觉规范自身的行为（Newsome et al.，2005）。

如果进行完善的设计、管理和执行，野生动物旅游对游客的保护知识、态度以及行为将产生潜在的影响（Ballantyne et al.，2005；Ballantyne et al.，2007）。昆士兰环境保护机构的研究表明，动物园的解说系统可以帮助游客、当地社区和其他感兴趣的人们更好地理解、探索、体验公园的自然和文化价值，它也能够鼓励人们在日常生活中去保护自然和文化遗产。研究证实野生动物旅游对参观者的环境教育有积极的长期和短期影响：培养游客对野生动物和自然的尊敬及喜爱，增强环境保护的意识，养成环境可持续发展的态度和行为（Ballantyne et al.，2007）。Sekercioglu（2002）把观鸟归结为社区保护的一项工具，把观鸟者看作理想的生态旅游者，并指出非居民性的生态观鸟具有经济潜力，同时分析了与观鸟生态旅行相关联的潜在收益和问题，认为生态观鸟有助于地方社区的经济发展和环境保护，有助于地方社区开展生物多样性的教育活动，有助于国家更多地关注和保护野生生物区。该研究的不足之处是缺乏对当地社区经济与环境影响的研究，缺乏对当地社区的经济贡献和对野生生物干扰的研究。

（3）野生动物旅游对野生动物的影响

1）正面影响

旅游对野生动物的影响受到学者较多关注。动物旅游对野生动物的影响从短期和长期视角来看，包括正面影响和负面影响（Ballantyne et al.，2011a）。正面影响主要体现在：它为野生动物及其生境的保护和管理提供收入，这对于改变很多偏远山区和贫穷农村因经济压力而杀戮野生动物的现状是一个可持续发展的途径，它为自然资源的保护提供了社会经济动力（Higginbottom et al.，2001）；野生动物旅游对于野生动物保护以及其生境的长期发展和保护起到重要作用（Reynolds，Braithwaite，2011；Newsome，Dowling，Moore，2004）。

2）负面影响

野生动物旅游业可能导致的一系列负面影响，包括短期个体在生理或行为上的变化（图2-3），长期种群死亡率增加和繁殖率减少，进而影响整个生态系统种群乃至于生态系统本身。旅游业对野生动物和生态系统威胁日益严重（Croall，1995）。尽管野生动物旅游常被认为是环境友好型的，野生动物旅游者虽然倾向于强调保护野生动物、注重动物保护福利，但是野生动物保护专家和动物爱好者可能经常会无意中伤害动物。此外，并不是所有的野生动物旅游经营者都有强烈的环境保护这一社会责任感（Lubeck，1990）。野生动物旅游业对野生动物所产生的负面影响程度，针对不同的动物有很大的差别，这与动物的种类、年龄、性别、身体状况和繁殖阶段，栖息地类型及占用情况有关（Ballantyne R et al.，2010；

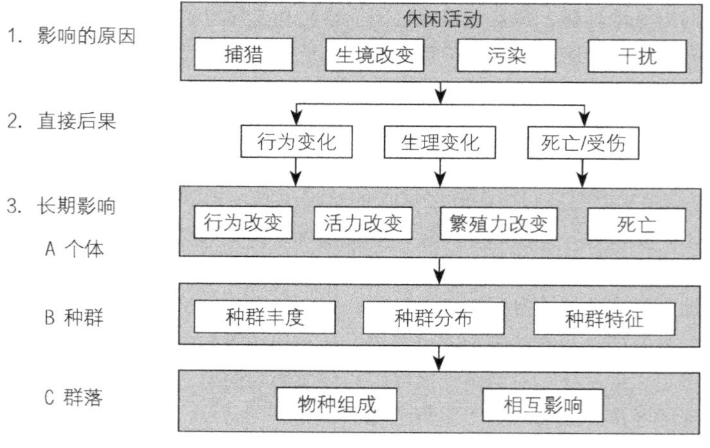

图2-3 休闲旅游活动对野生动物的长期和短期影响
（来源：Knight et al.，1995）

Knight et al.，1995；Gill，2002），休闲旅游活动对野生动物的长期和短期影响如图2-3所示。影响严重程度也将根据人（或机动车）和动物之间的距离、影响频度、影响强度和影响类型而不同，如声、光、突然的动作刺激。Norman（2002）论述了观鲸旅游活动尤其是由于源源不断的客源，可能对鲸鱼造成的负面干扰，直接的影响包括鲸鱼行为的改变，潜在的影响包括由于身体的接触可能会导致迁移路线的变化等。

3）野生动物旅游影响与博弈分析

人与野生动物的相互影响在一定的范围之内，从低影响的阅读相关知识到强影响的狩猎旅游等资源消费型活动。介于二者中间的活动有参观动物园和野生动物园、徒步、观鸟等（Reynolds et al.，2001）。Reynolds和Braithwaite（2001）用矩阵描述了这两者之间的关系，野生动物旅游影响与游客经历的博弈分析如图2-4所示。类型A代表个人参与性强，品质最高，经历最丰富，同时对环境的影响也是最大的，需要加强对旅游行为的管理以减少对环境的影响。类型B代表旅游经历相对较丰富，对环境、物种或生境有一定的负面影响，但是有可能缺乏原真性。类型C和类型D对野生动物有相对较小的影响，仍然可以为游客提供旅游经历。要想保持野生动物旅游可持续发展，应鼓励类型C和类型D这

图2-4 野生动物旅游影响与游客经历的博弈分析
（来源：Reynolds et al.，2001）

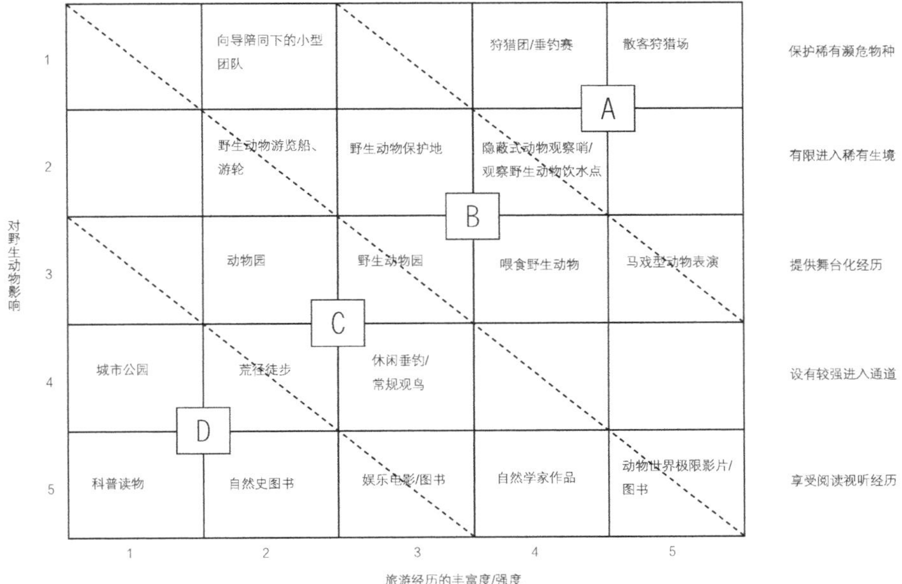

类活动的开展。

总体来说，大多数的学者和研究机构认为野生动物观光等以自然为基础的旅游活动总体上对于野生动物保护是有益的，尤其它们对于经济的贡献和教育理念的强调。此外，在政策条例和流行术语中，野生动物观光经常被认为是生态旅游的一种形式。根据一些生态旅游的定义，这种形式的旅游活动常常与环境保护相关的教育活动有关，并能给当地社区带来福利。

6. 野生动物旅游目的地管理

世界典型的野生动物旅游目的地集中于非洲、大洋洲、北美以及亚洲东南部。这些地区的共同特点是野生动物资源丰富、具有极强的观赏性和吸引力，有明星旗舰物种，旅游产品体验具有地方特色。表2-4列出了国际典型野生动物旅游目的地及评价。

国际典型野生动物旅游目的地及评价 表2-4

地区	野生动物	评价
非洲东部和南部（尤其是非洲南部，包括肯尼亚、坦桑尼亚、赞比亚、纳比亚和乌干达）	观赏大型哺乳动物是狩猎住宿的一部分体验。活动主要在公共保护区和私人禁猎区开展。 当地哺乳动物物种具有多样性、数量多、体形大等特点，加上开阔的平原和高原与大型远景可以使游客很容易找到并观察野生动物。海洋和沿海地区（南部）有大量的企鹅和鲸鱼，湿地和河流区还有河马和鳄鱼	丰富的野生动物旅游体验。 在肯尼亚禁止体育狩猎和野生动物贸易。 除了南非，大多数游客都是国际旅游者。 重大环境和社会政治威胁。 有很多保护区（南非），野生动物得到了专业的可持续管理
北美（美国和加拿大）	主要为大型哺乳动物和鸟类。重要物种包括：熊类动物（特别是在马尼托巴和丘吉尔地区的北极熊）；大型有蹄类动物，如北极狐、土狼、山猫、河獭、鳄鱼、蛇；无脊椎动物。保护区动物集中。重要的海洋和海岸野生动物观赏物种很多，包括鲸目动物和远洋鸟类	从狩猎转为野生动物观赏是一种发展。 观鸟产业在增长。 驯养和陆生野生动物观赏旅游发展强劲。 主要目的是把野生动物保护和野生动物观赏结合。 迁徙非常重要（季节性和动物集中）
美洲中部和南部（尤其是波多黎各和伯利兹）	包括亚马逊盆地在内，主要为森林动物群，区域生物多样性丰富。以自然为基础的旅游体验。关键物种包括各种灵长类动物和鸟类，对海洋和淡水系统的利用增加	中美洲比南美洲旅游发展更好的原因在于：较强的政治稳定，接近客源地市场，完善的保护区系统以及国际合作。 面临重大的环境和社会政局动荡威胁

续表

地区	野生动物	评价
亚洲东南部和南部（尤其是印度）	东南亚地区生物多样性丰富，有各种森林动物群，主要是以自然为基础的旅游体验。关键物种包括猩猩和科莫多巨蜥。在印度有专门的野生动物观赏，主要是在保护区，一些海洋野生动物旅游业呈增长趋势	野生动物旅游市场较小，属于新开拓领域，一些物种可被利用。 面临重大环境和社会政治威胁。 在一些国家有巨大的发展潜力
太平洋，包括密克罗尼西亚和夏威夷群岛、新西兰、斐济、加拉帕戈斯群岛	主要集中在潜水旅游与一些关注海洋物种，如蝠鲼和鲨鱼（包括鲸鲨）、珊瑚礁生物、鲸鱼和海豚等	海洋旅游的压力日益增长，需要恰当的管理。 许多不确定性因素需要加强研究
澳大利亚和巴布亚新几内亚	国际游客对当地明星旗舰物种兴趣浓厚（大洋洲的树袋熊、袋鼠）和一些专门关注海洋环境的旅游，包括观赏鲸鱼。在主要的保护区，关注特色鸟类	专业基础设施完善

来源：在Higginbottom和Buckley（2003）研究基础上完成。

（1）基于游客行为规范和自然教育的目的地管理

野生动物及栖息地保护是发展野生动物旅游的核心目标之一，而对旅游者行为进行引导和规范则是实现野生动物保护及目的地有效管理的重要手段。Orams（1996）认为，对旅游者行为的管理方法主要有三种：一是通过各种基础设施来规范和引导旅游者的行为；二是通过各种规章制度、许可、收费等来强制规范游客行为；三是通过游客环境教育（游客守则、标语、导游解说等），让游客自发约束自身行为。研究证明，通过导游、旅游手册、标志（标语）等媒介教育游客使其规范和约束自身行为是保护野生动物最有效的方法，该方法对游客满意度的影响也最小（Orams et al.，1998；Burns et al.，2003；Moscardo et al.，2004；Ballantyne et al.，2009）。Orams（2002）总结了游客给野生动物喂食所产生的消极影响，提出应根据实际情况对游客喂食行为采取禁止（Prohibition）、积极管理（Active Management）和忽略（Ignore）等不同组合的多样化管理策略。Ballantyne和Hughes（2006）对野生动物栖息地设置的用于引导游客行为的标志（标语）的研究发现，明确指出游客固有错误观念和行为并解释其原因的标志（标语）最有效。但从根本上讲，通过改善全社会对野生动物资源之于人类福祉价值的认识，营造保护自然资源的氛围，才能达到通过生态旅游开发保护野生动物种群和栖息地的目的（Filion，1992）。Curtin等（2009）考察了英国德文郡南部滨海灰海豹栖息地现行管理政策的有效性，认为针对游客行为给灰海豹带来的消极影响进行诚实解说是有效保护的手段。Burns和Howard（2003）考察澳大利亚弗雷泽岛（Fraser）的野狗管理政策后，指出对旅游者进行管理的必要性和困难。

（2）根据目的地演化规律，准确把握其发展与管理

Duffus和Dearden（1990）整合旅游地生命周期理论、休闲专业连续谱理论（Leisure Specialization Continuum）和可接受变化极限理论（Limits of Acceptable Change，LAC），提出了野生动物旅游地演化分析框架来解释不同阶段游客和野生动物的类型、数量以及他们所面临的社会、文化、经济和自然环境压力，为目的地规划和管理提供了前瞻性的理论指导（图2-5）。Catlin等人（2010a）考察了澳大利亚宁格罗（Ningaloo）海洋公园游客类型的变化，证实了上述理论模型的有效性。Beeton（2004）指出，经营野生动物旅游的企业必须是可持续的、资金充足、了解其目标市场并要采取前瞻性、灵活性的战略管理方法。Higginbottom等人（2004）对野生动物旅游战略规划进行了研究，并提出了基于战略规划的野生动物旅游系统模型。也有学者对一些典型的野生动物旅游地管理进行了个案研究。Parsons和Woods-Ballard（2003）通过对苏格兰西部观鲸经营者的调查，对比研究了政府制定的和行业制定的游客指南的有效性，发现苏格兰海洋野生动物运营协会

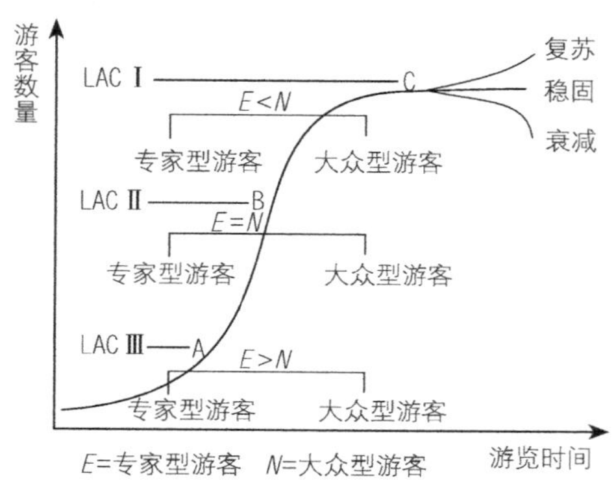

图2-5 野生动物旅游地演化分析框架
（来源：Duffus et al.，1990）

（Scottish Marine Wildlife Operators Association，SMWOA）制定的游客守则在受访者中的使用率达47%，远高于英国政府（环境、运输和区域部门）制定的游客指南。Okello等人（2008）研究了旅游者对非洲野生动物吸引力的感知，认为肯尼亚安博塞利国家公园将“The Big Five”（5种大型的野生动物，即明星旗舰物种）作为旅游宣传口号不恰当。Higham和Bejder（2008）针对澳大利亚鲨鱼湾海豚旅游发展所面临的问题，从限制游客人数、互动时间、导游人数、经营商、游览工具5个方面提出了具体的管理策略。

（3）以社区居民为主的利益相关者角度的管理

在管理学领域，利益相关者（Stakeholder）是指那些“能够影响或为组织的行为、决定、政策、实践或目标所影响的个人或群体”（Carroll et al.，2008）。辨识利益相关者是开展野生动物旅游规划管理和实现目的地可持续发展的必要条件（Higginbottom et al.，2004），因此相关研究也引起了学者们的重视。Higginbottom（2004）认为，野生动物旅游的利益相关者主要包括旅游者、旅行社、政府部门、东道主社区、环境管理部门、非政府组织、野生动物管理部门7类，并具有不同的利益诉求（表2-5）。但在具体案例分析中利益相关者构成也可能不完全相同，在野生动物旅游活动中，直接利益相关者涉及动物及其生境、到访的游客和当地的居民。如Burns等人（2003）在考察澳大利亚弗雷泽岛政府出台的野狗管理政策时，就列举了10类利益相关者。另外，受西方动物保护和动物权利运动的影响，野生动物、旅游者、东道主社区之间存在何种关系，产生哪些博弈，成为研究者关注的另一个领域。纵观已有文献可以发现，近20年来西方野生动物旅游研究对利益相关者的关注，主要集中在对动物旅游的影响及动物旅游的博弈分析、游客满意度的测量和管理、社区居民对野生动物旅游的态度分析等领域。

野生动物旅游利益相关者及其目标　　表 2-5

利益相关者	预期目标
旅游者	获得满意的野生动物旅游体验
旅行社（包括公私经营商及贸易和产业协会）	野生动物旅游的发展，旅游经营商短期利润最大化
政府部分（从事旅游规划与促销）	经济、社会、生态可持续发展

续表

利益相关者	预期目标
东道主社区	地区利益最大化，旅游负面影响最小化，野生动物资源破坏最小化
环境管理者（尤其是政府环保部门）	旅游活动的生态可持续，满足大众的游憩目标，利用旅游来实现保护
非政府组织（关注野生动物福利及环境）	将对野生动物的影响降到最低，利用旅游来实现环境保护目标
野生动物管理部门	与环境管理者及非政府组织的目标一致

来源：Higginbottom（2004）。

野生动物旅游发展有助于社区的基础设施建设，增加当地居民的就业机会和经济收入，从而促进社区的经济发展和居民生活水平的提高。然而，东道主社区同样面临许多风险，如社区居民可能会被迫离开原来的生活环境，土地用途的改变和旅游收入分配不均导致的社区生活水平降低以及环境污染等生态问题（Mbaiwa，2003；Burns，2004）。不可否认的是，东道主社区作为最重要的利益相关者之一，在旅游发展、野生动物及其栖息地保护中起着不可替代的作用。理解社区居民对旅游产品的态度，尤其是对资源消费型动物旅游产品的态度，对于目的地的管理以及旅游的持续发展有重要的意义。Sekhar（2003）针对印度萨里斯卡老虎自然保护区的动物保护和旅游活动开展，研究了当地社区居民的态度，认为不同类型的社区居民总体上支持保护区的建立，对旅游和保护持肯定态度。这与之前学者的研究结果（Fiallo et al.，1995；Mehta et al.，1998）相近。当地居民支持的理由主要是保护区的建立能够给他们带来收益，如明显的就业机会增加、收入增加等。Mackay等人（2004）于2000年就居民如何看待狩猎作为一种旅游产品的态度，对加拿大马尼托巴省的1300多户居民进行了电话问卷调查，结果表明：当人们把狩猎描述为一种旅游产品并以经济为主要目的时，持支持态度的居民人数要稍多于持反对意见的人数，很多人认为以狩猎为基础的旅游活动比纯粹的旅游活动更有影响力；当狩猎被定义为一种运动或者是以猎物为目的时，当地居民持反对意见的人数要多于持支持态度的人数。Hemson等人（2009）对博茨瓦纳马卡迪卡迪盐沼（Makgadikgadi Salt Pans）国家公园的研究发现，旅游业的发展只给当地少数居民带来了实惠（只占当地人口1%的旅游从业者获利颇丰），狮子保护状况极为堪忧。因此，学者呼吁，旅游发展要注重东道主社区的旅游收益（如鼓励本地资本投资，注重本地居民教育，鼓励就业，增加收入等），在旅游规划和其他决策过程中重视社区参与（Sekhar，2003）。

7. 野生动物旅游研究方法

实际上，国外野生动物旅游研究更常见的是采用多学科交叉视角，在对野生动物保护与利用进行分析时，综合引用生态学、动物学、社会学、旅游学等多学科概念与方法，采用问卷调查和统计的手段，并且与质性访谈和实验室实验相结合进行应用型研究。Ballantyne等人（2011）通过野生动物旅游者的记忆来研究对旅游者游后行为产生短期和长期影响的因素。Rodger等人（2004）利用访谈法研究了管理者、经营者与科学家对可持续野生动物旅游的感知和认知差距。Curtin（2010c）用半结构化深度访谈法研究发现，领队在野生动物旅游活动中充当解说者、教育者、社会促进者和保护主义者等四种角色。Dawson等人（2010）研究了北极熊观光旅游者对于自身温室气体排放对环境破坏的感知，并计算出北极地区旅游者的年均CO_2排放量约为20892t。还有学者从社会学、人类学的角度研究野生动物旅游，如Mangun等人（2002）运用社会结构定量模型研究了美国西部州的非资源消耗费型野生动物旅游者社会结构的异质性（Heterogeneity）和不平等性（Inequality）。Rodger等人（2009）运用行动者网络理论（Actor-network Theory）对南极地区的野生动物旅游影响研究的发展及衰落进行了分析。Knight（2010）以日本野猴园为个案，从人类学的角度考察了日本野生动物旅游的舞台化本质。Akama 和Damiannah（2003）运用SERVQUAL模型对肯尼亚察沃（Tsavo）国家公园的野生动物旅游者满意度进行测度和服务质量分析。

8. 研究方法

孙婉莹等人（2012）运用专家咨询法和层次分析法，通过建立自然保护区野生动物旅游资源价值定量评价的指标体系（包括科研宣教价值、观赏价值、可开发利用价值3项共7个指标），确定了影响自然保护区野生动物旅游资源价值的各因子权重，并据此建立了自然保护区野生动物旅游资源综合评价模型，以期为自然保护区开展生态旅游提供科学依据。丛丽等人（2012）和高科（2012）运用文献综述法分析和总结了野生动物旅游的概念和国外研究的主要概况。较多学者分析了观鸟旅游发展现状及对策（廖明旗，2006；付

蓉 等，2008），介绍国外生态观鸟旅游对中国观鸟旅游发展的启示（王红英 等，2008b）。于洪贤等人（2007）运用模糊数学的理论和方法，对哈尔滨北方森林动物园旅游资源进行了评价和分析：采用构造矩阵法确定森林动物园各评价指标的权重系数，采用游客调查和专家组判断相结合的方法，确定旅游资源评价指标的隶属度，从而建立了哈尔滨北方森林动物园定量评价的指标体系和模糊评价的数学模型。王云等人（2013）采用样线法、红外相机监测法对毗邻长白山国家级自然保护区的环长白山旅游公路进行了动物致死、公路对动物的影响域、动物穿越公路、动物通道利用率等研究。从丽等人（2014）借助ROST Content Mining 6和NVivo 8软件，使用内容分析和质性主题分析二者相结合的研究方法，分析了中国旅游者在访问圈养环境中的大熊猫研究基地时的旅游体验。从丽等人（2017）运用K-means聚类分析、方差分析等定量方法，分析游客在进行野生动物旅游时的场所涉入程度及差异性。采用聚类分析和单因素方差分析（One-Way ANOVA）、沙菲检验等定量分析方法，以新生态范式量表为基础，对到访半圈养生境野生动物旅游者的环境态度进行测量，分析基于人口统计学和人口地理学分异的野生动物旅游者的环境态度特征（从丽，2019）。从丽等人（2019）采用文本分析法，结合野生动物旅游地保护需求制约及游客体验，分析游客关注的三大属性要素特征，确立景观自然程度、游客密度、游客特征、可达性、旅游基础设施、野生动物保护强度和游客管理7个指标，将成都大熊猫研究基地划分为3个空间类型。

9. 国内野生动物旅游研究总结

我国在野生动物旅游领域的研究尚属于较少涉足的领域，现有成果主要局限于动物学界、生态学界关于旅游对野生动物及其环境影响的研究（马建章 等，2008），集中于以下几个方面：

野生动物资源调查、野生动物行为特征和生境分布研究，为野生动物旅游活动的开展提供了资源前提。一些学者对野生动物旅游活动的影响分析，实证了物种对游客活动干扰的耐受性和适应性。

部分文献分析了非资源消费型野生动物旅游游客的人口统计学特征及行为特征。在非资源消费型野生动物旅游中，国内针对旅游的研究较深入的当属对生态旅游区旅游流的时空特征进行的分析，并用多种数学方法构建模型预测游客数量。

对于半资源消费型野生动物旅游的研究集中于产业现状描述、产品开发、问题分析、旅游可持续发展对策等方面。个别学者探讨了不同游客密度条件下野生动物行为时间分配。

资源消费型野生动物旅游，包括狩猎和垂钓。国内狩猎旅游研究主要集中于国外狩猎发展经验介绍，以及我国狩猎旅游发展的可行性探讨，并提出了狩猎旅游发展的策略。研究角度不尽相同。垂钓旅游研究主要集中于现状分析、资源分类和开发评价、价值评估以及游客动机研究。

随着经济的发展和社会的进步，人们的环境意识和回归自然的愿望日益强烈，野生动物旅游发展迅速，相关研究也日渐兴盛。从前文综述可以看出，国外学者在此方面的研究起步早、涉及学科多，研究成果主要集中在游客体验、野生动物旅游影响分析以及目的地发展与管理等方面，基本确立了以“游客体验—物种保护—目的地发展”为核心的研究框架，具有明显的环境价值取向特征。未来的研究仍将保持这一趋势，并在野生动物旅游的生态影响、游客对不同体验方式的满意度、目的地承载力、旅游发展和野生动物保护的经济价值以及对社会和教育的影响等方面有所发展和深入（Reynolds et al.，2001）。目前，野生动物旅游研究在国内尚属于较少有人涉足的研究领域，仅有的成果也多限于动物学界、生态学界关于旅游对野生动物及其环境影响的研究（马建章　等，2008），旅游学术界的研究贡献很少，并且实践层面存在较多的问题（徐红罡，2004）。建议加强对旅游收益分配、生态影响和社会文化视角的研究（崔庆明，2021）。国内学术界关于生态旅游的研究成果十分丰富，野生动物旅游可以在总体上纳入生态旅游的研究范畴，但同时也可以在生态旅游的研究范式下建立起独立的野生动物旅游研究体系。国内野生动物旅游研究较多关注产业现象描述，缺乏对旅游者的关注，基础理论研究严重不足、研究方法缺乏创新。因此笔者认为，应该充分借鉴国外已有研究成果，从我国旅游业发展和旅游科学研究需要出发，尽快建立起以“游客体验—物种保护—目的地发展”为核心的研究框架，开展理论和实证研究。

野生动物旅游者体验研究应以游客与野生动物在目的地内的互动为核心，着重研究野生动物旅游者涉入目的地的动机、涉入行为以及目的地涉入制约因素，为野生动物的保护和目的地的可持续发展提供科学参考。

10. 国内文献的计量学分析

快速增长的野生动物旅游活动吸引了学者的关注和深度讨论，仅就中国来说，在过去30年中，学者已经对野生动物旅游现象和产业发展有了一定的关注，一些传统学科如生态学、林学、经济学等学科都有对野生动物旅游领域的探讨，然而基于旅游学科和视角的研究相对甚少，尤其缺乏实证和理论研究。

以中国知网作为信息统计源，依据广义野生动物旅游含义，分别以“野生动物旅游”“动物园旅游”“狩猎旅游”“垂钓旅游”“鸟语林”“水族馆”“大熊猫”“大象”“麋鹿”“东北虎”“猴子”“观鸟”“昆虫”“海豚”“观鲸”等与“旅游”为主题词进行联合检索，搜索了1992—2022年的所有文章。把所下载的文献导进NoteExpress文献管理软件，剔除重复文献，最后共得到405条野生动物旅游文献。然后把这些文献逐一按照题目、作者、出版年、文献来源、关键词、内容类型、案例地、实证物种和摘要等整理到Excel文件中，作为本书分析的数据库基础。

（1）文献年谱分析

自20世纪90年代初开始，经历了10年左右的零星探索研究阶段之后，2006年前后，出现了跳跃式发展，研究数量逐渐增多（图2-6）。国内旅游学者对野生动物旅游的关注开始得较晚，始于中山大学教授徐洪罡（2004）关于非资源消费型野生动物旅游若干问题研究，揭开了中国旅游学者对野生动物旅游活动的关注的序幕。2006年文献数量超过20篇，并且呈现增长趋势；2008年文献数量最多，达到33篇。2008年以后的年文献数量基本在20篇上下浮动，保持在较高的水平。从中国知网的学术趋势统计来看，国内对于野生动物旅游的学术关注度呈逐年上升的态势。

图2-6 国内野生动物旅游研究年谱分析（1992—2022年）

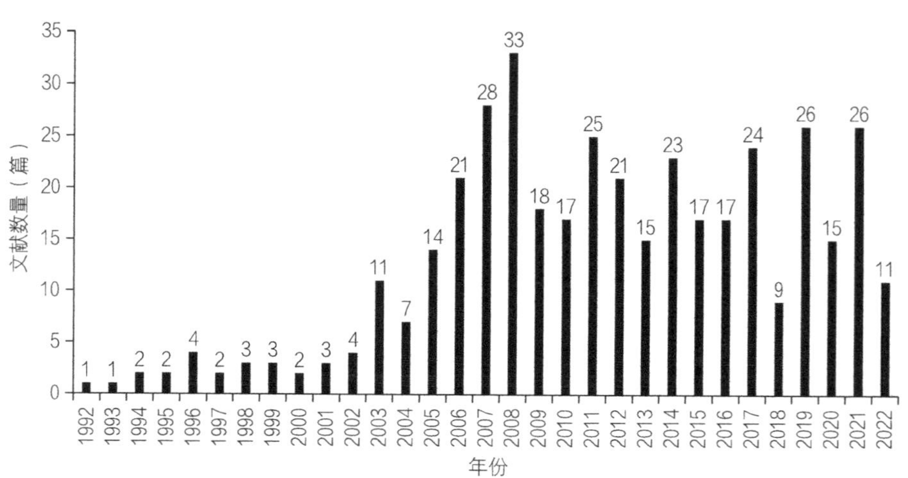

（2）文献来源

在405篇文献中，包括294篇期刊文章、103篇硕博士学位论文、2篇期刊以及6篇会议论文（图2-7）。在294篇期刊文献中，有122篇文献发表在54种核心刊物上，172篇文献发表在非核心期刊上。发表在核心刊物和非核心刊物上的文献比例约为2∶3。103篇硕博士学位论文分别来自46所高校和研究机构，其中博士学位论文21篇，硕士学位论文82篇。

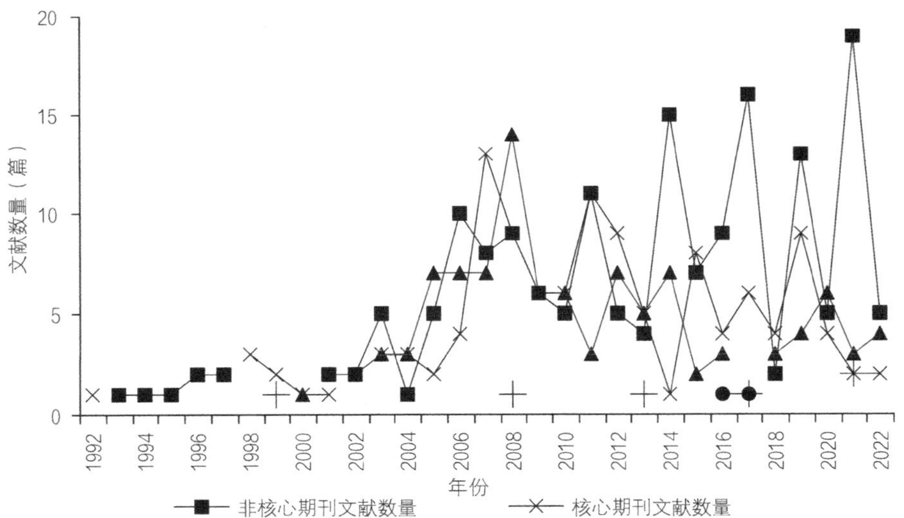

图2-7 国内野生动物旅游研究文献来源（1992—2022年）

（3）内容类型

在405篇文献中，有43篇文献为资源消费型野生动物旅游，92篇为半资源消费型野生动物旅游，非资源消费型野生动物旅游赢得最多关注，文献数量为191篇，其比例大约为1∶2∶4。总体上，半资源消费型野生动物旅游和非资源消费型野生动物在2005年后增长较快，而野生动物旅游总体研究和消费型野生动物旅游的文献年总量变化不大（图2-8）。

（4）学者和科研单位的学术贡献

405篇文献来自124家大专院校和科研单位，其中论文数量排名前十的学校共发表155篇文献，占文献总量的38%，有5所院校和科研单位的文献总量超过10篇。其中，发表论文数量最多的为北京林业大学，共发表44篇文献（占10.9%）；其次为东北林业大学，共

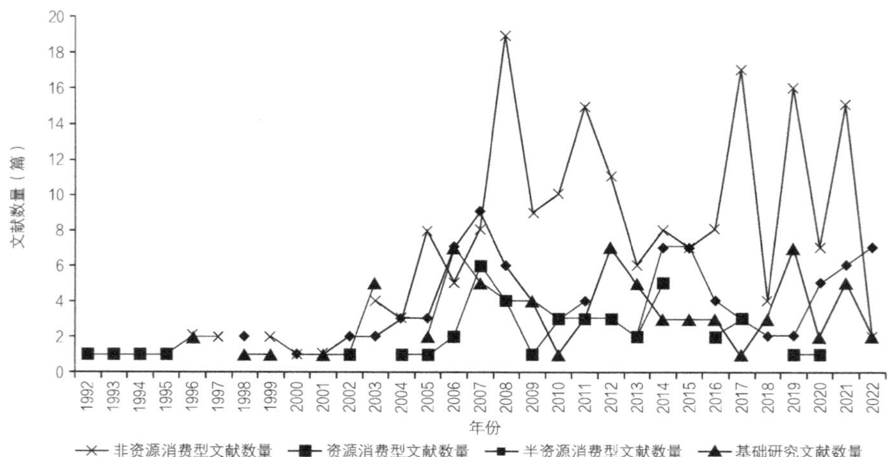

图2-8 国内野生动物旅游研究内容（1992—2022年）

35篇（占8.6%）；排在第三的为中国科学院，共14篇（占3.5%）。其余依次为西南林业大学、中山大学、国家林业和草原局、中南林业科技大学、西华师范大学、西北农林科技大学、四川大学和北京大学。各机构发表论文数都在10篇以下。

405篇文献中涉及作者859人次。按照出现的频次，其中有3位学者共15篇文献来自北京林业大学，中国科学院和南京师范大学都有2名学者。东北林业大学院士马建章和他的博士生程鲲有3篇文献。此外，中山大学的徐红罡、崔庆明，北京林业大学的王红英、丛丽，四川大学的刘妍和中国科学院的蒋志刚在此领域贡献较多（表2-6）。

发表论文数量排名前列的科研单位　　表2-6

单位	数量（篇）	百分比
北京林业大学	44	10.86%
东北林业大学	35	8.64%
中国科学院	14	3.46%
西南林业大学	11	2.72%
中山大学	10	2.47%
国家林业和草原局	9	2.22%

续表

单位	数量（篇）	百分比
中南林业科技大学	8	1.98%
西华师范大学	6	1.48%
西北农林科技大学	6	1.48%
四川大学	6	1.48%
北京大学	6	1.48%

（5）研究区域

在显示研究区域的256篇文献中，共涉及25个省、自治区。很多研究集中于野生动物资源丰富的四川（47篇）、云南（22篇）、陕西（16篇）。也有一些文献涉及其他国家，其中澳大利亚4篇，肯尼亚4篇，斯里兰卡和柬埔寨各1篇。

（6）研究物种

在提及具体物种的文献（158篇）中，共涉及13个物种。大熊猫旅游和观鸟旅游远远超过其他物种旅游。大熊猫旅游文献47篇，观鸟旅游68篇。其他11个物种，相关文献数量都少于15篇。猴子11篇，大象7篇，鲸鱼、海豚、麋鹿和鹤各4篇，大鲵3篇，蝴蝶和朱鹮各2篇，藏羚羊和华南虎各1篇。

2.2　涉入理论及场所涉入

2.2.1　涉入理论

1. 涉入定义

涉入（Involvement）理论最早来源于心理学的自我涉入概念和社会判断理论（Sherif et al.，1947）。该理论认为，一个人对某一事件的自我涉入程度越深，接受相反意见的余地越小，此为同比效应。Krugman（1965）将其引入营销领域，并应用于电视广告效果的研究中，起到调节变量和解释变量的重要作用。此后，涉入成为市场营销和消费者行为研究领域的热门话题（Hu et al.，2007），成为理解消费者行为和决策过程的一种重要方法（McGehee et al.，2003）。概言之，涉入是个体对某一客体、情境或活动的涉入程度，它取决于这些对象与自我需求、目标和价值观的一致性程度（Gursoy et al.，2003）。

许多学科领域的学者对涉入提出了自己的定义和理解，有学者认为涉入是指人们如何看待休闲和旅游方式以及它如何影响人们的行为（Mark，Frederic，1997）。也有学者把它描述为一个不可见的状态的动力，激发兴趣，或者相关的一个休闲活动或相关产品（Gursoy et al.，2003）（表2-7）。

涉入的定义 表 2-7

年代	作者	涉入定义
1969	Howard和Sheth	个人需求与兴趣所决定
1971	Hupfer和Gardner	与特定情境无关的，个人对事件所持的某一程度的兴趣或关注程度
1973	Wright	与个人兴趣的攸关程度
1978	Houston和Rothschild	基于个人层次需求的价值观所衍生的需求状态
1981	Mitchell	描述个人的觉醒、兴趣，或是某一种特殊的刺激或情境所激发的一种内心状态
1983	Bloch和Richins	消费者对产品的重视程度或是消费者个人赋予产品的主观意识
1985	Park和Mittal	个人对目标导向的激发容量
1985	Zaichkowsky	个人基于本身的需求、价值观和兴趣而对某事物所感觉到的重要程度和关联程度
1988	Celsi和Olson	基于本身价值、目标及自我概念，反映个人的决策程度
1990	Andrews	被外物所激发的内在状态，包括强度、方向和持续性
1993	Engel，Blackwell和Miniard	在某一特定情境下，由某一刺激所激发而感知到的个人重要性与兴趣的水平
1997*	Mark 和 Frederic	指人们如何看待休闲和旅游方式以及它如何影响人们的行为
2003*	Gursoy 和 Gavcar	一个不可见的状态的动力，激发兴趣，或者相关的一个休闲活动或相关产品

来源：在王颖（2010）研究基础上整理完成。*部分为作者添加。

涉入程度用来反映个体的兴趣、感知或者是由某种情境或刺激所引发的动机，而影响到消费者的行为，代表的是一种个体内在状态变量（Mitchell，1979）。由于涉入程度的应用领域和应用角度不同，研究的侧重点也各不相同，它强调个体对特定情境认知程度的重要性有所差别（Antil，1984）。

本书以Zaichkowsky（1986）提出的涉入前置影响因素影响涉入对象及其涉入程度并进而影响后续行为效应的涉入概念理论框架为核心基础，以涉入的前置因素、涉入对象及其涉入程度作为旅游涉入文献综述的维度，并根据三个主类综述维度彼此间的组合关系将旅游涉入分为三类研究关系类型：涉入前置因素影响涉入对象及其涉入程度、涉入程度的衡量以及场所涉入。

2. 涉入的分类

依据涉入对象的不同，涉入分为广告涉入（Involvement With Advertisement）、产品涉入（Involvement With Product）、购买决策涉入（Involvement With Purchase）三大类（Zaichkowsky，1985），理论框架图如图2-9所示。该分类强调个人在处理对象时的行为表现，不是以涉入的本质基础为中心（Houston et al.，1978），其概念内涵如下：

（1）广告涉入是指消费者对于广告信息的关心程度，也可以称为信息涉入，主要是指受众对于广告信息所给予的关切注意程度，或是接触广告时的心理反应状态。

（2）产品涉入是指消费者对于产品的重视程度，以及个人赋予

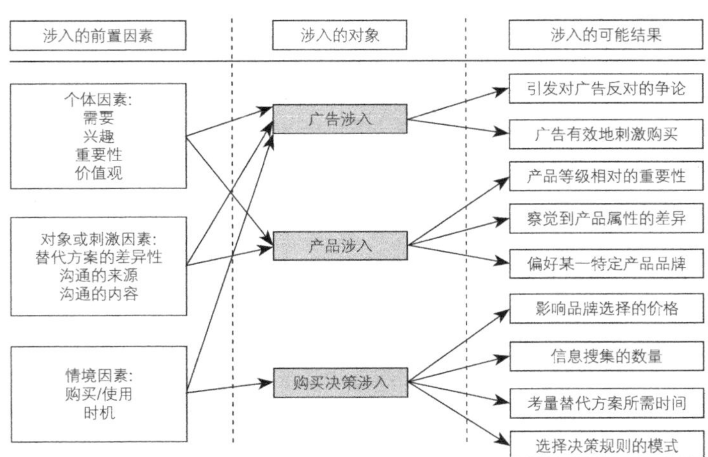

图2-9 Zaichkowsky（1986）的涉入概念理论框架图
（来源：根据Zaichkowsky的研究翻译绘制）

产品主观意识的认知情形，亦即指某产品类别在使用者生活中的重要性或相关程度。产品涉入可从对产品完全投入的自我认同，到不屑一顾的漠不关心，是以个人的认知来定义，并非针对产品来定义。

（3）购买决策涉入是指消费者对购买活动的关注程度（Engel et al.，1982），主要是在探讨当消费者处于某种购买情境时，所考虑的个人关联性或重要性，进而会导致购买决策或是选择结果行为的改变。

根据个人在处理对象时行为表现的不同，Houston等人（1978）对涉入进行如下划分：

（1）情境涉入（Situational Involvement），是指在某一特殊情境下，受情境因素影响而产生的对某产品暂时性的关注程度。

（2）持久涉入（Enduring Involvement），是指个人对某事物持续性的关注程度，而消费者的个人价值观及其对该产品的先前经验可能会对这种程度产生影响。

（3）反应涉入（Response Involvement），是指由情境涉入与持久涉入结合所产生的对某事物的心理状态，是对消费者购买决策过程的一种反映。

依照消费者对目标对象的涉入过程，将涉入程度分为理性涉入和感性涉入两种。

（1）理性涉入是指消费者在对目标对象的涉入过程中会经过注意、理解与确认、记忆等三个阶段。

（2）感性涉入是指消费者在涉入过程中直接以情感表达出对目标对象的感觉。

此外，研究人员也注意区分了高涉入和低涉入。里德（Reid，1990）提出由低到高的涉入连续体的概念，得到普遍认可。

（1）高涉入通常指对消费者而言具有很强重要性并且较高风险的能解决某些问题的消费行为（Patterson，1993）。

（2）低涉入购买是那些对于消费者而言相关性不大或不太重要的购买行为。

3．影响涉入程度的因素

消费者的涉入程度受到三个因素的交互影响（董晓松，张继好，2009）。

（1）个人因素。即消费者特性，如文化和价值观、人口特征、自我认知、兴趣、需要、人口统计学变量、产品知识、产品变量。当消费者对某产品感兴趣时，会促使其关注该产品以取得更多的信息。

（2）产品因素。目标物的特性会造成兴趣的差异增加。产品的价格、象征意义、耐久性、愉悦性、重要性、功能性、品牌可行性、购买周期长短等对消费者的涉入都有影响。

（3）情境因素。能够暂时增加对目标物的关联性或兴趣的一些因素，包括使用情境、购买情境、购买时间压力、产品促销情境、误购可能、误购经验。

4. 涉入程度衡量维度

对涉入程度的衡量是国外学者研究的一个重要话题，很多学者提出了模型和量表来测度。Wright（1973）运用五点量表测量了消费者对广告的涉入程度，Sheth（1968）等运用为产品排序的方法来测量涉入程度等，但是这些方法都是针对特定商品的，不具有统一性，因此会出现用不同的方法来测量同一涉入程度得到很大差别的现象，针对这一问题，Zaichkowsky（1985）运用问卷调查法得出含有20道题目的PII（Personal Involvement Inventoy）量表，并证实PII量表可以准确用来测量产品、广告、购买决策的涉入程度，但是美中不足的是PII量表是单维度的，因此在测量复杂的涉入程度时会有些力不从心。Laurent和Kapferer（1985）提出CIP（Consumer Involvement Profile）量表，通过总结之前研究，得出5个影响涉入程度的前置变量：重要性、娱乐、符号或象征价值、风险的重要性、风险可能性。由于CIP量表采用的是多维度的测量方法，所以相较PII量表而言有较广泛的使用范围。很多学者为了更精确地测量研究对象的涉入程度，将两个量表相结合。

2.2.2　涉入在旅游中的运用

1. 游客涉入含义

涉入理论在20世纪80年代后期被引入休闲、旅游研究领域（Selin et al.，1988）。由于涉入的复杂性，其在旅游研究中的运用仍然有限（Gursoy et al.，2003）。涉入作为一种态度，是在与社会环境的交互过程中形成的（Sherif et al.，1967），但是这种交互不一定要亲临现场（如由于宗教和文化遗产），可以影响到个体差异和体验（Poira et al.，2006）。

在Rothschild消费涉入定义的基础上，Havitz等人（1990）进一步提出了休闲涉入，定义为：由游憩活动、旅游目的地及其相关产品所引发的个体的动机、激活或兴趣的心理状态。根据他们的定义，休闲、游客涉入与旅游动机一样具有驱动性，但两者在性质上是不同的，与自我相关的涉入一般被认为是持久的，而动机在性质上多是短暂的；动机一般被认为是影响涉入形成的前置变量（Iwasaki et al.，2004）。以往的研究也表明游客涉入是影响地方依恋、心理承诺、信息偏好、目的地形象、满意度和忠诚度的重要前置变量（Kyle et al.，2005；Hwang et al.，2005；Gross et al.，2008）。

2．游客涉入的衡量

Mcintyre等人（1992）将CIP量表用于休闲研究时，只发现了吸引力、自我表达、核心的生活方式3个休闲涉入维度，而没有关注风险重要性和风险可能性两个维度。离开居住地的旅游活动不同于主要在居住地进行的休闲活动，旅游决策被认为是高涉入的决策（Havitz et al.，1997），其中包含更多的风险因素，这一点在游客涉入多维度量表中有所体现。Hwang等人（2005）在我国台湾地区公园游客涉入、地方依恋和解说系统满意度关系的研究中，使用重要性和娱乐、自我表达和象征价值、风险可能性和风险后果4个维度来测量游客涉入，内在一致性检验表明游客涉入量表具有较高的信度（α=0.9026）。该研究从构念层次上检验游客涉入、地方依恋和解说系统满意度之间的关系，结果表明游客涉入和地方依恋均对解说系统服务质量感知有正向直接影响，同时，地方依恋还通过游客涉入对解说系统满意度产生间接影响。Gursoy等人（2003）在土耳其国际休闲旅游研究情境中检验Laurent和Kapferer的CIP量表，经过探索性因子分析、验证性因子分析、信度和效度的检验，最终确定了由3个维度构成的游客涉入量表，这3个维度分别是：娱乐/兴趣、风险可能性和风险后果。Kim等人（1997）检验了观鸟旅游中个人涉入和未来旅行意愿之间的关系，研究结论表明，对涉入的行为测度比进行社会心理学的测度更加有用。该文提出了5个测度因子，分别为行为及会员制、识别鸟类种类的数量、在得克萨斯州的观鸟行为、在得克萨斯州以外的观鸟行为以及消费行为。尽管学者们关于涉入维度是众说纷纭，但是大多数研究人员都认为这个概念是多维结构，其中，兴趣/重要性是被大家认可的一个重要维度（Havitz et al.，1999）。

3．涉入理论在旅游研究中的运用

涉入机会在我国旅游研究领域也得到了重视，一些学者开始了探索性研究，然而由于涉入的复杂性，在旅游中的应用还十分有限。Prayag和Ryan（2012）使用结构方程模型证明，目的地形象、个人涉入和地方依恋是游客忠诚度的前提，但这种关系受到游客满意度水平的影响；Cai等人（2004）研究检验了游客的购买决策涉入和信息搜索行为之间的关系。研究结果表明，不同级别的涉入购买者对旅游信息的偏好明显不同。同时，也发现不同级别的涉入对互联网信息运用的程度也有显著差异。Carneiro和Crompton（2009）研究了亲景度、结构制约和涉入程度对旅游者进行目的地信息搜索行为决策的影响。研究结果表明涉入程度和信息搜索行为之间是一种相互影响关系，这种关系在旅游者进行早期决策的时候会比较强，而且对目的地越陌生的人越会倾向于进行更多的信息搜索。

涉入理论目前在我国只在有限的情境下得到实证研究，如乡村旅游度假产品（吴小旭，2010），自驾车旅游中游客购物行为（钟志平 等，2009），生态住宿体验（刘静艳 等，2009）。对涉入机会在旅游目的地发展中的角色进行实证研究很少（如Pan et al.，2005）。保继刚（1994）在对喀斯特旅游开发的研究中指出，良好的涉入机会有利于新的喀斯特洞穴旅游开发的成功。张宏梅等人（2010）分析了游客涉入对目的地形象感知的影响。潘丽丽（2009）从游客角度出发，以浙江省大明山风景区为案例，使用问卷调查、深入访谈、实地观察等多种方法获取数据，分析了游客对旅游地空间涉入机会的感知特征。研究结果表明，游客对旅游目的地的空间涉入机会具有清晰的感知，游客对于存在涉入机会的目的地出游决策是在时间、交通、距离、个人等多方面因素共同作用下，充分比较景区可替代性的基础上做出的相对理性决定。

2.2.3 场所涉入（Place Involvement）

1. 目的地涉入含义

“目的地涉入”通常指游客目的地现场涉入以及游客对于目的地的情感和态度。Lehto等人（2004）曾在研究旅游者重游现象时，以消费者涉入理论为基础，将旅游者的目的地涉入描述为行为和心理两个概念，包括四个方面，旅游前涉入（Prior Involvement）、风险涉入（Risk Involvement）、活动涉入（Activity Involvement）和经济涉入（Economic Involvement）。这四个维度被认为是涉入的因变量和与心理关联的游客与目的地涉入结果变量。目的地涉入分为目的地意识、目的地吸引、目的地依恋以及目的地忠诚四个等级阶段，每个阶段是心理维度的逐渐深入（Beaton et al.，2008；Funk et al.，2001）。此外，有研究检验了目的地涉入在游客决策过程中的作用（Carneiro et al.，2010；Gursoy et al.，2003），Carneiro等人（2010）分析了游客的涉入如何影响了目的地旅游相关信息的搜索行为。目的地涉入维度仅限于两个方面：兴趣或快乐和标志。Hu（2003）检测了在旅游者满意度的调节作用下，目的地涉入对旅游者重游意愿的影响，定义目的地涉入具有双维度建构（心理和行为的涉入），研究对每一维度的测量采用了三个元素：吸引力（Attraction）、绩效风险（Performance Risk）和财务风险（Financial Risk）。

2. 场所涉入含义和衡量维度

人文地理学中“场所（Place）”的概念基本包括3个部分：地理位置、物质形式，以及它拥有的价值和意义（Gustafson，2002）。“场所”是相对“空间”提出来的（Tuan，1977）。空间没有文化的成分，是用矢量来精确表达的，只包括地理位置和物质形式两个部分。而场所具有明显的文化因素，是使社会模式在空间范围内运作具体化的一个概念。本书将场所涉入界定为一种特殊的人地关系，主要包含两方面的含义：一方面，是指旅游者在特定野生动物旅游场所内的涉入心理和行为活动；另一方面，场所作为涉入对象，是指野生动物旅游者对场所的涉入程度。调研活动只针对发生于野生动物旅游的场所范围内，场所是目的地的一个部分，因此，场所涉入是目的地涉入的一部分。

本书研究场所涉入主要包括行为和心理两个维度。场所行为涉入层面的测量，主要从旅游外在行为特征来测量涉入程度。Stone（1984）指出行为涉入是指个体从事参与特定游憩活动所投入的时间和精力，是具体外在表现出来的行为模式。游憩涉入行为层面的测量大多数是借鉴消费者行为学的测量方式，主要测量因素有：参与频率、参与次数、金钱的花费、拥有的设备、会员卡的数量等。游憩活动种类丰富，各类活动对参与者的要求不同，因此没有统一的行为层面测量方法，只能依据特定的游憩活动选择特定的因素进行测量。

目的地社会心理层面的测量，心理层面主要从游憩者的内在心理状态来反映涉入程度。Stone（1984）指出社会心理涉入是指个体与某一游憩活动及其相关产品之间的一种认知与兴趣的唤起，是内在心理涉入的表现模式。社会心理层面的测量主要采用PII量表和CIP量表。

本书场所涉入量表的构建是在PII量表和CIP量表的基础上，经过专家咨询、游客访谈以及预调研的修订，最后包含了5个问项：“大熊猫/海豚旅游的花费很值”“我特别喜欢大熊猫/海豚旅游”“我喜欢在野外、长时间近距离观赏大熊猫/海豚”“总体对大熊猫/海豚旅游非常满意”“未来五年内，我很可能重游此地看大熊猫/海豚”。其中，前三项主要是对野生动物旅游的涉入程度，而后两项是对场所满意度和重游意愿的衡量。

2.2.4　引入目的

场所涉入是影响旅游者空间场所内行为的重要因素，但旅游领域中关于游客涉入对旅游行为影响和作用机理的研究还比较缺乏。已有的游客涉入研究，多从行为涉入的角度探讨其对旅游感知和行为的影响，从心理涉入的角度探讨其对旅游感知和行为影响的研究仍然不足（张宏梅　等，2010）。涉入理论被证明是理解消费者行为和心理很重要的变量，对旅游者目的涉入的理解，有助于目的地管理和市场营销策略的制定；同时，探索场所涉入影响的前置变量对涉入理论也具有重要的意义。在野生动物旅游情境中，场所涉入的程度通过量表衡量来计算，而场所涉入的前置影响因素主要通过消费者行为研究中前置影响因素及假设方法进行验证。因此，对于场所涉入的前置影响因素，本书要进行验证的有风险感知和环境态度。

2.3　环境态度与深层生态学理论

环境态度是深层生态学（Deep Ecology）的一个重要概念，深层生态学是20世纪70年代伴随环境运动和对生态危机反思而在西方兴起的。由挪威哲学家Arne Naess在1973年第一次提出，经美国学者Bill Devall和George Sessions、澳大利亚学者Warwick Fox等人的发展，迅速成为西方生态哲学领域和环保运动中一支不可忽视的力量。深层生态学将自己的生态伦理观称为“深层”，一方面，表明与浅层生态学，即人类中心主义生态伦理观相对立，认为全球生物圈的一切存在物有着内在的深层关联并具有自身的存在价值；另一方面，侧重生态问题的深度，即从哲学世界观层面上研究人与自然的关系，真实目的在于寻求人类社会生活的真正价值，以及现代生态型生活方式的合理构建，最终目标是包括人类与大地在内的生态自我实现（曹孟勤，2005；包庆德　等，2008）。它是一种哲学世界观、伦理价值观和生态方法论。深层生态学提出生态自我、生态平等与生态共生等重要生态哲学理念。其中，生态共生理念更具当代价值，包含人与自然平等共生、共存共容的重要哲学与伦理学内涵。

2.3.1 环境态度研究与测量

1. 环境态度研究

目前公认的定义认为环境态度是指个体对与环境有关的活动、问题所持有的信念、情感、行为意图的集合（Schultz et al.，2004）。在环境领域中所研究的态度包括两类：对环境的态度（或一般环境态度）与对某种环境行为的态度（或特定环境态度，例如针对节约能源的态度）。本书探讨的是广义的环境态度概念，也就是一般环境态度，即对生态环境持有的普遍态度与看法。理解环境态度有助于更好地理解人与环境接触的复杂过程（Gray et al.，2010）。此外，人与环境复杂的接触过程使得环境问题和人们对环境认知之间的检验很重要。研究表明，对野生动物保护和自然保护区域的认知、态度和参与高度相关并影响利益相关者参与保护的意愿（Sirivongs et al.，2012）。

环境态度与环境行为的关系研究一直是环境心理学研究的热点。行为、态度、主观规范和知觉行为控制是决定行为意向的三个主要变量，而这三个变量虽然从概念上可完全区分开来，但有时它们可能拥有共同的信念基础，因此它们既彼此独立，又两两相关。Wurzinger等人（2006）研究认为生态旅游者的环境态度比大众旅游者更偏向生态中心主义，以自然为基础的旅游者比以城市为基础的旅游者有更强的环境保护意识。Hughes等人（2005）研究景区解说系统的多少是否对旅游者环境态度有不同的影响，结果表明，密集的解说系统并没有使旅游者有更强的环境态度。罗艳菊等人（2012）根据环境态度不同将居民分为两类：近生态中心主义者和近人类中心主义者。武春友等人（2006）将环境态度划分为三个维度：环境敏感度、环境关注和环境价值观。另外，社会心理学领域态度与行为关系的研究成果为研究环境态度和环境行为之间的关系提供了有力的支持，其中最著名的理论是计划行为理论（Theory of Planned Behavior，TPB）（Ajzen，1991），该理论被认为能够改善态度对行为的解释力和预测力，被广泛用于不同的行为领域，在环境行为领域也得到了一些研究者的支持（Bamberge，2003；Bamberge，Moser，2007）。计划行为理论预测个人对某行为的态度越积极，所感受到周遭的规范压力就越大，对该行为所感知到的控制也越多，则个人采取该行为的意图便越强。Ajzen的计划行为理论模型如图2-10所示。鉴于该理论经过大量实证检验，具有相当可靠的信度和效度，一直被广泛地应用在旅游地理学的研究中。

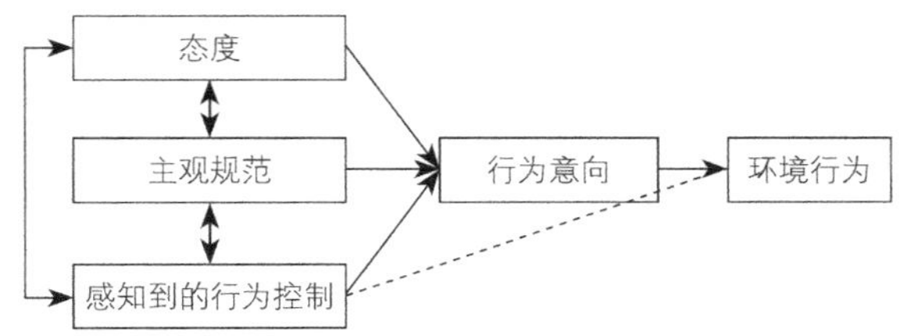

图2-10 Ajzen的计划行为理论模型

2. 环境态度测量新生态范式量表

环境范式量表（Environmental Paradigm，EP）是国际上最常使用的测量环境态度的工具（Dunlap et al.，1978），量表包括12个题目，每个题目采用利克特4点计分，从非常不赞成到非常赞成。内容主要包括三个方面：自然平衡的脆弱性、现实对增长的限制性、人类中心主义。21世纪初期，环境问题比起10年前发生了显著的变化，为了与当前所面临的广泛生态问题保持一致，Dunlap等人（2000）对原量表进行了修订，修订后的量表更名为新生态范式量表（New Ecological Paradigm，NEP），新量表在原量表的基础上进行了改进：在原来三方面内容的基础上，又增加了拒绝豁免（Rejection of Exemptionalism）和生态危机的可能性（Possibility of An Crisis）两方面的内容。国内外实证研究表明，该量表的内部一致性较为理想，并且具有较好的建构效度和预测效度（洪大用，2006；Cottrell，2003）。Luzar等人（1994）在不影响测量效果的前提下，将原来的12个问题缩减为6个，并在1998年进行了实证运用。李燕琴（2005）曾用NEP尺度区分生态旅游者与大众旅游者。改进的NEP尺度回答由非常不同意（1分）、不同意（2分）、一般（3分）、同意（4分）、非常同意（5分）5级构成。计算NEP分数时，正面陈述的调查分数直接计入总分，反面陈述则由6减去问卷调查的分数之后再计入总分。因此，最高分为30分，中立者的分数为18分，大于18分的表明具有较好的环境态度，小于18分的表明其对环境不太友好。新生态范式量表反映的是人与自然平等的关系，是一种新的生态世界观，被广泛运用于检验不同文化情境中的一般环境态度（Sirivongs et al.，2012；Corral-Verdugo et al.，2000；Hawcroft et al.，2010；Kim et al.，2006；Mair，2011），并证明具有较好的效度（Bostrom，Barke，Turaga，O'Connor，2006；Dolnicar，2010；Dunlap et al.，2000）。Tosun（2002）提出，利克特量表1～5等级评分平均值小于2.5表示反对，2.5～3.4之间表示中立，大于3.4表示赞同。

2.3.2 深层生态学理论思想渊源

深层生态学理论思想源泉主要包括近代西方哲学和神学观念以及东方的传统文化思想。

1. 近代西方哲学和神学观念

近代西方哲学思想中对深层生态学影响最深远的分别为Baruch Spinoza（1632—1677）和Martin Heidegger（1889—1976）。Spinoza是西方近代哲学史重要的理性主义者，他的整体观念和平等的思想对深层生态学影响深远。奈斯直言不讳地说："在我的体系构造中斯宾诺莎是主角。"Heidegger对深层生态学的贡献主要在三个方面：首先，他对自柏拉图以来的西方哲学提出了批评，指出西方哲学是人类中心主义的，而这种哲学是为技术决定思想而服务的。其次，他把人们带进与传统哲学不同的"思想"境地。这里的思想不是西方的分析思想，而是更接近中国道家的沉思过程。最后，他提出我们应该真正居住在这个地球，并且保持对自然过程的警觉（Devall et al.，1985）。在基督教内部一些非人类中心主义的思想家也为深层生态学的诞生提供了重要启示。代表人物是Saint Francis（1993），他主张包括人类在内的上帝所有创造物都是平等的。Albert Schweitzer在Saint Francis的基础上，指出必须扩展道德的视野，将人和动物的关系也纳入伦理学的范围中来，"敬畏生命"（Albert Schweitzer，1992）。

2. 东方传统文化思想

朴素的生态智慧和生态伦理思想在东方的溯源于传统文化中道家和佛教思想。道家哲学是一种自然主义的哲学，其最高范畴就是"道"。"道"是本体论和价值观范畴的核心概念。它既囊括了人际关系的领域，也涵盖了生态关系的领域。道家的阴阳学说包含着深刻的生态伦理思想（严欣，2011）。深层生态学对道家的思想情有独钟，是因为道家思想为它的理论提供了更有力的依据。澳大利亚环境哲学家Sylvan等人（1988）把道家思想与深层生态学进行了详细的对比，并得出结论：道家思想是一种生态学的取向，其中蕴含着深层的生态意识，它为"顺应自然"的生活方式提供了实践基础。Devall等人（1985）认为，当代的深层生态主义者已经从道家经典《老子》和13世纪日本道元禅师（Dogen）的著作中发现了灵感。Neass则更明确地说："我所说的'大我'就是中国人说的'道'。"美国环境哲学家Callicott（1994）将道家思想比喻成"传统的东亚深层生态学"。

2.3.3 深层生态学的核心概念

1. 自我实现

“自我实现”是深层生态学的核心概念之一，它既是环境保护的出发点，又是实现人与自然认同的归宿。通过确立人是自然中的普通一员来要求人尊重自然；试图通过确立非人类存在物的内在价值，来实现人对自然的尊重。与他们不同，深层生态学则是通过“自我实现”，即发掘人内心的善，来实现人与自然的认同。这是一种积极主动的过程。正如Neass（1995）所说：认同的范式是什么？是一种能引起强烈同情的东西。Neass认为“自我实现”本质在于人的潜能的充分展现，而这一本质要求自我实现经历三个阶段：从“本我”到社会“自我”，从社会“自我”到生态学“自我”。这是人不断扩大自我认同范围的过程。例如，当一个人看到一只身陷泥潭的鸟在作生死挣扎时，如果能站在鸟的立场去感受，那么，他就会产生一种同情且痛苦的感觉，这便是与其他存在物的自我认同，它本质上是人内在善的显现。在这种意义上，“自我实现”原则能够能动地引导人去自觉地维护生态环境，实现人与自然的和谐相处。

2. 生态智慧T

Neass的“生态智慧（Ecosophy）”，是一种研究生态平衡与生态和谐的生态思想。“Sophy”来自希腊语“Sophia”，即智慧，它与伦理、准则、规则及其实践相关。智慧是规定性的，而非仅仅是科学描述和预言。因此，生态智慧，包含了从科学向智慧的转换。在奈斯看来，具有不同文化传统和宗教背景的人可以发展出各自的生态智慧，他把自己的思想概括为“生态智慧T”（Ecosophy T）。Neass认为每个人都有自己的生态智慧，可分别称为生态智慧A、B、C，而他之所以愿意把自己的生态智慧称为“生态智慧T”，完全是个人的偏好；“T”的另外一层含义是他喜欢登山，曾在山上用石头搭过一座小屋（名字叫“Tvergastein”），在那里思考问题，“T”便是那座小屋的缩写。此外，也表现出Neass的谦逊和对学术宽容的态度。他希望每个人都能够运用自己的情感与理智去独立地获得这样一种认识，而不是盲目地全盘接受别人的思想（雷毅，2010）。在这一体系中，“自我实现（Self-realization）”既是Neass思想体系的出发点，又是其思想体系的终极目标，因而位于最高层次。由此，Neass（1995）构筑起作为深层生态学理论核心的“自我实现”论。生态智慧T的原则与假设之间的关系如图2-11所示。

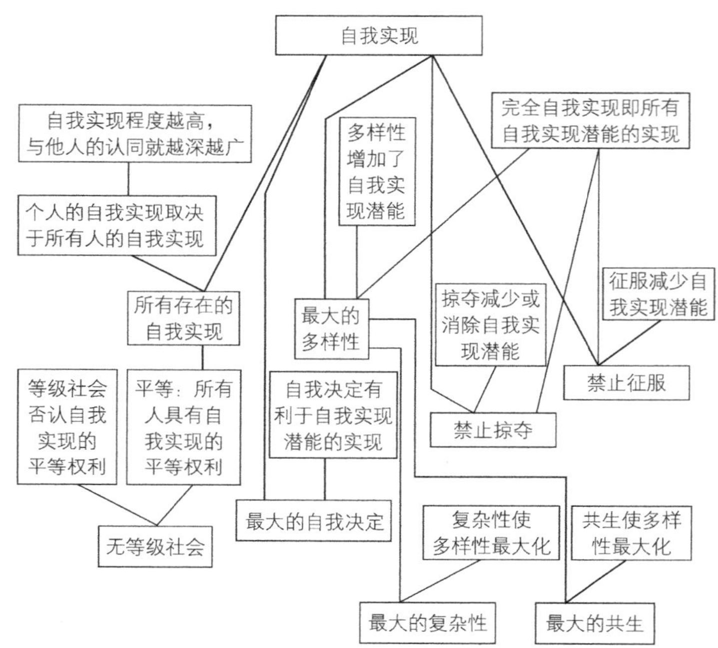

图2-11 生态智慧T的原则与假设之间的关系
（来源：雷毅，2010）

3. 生态中心平等主义

生态中心平等主义是指生物圈中的一切存在物都有生存、繁衍和充分体现个体自身以及在大写的“自我实现”中实现自我的权利（Devall et al.，1985）。可见，深层生态学主张的平等，既不是动物权利论意义上的平等，也不是其他非人类中心主义狭隘意义上的平等，而是生态中心意义上的平等，它把平等的范围扩大到整个生物圈。当人的利益与其他存在物的利益发生冲突时，可以用两条原则来加以解决：一是根本需要原则，即根本需要优先于非根本需要，不管需要的主体是谁。二是亲近性原则，即当相同的利益或义务发生冲突时，那些与我们相同或相近的存在物的利益具有优先性。各种生物在生物进化阶梯上的等级不同，内在价值各异，由于高级生物的根本利益大于低级生物的根本利益，因而应该优先于低级生物的根本利益；低级生物的根本利益大于高级生物的非根本利益，因而应优先于高级生物的非根本利益。正如Jmaes Stebra所言：“为满足自己和其他人的根本需要而牺牲动植物的根本需要，是应该的”；为满足人类的非根本的或奢侈的需要而牺牲动植物的根本需要，是不应该的；或者说，“人类的生存利益应该优先于生物共同体中的其他成员的生存利益，而生物共同体中其他成员的生存利益应优先于人类的非生存利益”。

2.3.4　深层生态学的理论主旨

深层生态学认为，自然界的一切事物都是相互联系、相互作用的，人类只是其中的一部分，人类的生存与其他部分的存在状况紧密相连，自然的完整性决定着人类的生活质量。现代生态学研究揭示，生态系统中的一切存在物都有助于该系统的丰富性和多样性，这正是生态系统稳定性和健康发展的基础。因此，一切存在物对生态系统来说都是有价值的。

哲学家Katz认为深层生态学的核心思想有三个：与自然认同的过程、自我实现的目标和整体关系的本体论。在Neass看来，“认同”思想是深层生态学理论的基础。它体现在深层生态学最高原则“自我实现”和“生态中心主义平等”上。自我实现就是不断扩大自我与他人、他物的认同过程。生态中心主义平等是这种认同的自然结果。

在“生态智慧T”成为深层生态学的理论基础以后，Neass在“生态智慧T”的基础上进一步建构了深层生态学理论的框架体系。这一个类似于“围裙”结构的框架，由4个层次构成：第一层次是两条根本性的原则，即最高原则；第二层次由八条行动纲领构成；第三层次是从第一、二层次演绎得到的规范性结论；第四层次则是依据第三层次而得到的具体的行动规则，深层生态学理论的框架体系如图2-12所示（Neass，2005）。从图2-12中可以看到，2条最高准则“自我实现原则”和“生态中心主义平等原则”构成了该理论

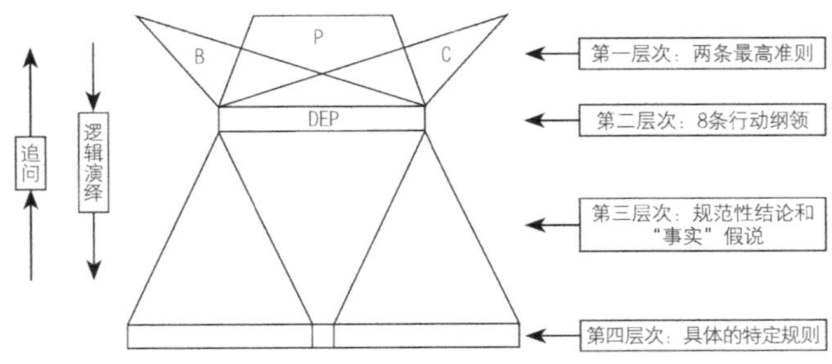

图2-12 深层生态学理论的框架体系（来源：Neass，2005）

的内核（Devall et al.，1985）。从这两条最高原则可以推演出8条行动纲领，依此纲领可得到规范性结论和具体的行动规则。从形而上学的观念层次到具体行动的经验层次是一个自上而下的类似假说—演绎模式的推理过程。而与一般推理方式不同的是，这四层结构也可以自下而上地进行推演，即我们只需要通过对日常生活中经验问题不断地向上追问，便能进入形上的层次。作为深层生态学理论的基础，两条基本原则广泛地吸收了东西方的文化传统，既有儒释道及印度教等东方的哲学智慧，又有基督教、传统哲学和地方性生态智慧。

深层生态运动的8条行动纲领是（德雷森，2008）：

（1）地球上人类和非人类生命的健康和繁荣有其自身的价值（内在价值、固有价值）。就人类目的而言，这些价值与非人类世界对人类的有用性无关。

（2）生命形式的丰富性和多样性有助于这些价值的实现，并且它们自身也是有价值的。

（3）除非满足基本需要，人类无权减少生命形态的丰富性和多样性。

（4）人类生命与文化的繁荣、人口的不断减少不矛盾，而非人类生命的繁荣要求人口减少。

（5）当代人过分干涉非人类世界，这种情况正在迅速恶化。

（6）我们必须改变政策，这些政策影响着经济、技术和意识形态的基本结构，其结果将会与目前大有不同。

（7）意识形态的改变主要是在评价生命平等（即生命的固有价值）方面，而不是坚持日益提高的生活标准方面。对财富数量与生活质量之间的差别应有一种深刻的意识。

（8）赞同上述观点的人都有直接或间接的义务来实现上述改变。

2.3.5 引入目的

深层生态学的理论和思想强调反对人类中心主义，强调生态中心主义。认为只有意识形态上的改变才能解决社会生态危机。这些思想对于发展野生动物旅游过程中人和野生动物的互动关系具有重要的启示和引导意义。而该理论所提出的核心概念之一“生态智慧T”也是衡量个人生态观和价值观的一个维度，可通过对旅游者环境态度的定量测量来验证其对旅游者行为和心理的影响作用。

2.4 风险感知的基本理论

风险是指有可能面临受伤、损失、危害或危险的机会，或可能失去有价值的东西（Priest，1990）。风险通常分为3种类型：绝对风险、真实风险和风险感知（Haddock，1993）。学者多专注于风险感知而不是客观风险或真实风险（Bauer，1967），因为个人关心的只有少数几个可能的结果（与自己）而不是总的结果（Budescu et al.，1985）。风险感知（Risk Perception）是风险研究中的一个重要理论问题，同时又有着巨大的现实意义。从宏观的政府决策到微观的个体行为都与风险感知息息相关。风险感知的最初概念是由哈佛大学的Bauer（1960）从心理学延伸出来的，引入营销学，之后这个概念常用来解释消费者的购买决策和购买行为。美国俄勒冈大学“决策研究小组”的Fischhoff等人（1978）在风险心理学研究中引入和发展了心理测量范式，提出了感知的风险和现实的风险两种概念，引发了对“可接受的风险”及风险感知、沟通和管理的研究潮流。风险感知的心理测量范式目标指向个体，依托理性行为理论，表现出人是自我利益计算者的功利主义哲学观念。

2.4.1 风险感知的心理测量范式研究

Slovic（1987）发表论文提出，在现实生活中人们表现出不同的风险态度和风险感知，也即对有些风险非常重视和警惕，而对有些风险泰然处之、无动于衷。公众和专家对于风险的理解往往存在很大的差异（Slovic，1987）。因此，研究风险的一条重要路线是发展危险分类学，借助危险分类学帮助研究者分析与理解人们对不同类别风险所产生的不同反应。而实现这一目标最普遍的方式是使用心理测量范式，以心理量表为主要工具获得原始数据，采取心理物理标准和多元分析技术，对感知到的风险、利益以及其他方面（如活动的致命性）进行定量分析。

心理测量范式的风险感知研究可以划分为3个发展阶段。第一个阶段是“风险可接受性”的研究，主要关注的是风险的主观属性，即风险的特征维度。风险感知会受到风险特征的影响，可以根据这些风险特征总结出各种危险的“人格画像（Personality Profile）”。第二阶段，研究从关注风险的特征转向更加关注风险感知并对风险做出反应的群体特征。从不同群体的差异性探究风险感知结构的复杂性，以及风险感知与群体因素相互关系模式的复杂性，研究发现在性别、种族、国别和社会阶层等方面风险感知存在很大差异（Byrnes et al.，1999；Flynn et al.，1994）。第三阶段，也就是最近的发展表现为综合各种方式，把风险特征与社会因素结合起来，涵盖信息来源、渠道、流动以及在强化和放大特定风险“信号”时文化和社会机构的作用，解释为什么特定的威胁被看作是风险，以及探究社会信任、公众参与在风险沟通中发挥影响的作用机制。

风险感知研究的核心目的是获得理解人们对于风险形成判断的方式，从而形成技术专家、社会管理者和普通公众之间风险信息的有效沟通，并且不断提升这种沟通的水平（武麟　等，2012）。从解释模式上看，风险感知存在稳定和非稳定模式的混合；从人口统计学特征看，性别、年龄、种族、职业、信仰、教育程度、社会阶层等因素影响着人们风险感知的方式；从地理分布看，国家类型以及地区差异与风险感知有着很强的关联。所有这些使得提出风险可接受性的普遍预测模型非常困难（武麟　等，2012）。心理测量范式是风险感知的心理学探索中最有影响的方法论技术和研究取向，它倡导通过表达性偏好的风险研究方法，描述风险的主观属性，解释风险感知的各类差异。在几十年发展中，心理测量范式进行了方法论意义上的技术拓展以及相关研究主题内容的深化。

1. 心理测量的维度

大量实证研究证实了风险感知的多维性（如Havlena et al.，1991）。Roselius（1971）研究证实风险感知是一个多维度的概念，认为风险感知具有4个维度，即自我风险、机会风险、金钱风险和时间风险；Jacoby等人（1972）提出风险感知具有5个维度，即绩效、身体、财务、心理和社会风险；Stone等人（1993）总结为6个维度，即绩效、身体、财务、心理、社会和时间，并证明了这6个维度能够解释将近90%的总体认知风险。风险感知的维度会随着产品和购买情境的变化而变化，各维度对总风险感知的解释能力也是有差异的。例如，Stone和Grønhaug对个人电脑购买的实证研究中，经济风险最显著，其次是心理风险，最不显著的是身体风险。迄今文献中认知风险的维度有11个，分别为：财务、社会、身体、心理、时间、绩效、功能、便利、安全、隐私和满意度。其中，财务、社会、身体和心理维度，学者认同度比较高，而对满意度、隐私、安全维度认同度相对较低。

2. 风险感知的心理测量方法

风险感知的测量方法最早是由Cunningham（1965）提出的，他以不确定性与结果损失的乘积来衡量风险感知，在测量上使用顺序尺度，以直接的方式询问受访者关于危险、不确定性的感受，再将二者相乘，得出风险感知值（Mitehell，1999）。

Perry等人（1969）及Spence等人（1970）则使用区间尺度来测量风险感知，所不同的是，Perry等人是以社会风险和经济风险作为风险感知的形态，而Spence等人则是以直接询问的方式，衡量出风险的大小。

对于风险感知的测量，Peter等人（1975）提出：

风险感知已经成为消费者购买行为理论和模型中的一个重要组成元素（Dowling et al.，1994；Lantos，1983）。依据Peter等人（1975）提出的风险感知衡量模式，对不同维度风险的认知赋以相应的权重，即：

$$TRP=\sum_{i=1}^{6}(\omega_i \times P_{r_i} \times I_{r_i}) \tag{2-1}$$

其中，*TRP*为旅游风险感知（Tourism Risk Perception），r_i为各维度风险（i=1，2，3，…，6），P_{r_i}为各维度风险发生的可能性的评价，I_{r_i}为各维度风险发生的危害性的评价，$P_{r_i} \times I_{r_i}$为各维度风险感知度，ω_i为各维度风险感知度的权重（章杰宽，2012）。

Dowling等人（1994）提出整体风险感知（Overall Perceived Risk，OPR）可以经由衡量种类风险（Product-Category Risk，PCR）与特定风险（Product-specific Risk，SR）相加而得到，当产品特定风险大于消费者可接受的风险时，消费者将不会采用该产品。其衡量风险的模式为：

$$OPR=PCR+SR \tag{2-2}$$

其中，*OPR*表示整体风险感知，*PCR*表示种类风险，*SR*表示特定风险。在以上所提及的风险感知测量模型中，Peter等人（1975）提出的模型被许多学者采用（Dunn et al.，1986；Hisrich et al.，1972；Hoover et al.，1978；Peter et al.，1976；Mitchell，1992；Verhage et al.，1990）。该模型的可靠性和有效性已经得到证实（Mitchell，1999）。

综合上述各学者提出的风险感知的测量方式，大致可以分为两大类：首先直接询问消费者对风险的感知。其次使用风险感知的维度，将消费者在各维度项目上的损失可能性和严重性相乘，来代表消费者的风险感知。本书采用后者进行消费者的风险感知心理测量。

2.4.2 旅游风险感知的研究

1. 旅游风险感知研究概况

旅游风险感知定义为游客在旅游目的地旅行过程中购买和消费所感知和经历的风险（Tsaur et al.，1997）。旅游中的风险有两个主要来源：相对常规居住地的对目的地了解的缺乏和对从天气到极端自然或社会危害的未来知识的缺乏（Chang，2009）。无形的，不可分离性、异构性和非持久性的旅游产品是它易产生风险的方面，并因此增加了旅游支出在整体家庭预算中的重要性（Roehl et al.，1992）。

旅游风险感知随游客的特点不同而有所变化，Roehl等人（1992）根据旅游者对风险的认知程度不同把旅游者分成3种类型：风险中性（Risk Neutral）、功能风险（Functional Risk）以及地方风险（Place Risk）。风险中性的游客群并不认为其度假或前往目的地具有风险性，功能性风险游客群认为旅行会有机械、设备和组织风险的可能，地方风险游客群则认为旅游业和旅行是高风险行为。

Lepp等人（2003）分析了国际旅游者的风险感知与旅游者对环境熟悉或新奇的偏好。有组织的大规模游客更喜欢最大程度的熟悉，最好在“环境泡沫”中旅游，浪者喜欢追求新奇，如背包客前往具有风险的目的地旅行。Bello等人（1985）认为，新奇和刺激可能会影响一个人的生活方式。同时，在旅游目的地的危险感知可能受到人格（Carr，2001）和国籍（Seddighi，Nuttall，Theochaous，2001）不同的影响。Cater（2006）认为，旅游风险感知是旅游者对影响正常旅游活动的各种因素的心理感受和认识，是测量旅游者对某地旅游心理恐慌的重要指标。Bisika（2009）检验了非洲国家马拉维（Malawi）旅游产业相关工作人员对于艾滋病、性病以及意外怀孕等的了解、态度、行为及风险感知，研究表明在旅游部门的人属于上述问题的高危风险群体。

冒险旅游频发的事故惨剧表明，活动本身具有很大的风险。然而现实中还是有很多旅游者对此项旅游活动热情饱满，积极投身该项旅游活动。分析背后的旅游者动机，很多文献认为冒险活动本身的风险性对旅游者本身就是一种吸引（Cater，2006）。旅游者追求的不是实际风险，而是寻求恐惧和兴奋（Cater，2006）。对于成功的冒险旅游运营商而言，成功经营的理念是要减少实际风险水平，而有效提供刺激供给。情感共鸣程度不同的旅游者对风险感知结果相近，然而情感共鸣较高的旅游者往往是具有跨国旅行经历并且去过相对风险较大的地区。结果也同样证明了旅游者人格特质能影响旅游类型和目的地选择（Lepp et al.，2008）。

Lepp等人（2011）通过对比美国大学生在世界杯举办前和举办之后态度和认知的不同，分析了2010年世界杯的举办对前往非洲旅行的游客风险感知影响、认知发展水平、对非洲的了解，旅行动机以及制约要素等。研究结果表明，世界杯的确影响了游客对南非的认知。该研究结果对风险认知较高的目的地发展具有一定的启示。Morakabati等人（2012）以英国城市居民为例，分析了对中东地区一些特定国家团队旅游的风险感知和态度，结果表明，战事频仍，被调查者对目的地风险感知高，基于经济、环境、政治、旅游者自身安全以及可达性等因素的考虑，会放弃旅游计划。目前国内对于旅游风险感知的研究比较少。

2. 旅游风险感知的心理测量范式研究

旅游风险感知的心理测量维度和方法都延承风险感知的测度范式。不同的是在特殊情境下，旅游风险感知的测度维度有所不同。Qi等人（2009）认为旅游风险感知有4个维度：个人安全、文化风险、社会心理风险以及暴力风险。Roehl等人（1992）认为旅游中风险感知有3个维度：身体设备风险、休假风险以及目的地风险。Qi等人（2009）以北京奥运会为例，检验风险感知和旅行意愿之间的关系。因子分析结果表明影响风险感知的要素有4个：个人安全、文化风险，社会心理风险和违背风险。性别和旅游的角色类型在进一步的研究中发现与风险感知因素有关。李鸿飞（2009）通过设计风险感知测量项目，得到目的地质量风险、交通风险、社会-心理风险、身体-安全风险、机会成本风险和财务风险6个风险感知因子，并分析各风险维度的解释变异程度和对旅游者旅游购买决策的影响程度。消费者感知到风险后，会变得焦虑和不安，并想办法降低其所感知到的风险，研究发现消费者在感知到不同风险时，倾向于采取不同的策略。刘春济和高静（2008）设计了游客对旅游风险的认知评价量表，量表共有17个问项，涉及财务风险、绩效风险、社会风险、心理风险、医疗风险、身体风险、治安风险和设施设备风险8个维度，受调查者从风险发生的不确定性、风险结果的危害性这两个因素考虑回答问题。

2.4.3 引入目的

风险感知属于心理学范畴，指个体对存在于外界各种客观风险的感受和认识，且强调个体由直观判断和主观感受获得的经验对个体认知的影响（谢晓非 等，1995；Haddock，1993）。随着旅游业的不断发展，尤其是以自然为基础的旅游活动，如澳大利亚海豚中心的野生动物旅游，旅游者的风险感知不仅影响旅游者的行为决策，而且对目的地的发展具有重要的意义。本书将风险感知的概念和理论引入野生动物旅游研究中，旨在从心理维度上深刻理解目的地涉入的影响变量，同时也拓展风险感知理论的研究范围。

2.5 研究内容与框架

2.5.1 研究内容

野生动物旅游者目的地涉入的行为和心理特征及影响机制是本书的研究重点，通过9章来探讨以下问题：

第1章：野生动物旅游的国内外发展概况。提出研究的背景、目的与意义，并对研究的框架和创新点进行详细介绍，提纲挈领地对本书研究目的和研究内容进行概括。

第2章：野生动物旅游研究及相关理论。明确界定了与本书相关的概念和研究涉及的理论基础，对已有的相关文献进行全面的梳理和综述，介绍目前已有的国内外野生动物旅游研究的内容和基本方法，对深层生态学的基本理论、行为地理学的理论和风险感知以及涉入理论在旅游领域的研究也进行了全面的综述，对已有研究的总结，有利于理清研究的思路，更加明确研究的意义和研究的重点。

第3章：研究方法。介绍材料获取来源和方法、数据处理的步骤和选择、数据探索的过程，以及如何对研究成果加以应用的整个研究过程。数据分析包括三步：①定义变量、构建量表；②结构方程模型构建野生动物旅游场所涉入模型；③利用单因素方差检验不同人口统计学特征在风险感知、环境态度和场所涉入上的显著性差异，并用聚类分析场所涉入的不同类型并进行市场细分。本书对不同国家的旗舰物种为旅游对象的旅游者进行调研，案例地分别为中国四川大熊猫繁育与研究基地和澳大利亚班伯里海豚探索中心。不同国家的野生动物旅游者实证调研，有利于更好地了解和把握野生动物旅游者的特征规律，对后续野生动物旅游领域的研究提供参考和借鉴。野生动物旅游风险感知量表和场所涉入量表，经检验具有较好的信度和效度。野生动物旅游风险感知包括体验质量、身体安全和舒适性3个因子。场所涉入量表包括含有心理涉入、满意度和重游意愿3个维度。该成果为国际野生动物旅游风险和场所涉入提供了定量化衡量的标准。

第4章：野生动物旅游者特征，包括人口统计学特征和人口地理学特征。

第5章：野生动物旅游者风险感知程度特征。运用SPSS检验风险感知量表的信度和效度，之后对风险感知量表进行探索性因子分析。具体分析野生动物旅游者风险感知的表现程度，并依据风险感知程度的得分，运用聚类分析对野生动物旅游者进行分类，并探析不同类型风险感知程度的群组的人口统计学特征。比较中国熊猫基地受访者和澳大利亚海豚中心受访者的风险感知程度差异，并检验了不同人口统计学特征在风险感知上的差异，运用沙菲检验比较不同群组之间的差异。

第6章：野生动物旅游者环境态度特征。具体分析野生动物旅游者环境态度的表现程度，并依据环境态度表现的得分，运用聚类分析对野生动物旅游者进行分类，并探析不同类型环境态度程度的人口统计学特征。比较中国熊猫基地受访者和澳大利亚海豚中心受访者的环境态度程度差异，并检验了不同人口统计学特征在环境态度上的差异，运用沙菲检验比较不同群组之间的差异。

第7章：野生动物旅游者场所涉入特征。具体分析野生动物旅游者场所涉入的表现程度，并依据场所涉入程度的得分，运用聚类分析对野生动物旅游者进行分类，并探析不同类型场所涉入程度的群组的人口统计学特征。比较中国熊猫基地受访者和澳大利亚海豚中心受访者的场所涉入总体程度差异，并检验了不同人口统计学特征在场所涉入上的差异，运用沙菲检验比较不同群组之间的差异。野生动物旅游REI模型和野生动物场所涉入模型构建。通过结构方程模型检验证实风险感知对环境态度具有显著负向影响，环境态度对场所涉入具有正向显著影响。该模型是涉入理论的延伸和不同情境的实证应用。

第8章：风险感知、环境态度和场所涉入（REI）模型探索和验证。运用结构方程模型，以总体样本、中国熊猫基地样本和澳大利亚海豚中心样本为组群，分别检验了风险感知—环境态度—场所涉入（REI）模型的适配度。

第9章：结论与讨论。对全书进行了总结性论述，并提出未来进一步的研究方向。

2.5.2 研究框架

本书研究框架如图2-13所示。

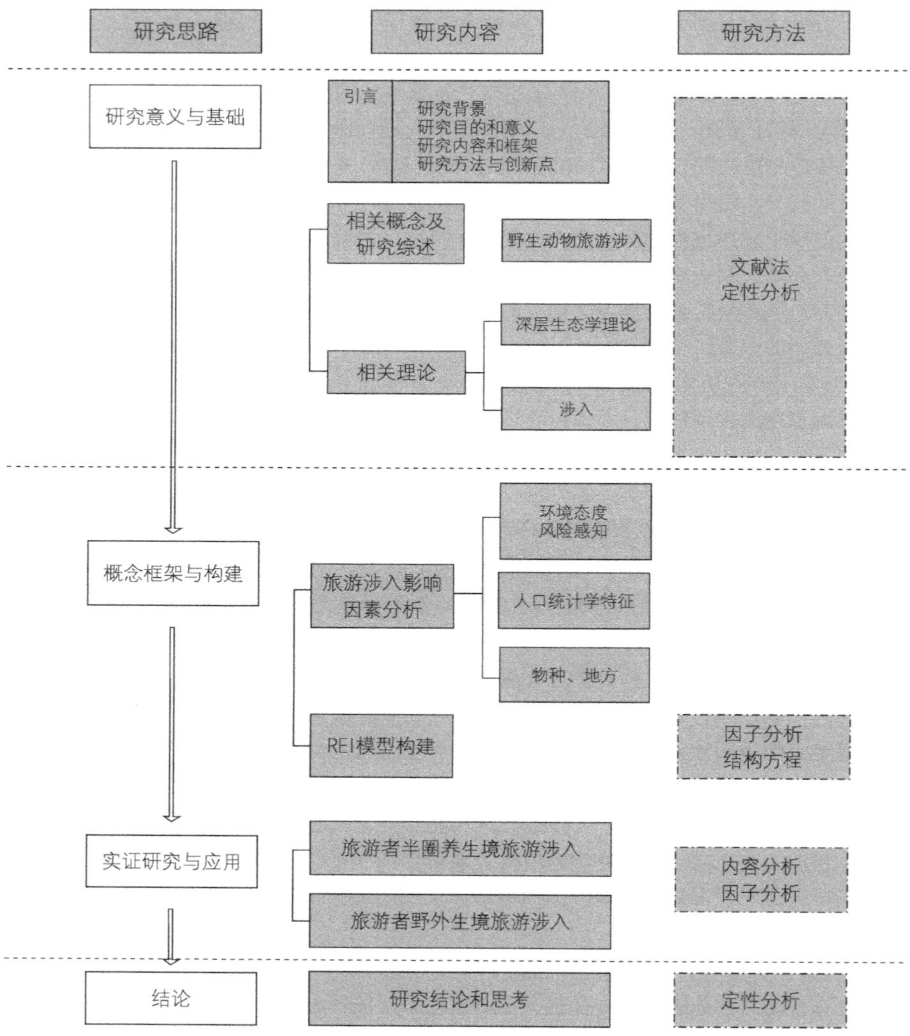

图2-13 本书研究框架

第 3 章

研究方法

3.1 方法论

社会研究方法作为一个体系，通常可以分为方法论、研究方法和研究技术三个层面。其中，方法论涉及研究过程的逻辑和研究的哲学基础。在方法论层面，国际上存在着五种研究取向：实证主义、诠释的社会科学、批判的社会科学、女性主义和后现代主义。在西方，前三者被称为三大研究取向（纽曼，2007）。实证主义方法论源自孔德（Auguste Comte，1798—1857）的实证主义思想。研究形式上表现为定量研究，偏好精确的定量资料，喜欢使用实验法、调查法及统计分析方法。而人文主义方法论，其哲学思想可以追溯到韦伯（Max Weber，1864—1920）和狄尔泰（Wilhem Dilthey，1833—1911）重视研究者自身的体验和事物的情境。研究形式上表现为定性研究，偏好实地研究，进行定性资料的收集和分析。

基于以上方法论的认识，本书采用实证主义和人文主义相结合的方法论，即定量和定性研究方法的结合。在文献综述、野生动物旅游研究、旅游者行为特征及其理论构建基础等内容主要遵循人文主义方法论的指导，而理论模型的探索和验证所采用的因子分析、结构方程模型等主要遵循实证主义方法论的指导。对于旅游这样涉及面广泛、受复杂心理活动影响的研究领域来说，找不到单一最恰当的研究模式。为了实现预期的研究目的，旅游研究要考虑采用多种不同方法以及它们的综合运用。因此，采用定性与定量结合的方法，非常适合旅游综合的研究性质。

3.2 研究方法

3.2.1 量表构建

为保证量表的信度和效度，本书量表构建的步骤如下：首先在文献综述的基础上进行量表的初步拟定，然后在专家咨询和游客访谈的基础上进行量表项目修订，修订好量表后进行预调研并进行量表的信度和效度检验，得到最终的旅游者调查量表。量表构建过程如图3-1所示。

本书主要进行环境态度、风险感知、场所涉入以及目的地涉入的量表构建。部分项目及参考文献见表3-1。

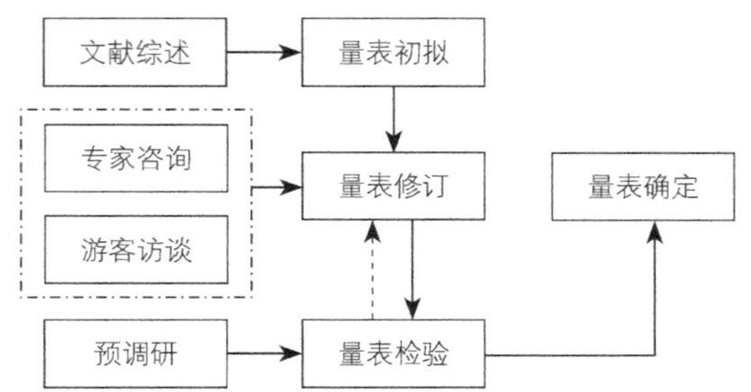

图3-1 量表构建的流程图

量表中测量项目来源表 表 3-1

部分	量表名称	来源
1	环境态度	Dunlap et al., 1978; Luzar et al., 1994
2	风险感知	Derbaix, 1983; Dowling et al., 1994; Mitchell et al., 1996
3	场所涉入	Zaichkowsky, 1994; Laurent et al., 1985; McIntyre et al., 1992

1. 风险感知及量表构建

风险感知反映了一个人对风险的一贯倾向，风险喜好或风险厌恶。风险喜好者喜欢风险，他们在安稳和确定的环境下会变得焦躁不安，他们希望通过承担风险并从中获得乐趣，相反，风险厌恶者讨厌承担风险。另一种观点认为，风险是行为倾向而不是个体特征，风险倾向不仅受到个体风险偏好的影响，而且受到承担风险是否值得并能否从中获得更多收益的判断的影响（Taylor et al., 1996）。旅游者风险偏好和厌恶通过旅游目的地选择来发挥作用，风险偏好旅游者喜欢新奇，倾向于选择一些新鲜好玩、刺激的旅游目的地；而风险厌恶旅游者会选择自己熟悉的、常规的旅游目的地。旅游目的地作为旅游产品而言，它的无形性和生产与消费的同步性，使得旅游者在做出选择时，面临更大的不确定性。根据旅游者的风险倾向，风险偏好者的风险感知低于风险厌恶者所感知到的风险。

本书的风险感知主要指，野生动物旅游者对目的地旅游风险发生的不确定性的倾向。研究预设从财务风险、目的地质量风险、身体风险、时间风险以及安全设备风险5个维度来考量（表3-2）。经过预调研和因子分析后发现，该量表含有3个组成因子：体验质量因子、身体安全因子和舒适性因子。

风险感知量表 表 3-2

维度	风险感知属性	风险发生的不确定性				
		很弱	弱	中等	强	很强
体验质量	担心旅游实际开销超出旅游预期花费	1	2	3	4	5
	目的地体验没有预期（或宣传）的好	1	2	3	4	5
	担心目的地遇见野生动物机会少	1	2	3	4	5
身体安全	担心在旅途中发生各种意外事件对身体造成伤害	1	2	3	4	5
	担心出现水土不服、身体不适的可能性	1	2	3	4	5
	担心目的地气候条件或旅游项目危及身体健康	1	2	3	4	5
舒适性	由于选择该目的地而不能到其他目的地旅游的损失	1	2	3	4	5
	担心目的地交通不便利，基础配套设施差，旅游带来不便	1	2	3	4	5
	担心目的地交通不便，给出行造成麻烦	1	2	3	4	5

注：在文献（Derbaix，1983；Dowling et al.，1994；Mitchell et al.，1996等）基础上修改。

2. 环境态度及量表构建

野生动物旅游的环境态度基于对环境的认知，主要衡量野生动物旅游者的价值观和生态观。衡量标准以深层生态运动的八条行动纲领为蓝本，针对野生动物旅游做调整性修改（德雷森，2008）。制定了初期的环境态度量表，后来经过预调研，进行量表的信度和效度检验后，发现量表信度和效度不佳，后经过专家咨询，改用国际最通用的环境态度衡量量表之一——改良新环境范式量表（表3-3）。利克特五分制量表按照完全不同意到完全同意分别赋值1～5分。该量表共有6个问项，其中3个为偏生态中心主义阐述，3个为偏人类中心主义阐述。

改良新环境范式量表　表3-3

调查问题	完全不同意	不太同意	不确定	比较同意	完全同意
1. 动植物之所以存在，首先是因为要为人类所用	1	2	3	4	5
2. 人类有权改变自然环境以满足自己的需求	1	2	3	4	5
3. 人类为了生存必须与自然和平共处	1	2	3	4	5
4. 当人类破坏自然时，经常会导致灾难性的后果	1	2	3	4	5
5. 自然界的平衡很脆弱，易破坏	1	2	3	4	5
6. 动物和人类具有相同的生存权利	1	2	3	4	5

来源：基于Dunlap等人（1978）、Luzar等人（1994）的研究整理绘制。

3. 场所涉入及量表构建

场所涉入是基于产品要素视角，衡量野生动物旅游活动对旅游者的重要程度。预设野生动物场所涉入的考量，主要从重要性、象征性和娱乐性三个维度衡量，经过专家咨询和预调研后，野生动物旅游场所涉入量表修改为5个问项（表3-4）。

野生动物旅游场所涉入量表　表3-4

调查问题	完全不同意	不太同意	不确定	比较同意	完全同意
大熊猫旅游的花费很值	1	2	3	4	5
我特别喜欢大熊猫旅游	1	2	3	4	5

续表

调查问题	完全不同意	不太同意	不确定	比较同意	完全同意
我喜欢在野外、长时间近距离观赏大熊猫	1	2	3	4	5
总体对大熊猫旅游非常满意	1	2	3	4	5
未来五年内，我很可能重游此地看大熊猫	1	2	3	4	5

来源：基于文献（Zaichkowsky，1994；Laurent et al.，1985；McIntyre et al.，1992）的研究整理绘制。

3.2.2 量表的信度和效度检验

信度主要检验结果的一贯性、一致性、再现性和稳定性。一个好的测量工具，对同一事物反复多次测量，其结果应该始终保持不变才可信。应用最普遍的信度衡量方法是克隆巴赫（信度）系数（Cronbach's Alpha）法。Devellis（1991）认为，一般信度系数大于0.9，表示信度非常好；如果信度系数在0.8～0.9之间，表示信度很好；如果信度系数在0.7～0.8之间，表示信度相当好；如果信度系数在0.65～0.7之间，表示信度可以接受；如果信度系数小于0.35，为低信度，必须予以拒绝。

从表3-5可知，所有因子整体的信度系数都在0.5以上，完全达到了0.5的信度临界值（Nunnally et al.，1967）。说明由各自相应观测变量组成的变量通过了信度检验。但是，本书也发现，在删除量表中一项问项中，有一个观测变量的值显示，如果它被删除，整体的因子信度还将提高，这个观测变量是Q10-3。按照一般惯例，如果观测值在删除后，整体因子信度将会提高，可以考虑删除问项。但是，由于整体信度已经通过了临界值，并且整体模型通过了探索性因子分析，说明具有统计意义。因而不能随便删除问项以迎合数据，否则将失去理论研究的意义，只是统计上的数据可以提醒对这些选项需要特别关注。

通常检验量表效度的方法有两种：内容效度和建构效度。内容效度是指研究主题能够被量表所涵盖的程度。为了能够获得良好的内容效度，要特别注意遵循量表设计程序和规则。本书中量表的设计与开发首先通过对概念的界定，理清所要研究的内容和问题，在量表开发过程中，借鉴国内外已有的相关研究，将已经被实证研究

量表变量和条目删除克隆巴赫（信度）系数α检验 表3-5

量表	题号	观测变量	条目删除克隆巴赫（信度）系数α	量表克隆巴赫（信度）系数α
风险感知	Q17-1	担心旅游实际开销超出旅游预期花费	0.833	0.839
	Q17-2	目的地体验没有预期（或宣传）的好	0.823	
	Q17-3	担心目的地遇见野生动物机会少	0.834	
	Q17-4	担心各种意外事件对身体造成伤害	0.817	
	Q17-5	担心出现水土不服、身体不适	0.813	
	Q17-6	担心旅游项目危及身体健康	0.825	
	Q17-7	担心付出时间，旅行结果不让人满意	0.818	
	Q17-8	担心基础配套设施差	0.826	
	Q17-9	担心目的地交通不便，给出行造成麻烦	0.810	
环境态度	Q10-1	动植物之所以存在，首先是因为要为人类所用	0.511	0.586
	Q10-2	人类有权改变自然环境以满足自己的需求	0.567	
	Q10-3	人类为了生存必须与自然和平共处	0.742	
	Q10-4	当人类破坏自然时，经常会导致灾难性的后果	0.532	
	Q10-5	自然界的平衡很脆弱，易破坏	0.572	
	Q10-6	动物和人类具有相同的生存权利	0.526	
场所涉入	Q19-1	大熊猫旅游的花费很值	0.571	0.639
	Q19-2	我特别喜欢大熊猫旅游	0.493	
	Q19-3	我喜欢在野外、长时间近距离观赏大熊猫	0.638	
	Q19-4	总体对大熊猫旅游非常满意	0.578	
	Q19-5	未来五年内，我很可能重游此地观赏大熊猫	0.627	

来源：根据SPSS数据统计分析结果整理。

验证并且多次使用的量表，作为本书量表的设计基础。同时，针对本书理论模型中需要研究的问题，对游客在线评价进行内容分析，提取关键词，对已有研究量增加或删减问项，并通过试填问卷、专家修订等方式对内容结构进行反复修订，保证本研究量表内容效度。

建构效度检验一般通过检验收敛效度和区别效度两个指标来实现。收敛效度是指同一构面的问项相关度高，区别效度是指在不同构面的问项相关度低。

采用主成分分析（Principle Component Analysis，PCA）来检验量表的效度。首先进行巴特利特球形检验（Bartlett's Test of Sphericity），并观察KMO（Kaiser-Meyer-Olkin）值以确认量表是否适合进行主成分分析。结果显示KMO值为0.859，巴特利特球形检验的结果在P小于0.001的水平上显著，表明量表适合进行主成分分析。采用最大方差法（Varimax Rotation）对因子进行旋转。根据Kaiser（1974）当初的想法，如果KMO值小于0.5，不太适合开展主成分分析；KMO值大于0.6，效果平庸；KMO值大于0.7，中度适宜；KMO值大于0.8，效果良好。KMO值越大表示变量间的共同因素越多，越适合进行因子分析。一般认为，KMO值小于0.5时，不适合因子分析；而当KMO值大于0.7时，进行因子分析效果较好。巴特利特球形检验值的显著性也是判断样本适合进行因子分析的条件。

3.2.3 结构方程模型

1. 结构方程概述

在社会科学各研究领域，常常需要处理不可直接观测的变量，即所谓潜变量。结构方程模型（Structural Equation Modeling，SEM）中明确提出潜变量建模方法。SEM又称作线性结构关系（Linear Structural Relations，LISREL）模型，结构关系指的是结构方程模型中显变量（可直接观测的变量）与潜变量（不能直接观测的变量）之间以及潜变量之间的关系（Nachtigall et al.，2003）。SEM的基本思想是：研究者首先根据先前的理论和已有的知识，经过推论和假设，形成一个关于一组变量间相互关系的模型。因为Jöreskog和Sörbom（1993）提出了线性结构方程模型（LISREL），验证性因子分析得到广泛应用。SEM弥补了传统回归分析和路径分析的不足（Musil et al.，1998），本研究选择SEM来估测概念模型中的各项参数及假设。由于本书所涉及的是潜变量之间的结构关系，故采用SEM比较适合。结构方程模型属于验证性分析技术，先建模型，后用数据去验证模型（Bollen，1989）。

结构方程模型在文献中得到了越来越多的应用，数据说明结构方程模型在理论建构和探索研究中逐渐得到学者的认可（Ko et al.，2002；Yoon et al.，2001；Nunkoo et al.，2013；Ballantyne et al.，2011b；Assaker et al.，2011）。本书在中外学者文献的基础上，开展了本书的实证研究。

预设野生动物旅游目的地涉入的结构模型图如图3-2所示。

这些关系通常用线性回归方程来表示，而图形化表示则用带箭头的路径图。结构方程模型建模步骤：

第一个阶段为模型发展阶段。这个阶段包括三步：①模型发展，即模型构想；②模型设定；③模型识别。

第二个阶段为模型估计与评价阶段。这个阶段包括四步：①模型数据抽样与测量；②模型参数估计；③模型拟合度估计及模型的修改；④模型的评价，即模型的讨论及最终得出的结论（吴兵福，2006）。

结构方程模型的分析策略有三种（Jörekog et al.，1993）：

（1）模型验证性策略：对事先设定的模型通过经验数据进行检验，以确定对模型的接受或拒绝。

（2）模型竞争策略：将多个模型放入经验数据中进行检验，从中选出对经验数据拟合得最好的模型。

图3-2 预设野生动物旅游目的地涉入的结构模型图

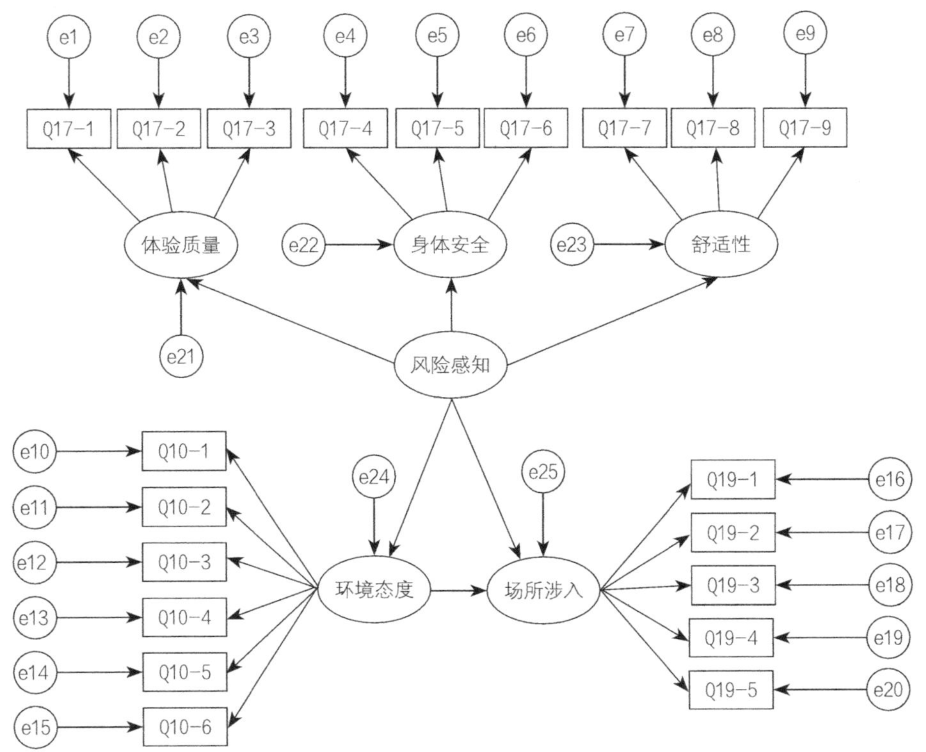

（3）模型发展策略：对事先设定的模型通过经验数据进行检验，然后对模型稍加改动，看是否存在比此模型拟合得更好的模型。如存在，则将此模型作为起点，用新的经验数据对其进行检验，以此不断发展出新的模型。

2. 研究假设

本书的研究假设共有三项：

H1：风险感知越高的人，环境态度近人类中心主义，风险感知对环境态度具有负向影响。

H2：环境态度越高的人，旅游涉入程度越深，环境态度对旅游涉入具有正向影响。

H3：风险感知越高的人，旅游涉入程度越高，风险感知对旅游涉入具有正向影响。

3.3 案例地概况

3.3.1 中国成都大熊猫繁育研究基地

1. 熊猫基地概况

中国四川成都大熊猫繁育研究基地（Chengdu Reserch Base of Giant Panda Breeding，CRBGPB），位于成都北郊斧头山熊猫大道26号，距市区（天府广场）10km，距离成都天府国际机场70km，1987年3月在原成都动物园饲养、救治、繁育大熊猫的基础上建立，旨在拯救和保护濒危物种大熊猫。基地交通便利，区位优势显著，占地面积约为3615hm^2。此外，规划中的熊猫基地三期工程已经启动，占地达200hm^2（图3-3）。经过20多年的发展，熊猫基地已经成为集大熊猫科研繁育、保护教育、教育旅游、熊猫文化建设为一体的大熊猫等珍稀濒危野生动物保护研究的非营利性机构。熊猫基地从建立之初的6只熊猫起步，截至2020年末，大熊猫种群数量达215只，是全球最大的圈养大熊猫人工繁殖种群。此外，基地饲养园区内还饲养了浣熊（小熊猫）、天鹅及孔雀等多种珍稀濒危野生动物，多种野生鸟类、蝴蝶和数百种昆虫。基地内大熊猫的生境类型有圈养型和半圈养型。场馆方面除原有的全球首座以保护大熊猫等濒危动物为主的专题性博物馆和藏品丰富的脊椎动物馆外，先后建设了熊猫魅力剧场、大熊猫科学探秘馆、熊猫医院、熊猫厨房等微型教育场馆。基地广袤而丰富的生境类型、全球最大圈养大熊猫人工繁殖种群、先进的大熊猫科研工作资源等，为旅游活动的开展创造了条件。

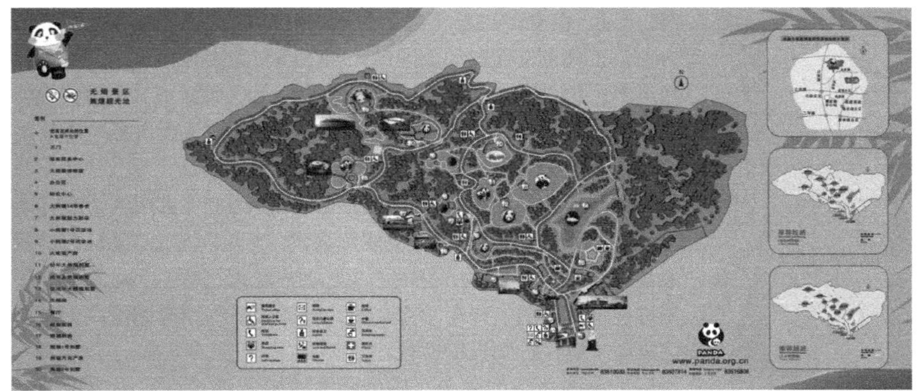

图3-3 成都大熊猫繁育研究基地全景图（来源："成都大熊猫繁育研究基地"官网）

选择成都大熊猫繁育基地为案例地的原因主要基于以下三个方面：

（1）大熊猫是世界最珍贵的动物之一，数量十分稀少，被誉为中国的“国宝”，现存主要栖息地在中国四川、陕西等周边山区。

（2）大熊猫憨态可掬的可爱模样深受人们的喜爱，世界最大的独立性非政府环境保护组织之一世界自然基金会成立时就以大熊猫为其标志。据世界自然基金会统计，全球最值得一看的十大动物排名中，大熊猫以其憨态可掬的体态、外貌和行为方式名列首位。因此在选择物种时首先考虑了大熊猫。

（3）在国外最大的旅游评论网站tripadvisor上，旅游者对成都共127个旅游景点进行了总体评价，成都大熊猫繁育研究基地排名第一，获得评价的数量是最多的；而在网络上，旅游者对成都487个景点进行了评价，该景点同样排名第一。

2. 熊猫基地场所行为涉入方式

为了更好地理解野生动物旅游者风险感知和场所涉入的程度，以及旅游者目的地行为特征规律，先介绍在调研场所内游客与野生动物的互动方式。所谓大熊猫生态旅游，是以大熊猫或大熊猫栖息地为主要旅游对象，在保护的前提下所进行的生态观光、科考或体验旅游。大熊猫吸引着全世界人民的高度关注，它在带给人们愉悦和回归自然享受的同时，也传递着人与自然和谐相处的信息。由此，以成都大熊猫繁育研究基地、卧龙自然保护区、王朗自然保护区等大熊猫聚居生活地为载体，大熊猫生态旅游以其特有的吸引力得以快速发展。四川省是大熊猫最主要的生境地，“十五”期间，四川省明确将打造大熊猫、太阳神鸟、农家乐三大旅游品牌。2006

年7月13日，在立陶宛首都维尔纽斯召开的联合国第30届世界遗产大会上，正式审议通过了我国申报的“四川大熊猫栖息地”为世界自然遗产。此次大熊猫栖息地申遗成功，不仅加强了对大熊猫生境地的保护，增强了对大熊猫的保护意识，也加速了大熊猫生态旅游的发展，有助于大熊猫旅游品牌形象的快速提升。

熊猫基地提供的教育旅游，针对不同游客群体的需求，设计了“国际实习生”“夏令营”“校外实践课堂”“亲子游”等项目；针对一般游客，还有“互动讲解站”“大熊猫魅力剧场”。而融合了国际先进展示理念的熊猫科学探秘馆、大熊猫博物馆等则给广大游客提供更多了解保护知识的途径。

基于游客体验的视角，熊猫基地的游客涉入方式主要分为远距离观赏大熊猫、近距离观赏大熊猫、零距离拥抱大熊猫并拍照（图3-4）、志愿者旅游（图3-5）以及捐款认养大熊猫（Cong et al.，2014）。其中，拥抱大熊猫是基地体验性很强的一项活动，游客需要向基地捐款1000元人民币以上，穿上一次性防菌服，在工作人员及专家的引导下，即可以获取一次与大熊猫零距离拥抱的机会（Cong et al.，2014）。此外，志愿者旅游也是体验性较强、游客满意度较高的一种涉入方式。针对热心支持国际大熊猫志愿者，旅游需要支付600元人民币，可以参与1～3天大熊猫保护事业，体验大熊猫的饲养管理、救护和科学研究等工作（Cong et al.，2014）。他们可以清洁熊猫圈舍，准备食物以及喂养熊猫，同时观察并记录熊猫日常生活行为。与观赏大熊猫和拥抱大熊猫相比较，尽管参与志愿者旅游的游客较少，但是该体验形式的游客满意度很高（Cong et al.，2014）。

在与大熊猫进行互动过程中，野生动物旅游者行为高频词主要为“参观”“拍照”“接触”（图3-6）。在参观过程中，很多旅游者

图3-4 拥抱大熊猫

图3-5 志愿者旅游项目（来源：http://www.panda.org.cn/english/visit/1.htm）

提到参观的时间，表示“一定要早上去，中午和下午熊猫都睡觉了”。对于参观的季节，“建议要冬天去，因为夏天成都天气太热，熊猫都在馆里，几乎在室外看不到”。旅游者偏好的行为中包含与熊猫合影，与大熊猫零距离接触是吸引很多游客的主要因素，但是1000元人民币的价格还是让很多旅游者感慨这是“一笔不菲的费用”，价格对近距离接触熊猫产生了一定的制约。除了抱熊猫与合影以外，还可以选择志愿者项目与熊猫近距离接触，该项目是“近距离接触熊猫的最好途径”。时间为1～3天不等，费用为600元，志愿者“花费了一个小时的时间来打扫熊猫居住的笼子。一整天需要给熊猫喂食苹果和蛋糕，还有观察它们一天的活动。这个项目是

图3-6 成都大熊猫繁育研究基地野生动物旅游体验的特征

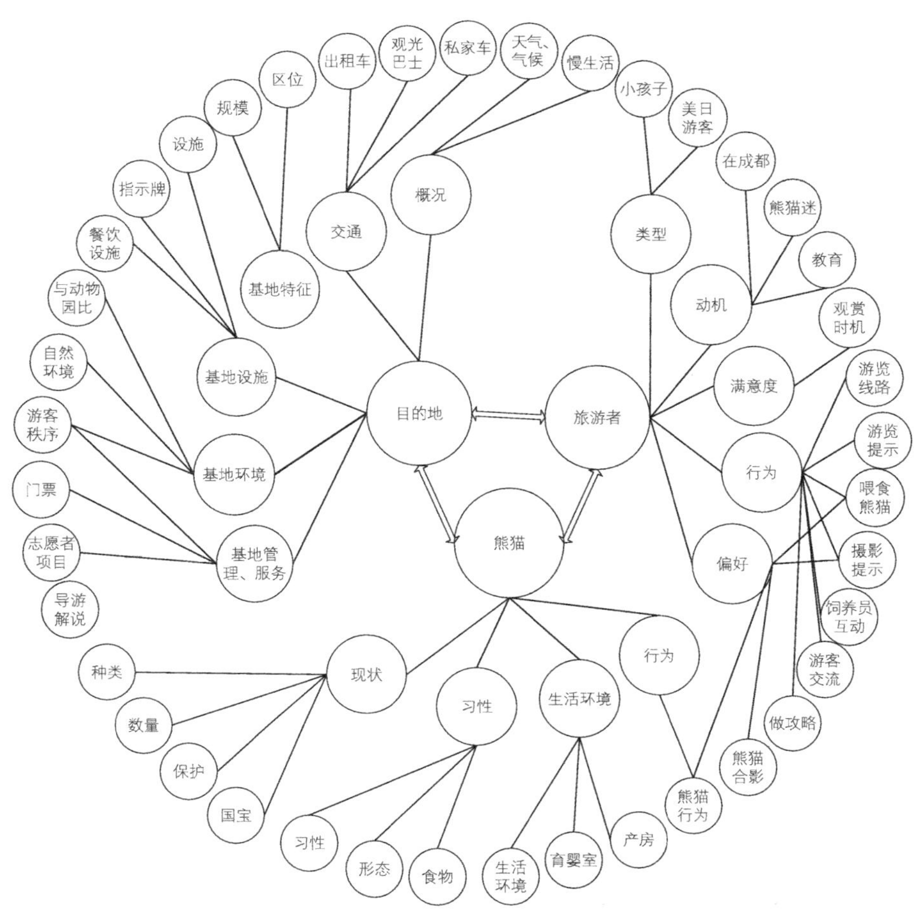

我们为期两周中国之行中的亮点”。

分析发现，旅游者满意度与熊猫接触的程度密切相关。在参观环节中，旅游者可以远距离、长时间、低价格与大熊猫互动，游客的满意度相对不高，主要影响因素为大熊猫行为，大熊猫表现越活跃，旅游者满意度越高。但只有早上8时左右才是大熊猫非常活跃时间段，其他时间大熊猫大多在睡觉和吃竹子。在拍照环节，旅游者可以近距离、短时间、高价格接触大熊猫，游客的满意度主要受到与大熊猫之间距离的影响，满意度较高，但是本环节的满意度受到游客秩序和价格的影响。游客在排队等候与大熊猫合影的过程中，很多游客有“插队”“大声说话”等不文明行为。此外，相对较高的费用也是制约因素。在志愿者项目中，游客可以近距离、长时间、中等价格接触大熊猫，旅游者的满意度最高。

与大熊猫亲密接触是基地最大的旅游特色和亮点。在仿生运动场，游客可近距离观看不同年龄段大熊猫的生活状态，看大熊猫或卧或坐，或饮或嬉，或进或出的嬉戏画面；在大熊猫产房，可零距离欣赏大熊猫母亲哺育幼仔的生动场景，被誉为“中外游客与国宝亲密接触的最佳旅游目的地”。

3. 熊猫基地旅游概况

熊猫基地坚持科研、旅游并重的指导思想，形成“产、学、研、游”一体的可持续发展模式。熊猫基地2次荣获联合国环保最高奖“全球500佳”，2006年被评为国家AAAA旅游景区。多年来接待联合国、各国元首等政要、贵宾数十万人次，年最高游客量超1100万人次。

熊猫基地国内游客与国际游客的比例约为4：1。研究成都大熊猫基地游客与野生动物接触过程中的风险感知、环境态度以及涉入方式，对于提高入境游客满意度和重游率，提升该景区在地震影响后的综合吸引力，树立优质的国际品牌形象，进而打造为成熟的国际旅游目的地具有重要意义。

3.3.2 澳大利亚班伯里海豚探索中心

1. 海豚探索中心概况

澳大利亚班伯里海豚探索中心（Bunbury Dolphin Discovery Center，BDDC，以下简称海豚中心），位于西澳第二大城市班伯里，距离首府珀斯240km。海豚中心是一个非营利性机构，开放于1994年，以保护海豚和其生境为使命，通过旅游、教育和科学研究。根据记录，海豚在2013年11月访问该区域150多次，并在海边逗留多达41h。通常情况下，每天会有3～6只野生宽吻海豚（Bottlenose Wild Dolphins）访问海滩互动区。探索中心每年接待游客大约6万人，包括海外游客4万人和澳大利亚游客2万人。

2. 海豚中心游客场所行为涉入方式

场所行为涉入方式主要有：海滩互动区的海豚观赏、远海游船海豚观赏、远海和海豚游泳、志愿者旅游等，如图3-7和图3-8所示。

海滩互动区的海豚观赏是在志愿者的引导下进行，志愿者在海豚中心起到了至关重要的作用。志愿者分为国际志愿者和本地志愿者，有150多人，多来自欧洲和亚洲（日本和韩国）。本地志愿者多为长期合同，国际志愿者一般需要服务至少6周，每周服务至少20h。起初，喂海豚和互动区观赏海豚是最受欢迎的项目，20世纪90年代初，科学家证实了人工投食海豚的危害性，影响了海豚的行为、福利以及生存（Samuels et al.，2000；Samuels et al.，2003）。因此，海豚中心取消了投食海豚项目。

选择澳大利亚海豚中心为案例地的原因有三个方面：

（1）海豚是智商最高的动物之一，有着友善的形态和爱嬉闹的性格，在人类文化中一向十分受欢迎。在受游客欢迎程度方面，海豚同大熊猫具有相似程度。

（2）海豚广泛分布于世界各大洋，也是澳大利亚海豚中心最受游客欢迎的旗舰物种之一。在物种选择过程中也曾考虑过澳大利亚的考拉，但是由于预调查时，游客数量太少，在计划时间内难以完成计划收集样本数量，相对而言，同海豚接触在澳大利亚有着更高

图3-7 海岸边海豚观光

图3-8 同海豚一起游泳（来源：澳大利亚海豚中心提供）

的人气和受众。海豚作为澳大利亚的旗舰物种，同大熊猫作为中国的旗舰物种一样，有相似点。

（3）中国野外野生动物旅游发展相对滞后，而澳大利亚海豚中心野生动物旅游的发展已经相对成熟，通过对不同生境类型案例地的比较，检验区域游客认知和场所涉入的差异，可为中国野生动物旅游的发展和管理提供借鉴，对野生动物旅游理论的归纳具有普适的理论和实践意义。

3.4 研究设计

本书数据的搜集主要在中国大熊猫人工生境、澳大利亚海豚野外生境中分别展开。每种生境类型中分别针对中国本地游客和非中国籍游客以及澳大利亚本地游客和非澳大利亚籍游客进行调研，研究设计图如图3-9所示。

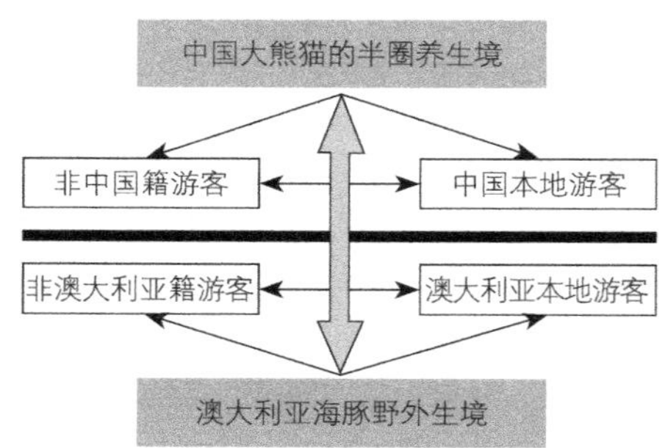

图3-9 研究设计图

3.4.1 数据收集

调研案例地包括中国四川熊猫基地和澳大利亚班伯里海豚中心两处。2013年7月10日—26日完成熊猫基地的调研，回收有效问卷650份，其中482份中文问卷，168份英语问卷。2014年1月6日—13日完成在海豚中心的问卷调研，回收有效英语问卷304份。

3.4.2 问卷发放方式

设计个人自填式问卷，并且在实地进行发放，可以获得科学可靠的第一手资料，为后续的分析提供保障。问卷调查法可以保证问卷的质量与数量，并且易于得到受访者的配合、便于访问者管理（程双双，2012）。

其中，问卷中涉及的风险感知等问题根据研究设计是在旅游者旅游之前完成，而场所涉入和行为特征等问题于旅游之后完成。在问卷调研过程中发现，游客在旅游之前大多拒绝填写问卷。因此，成都熊猫基地的问卷是在园区几个有熊猫展示的地点，当游客看完熊猫之后，在出口处被邀请填写问卷，游客的选择基于便利抽样的方式（Convenience Sample）。问卷调查员共有10人，在问卷调研之前，笔者对问卷调查员进行了详细的培训和讲解，其中包括问卷填写过程中的注意事项——样本选择的广泛性、便利性和可行性。以确保问卷的可信度和有效性。为了提高问卷回收率，笔者设计印制了带有熊猫图案和北京大学标识的徽章，作为小纪念品赠送给完成问卷的人。

根据之前对熊猫基地工作人员的访谈，熊猫基地的游客中有大量的外国游客，亚洲以日本和韩国游客居多，问卷设计了中文版、英语版、日语版和韩语版。在问卷发放过程中，调查员根据游客外貌提供不同的问卷版本，调研中发现日本游客和韩国游客较少，日韩游客大多完成了英文版问卷的填写。

澳大利亚海豚中心的问卷调研是在默多克大学访学期间，问卷调研要通过学校的伦理审批（Ethic Permission），问卷问题在保持与中文一致的基础上，针对当地的情况和海豚物种进行了调整，例如国籍和居住工作地。澳大利亚是一个移民国家，因此增加了来自哪个国家的问题，并结合目前居住地和工作地来考量地理和文化要素。

澳大利亚海豚中心的问卷，分别为游览前和游览后填写，由于这部分包括深海游船观海豚游和深海同海豚游泳两个项目，游客同样需要乘船，游客在景区买票的时候，由售票人员帮忙询问是否愿意参与一份关于海豚旅游的问卷调查，问卷仅限于同意的游客，此部分回收问卷仅有24份。针对海滩互动区观赏海豚的普通游客，在观赏结束后，被邀请参与问卷调查，此过程回收问卷260份。同样，参与填写问卷的游客可获得一个纪念徽章。除了问卷调查员在海滩主动寻找游客外，在景区入口处设有默多克大学旅游研究标识的预留区域，有调研人员接待主动参与问卷填写的游客。问卷发放和回收统计表见表3-6。

问卷发放和回收统计表 表3-6

生境	发放地	问卷类型	实际发放问卷（份）	有效问卷数量（份）	有效回收率
圈养生境	四川大熊猫繁育与养殖基地	中文问卷	500	482	96.4%
		英语问卷	180	168	93.3%
野外生境	澳大利亚海豚中心	游览前和游览后问卷	40	24	60%
		普通问卷	308	280	90.9%
共计			1028	954	92.8%

第 4 章

野生动物旅游者特征

本书实证问卷调查受访者基本信息包括个人背景、旅游前动机和认知信息、旅游中行为表现信息以及旅游后评价信息。

4.1 受试样本人口统计学特征

利用SPSS 17.0统计软件中的描述性统计分析，两个案例地受访者的人口统计学特征见表4-1。

案例地受访者人口统计学特征 表4-1

衡量维度	问项变量	总体样本（N=954）		熊猫基地（N=650）		海豚中心（N=304）	
		频率	百分比	频率	百分比	频率	百分比
性别	A1：男	437	45.8%	325	50.0%	112	37%
	A2：女	517	54.2%	325	50.0%	192	63%
年龄	B1：小于16	28	2.9%	10	1.5%	18	6%
	B2：16～19	171	17.9%	154	23.7%	17	6%
	B3：20～29	335	35.1%	265	40.8%	70	23%
	B4：30～39	197	20.6%	127	19.5%	70	23%
	B5：40～49	114	11.9%	55	8.5%	59	19%
	B6：50～59	73	7.7%	30	4.6%	43	14%
	B7：大于60	36	3.8%	9	1.4%	27	9%
教育背景	C1：初中及以下	67	7.0%	65	10.0%	2	1%
	C2：高中	200	21.0%	90	13.8%	110	36%
	C3：职业中专	138	14.5%	90	13.8%	48	16%
	C4：本科	376	39.4%	281	43.2%	95	31%
	C5：硕士	139	14.6%	109	16.8%	30	10%
	C6：博士	29	3.0%	15	2.3%	14	5%
职业	F1：学生	347	36.4%	302	46.5%	45	15.0%
	F2：专业人士	92	9.6%	37	5.8%	55	18.0%
	F3：管理人员	132	13.8%	108	16.6%	24	8.0%
	F4：工人	61	6.4%	41	6.4%	20	7.0%

续表

衡量维度	问项变量	总体样本（N=954）		熊猫基地（N=650）		海豚中心（N=304）	
		频率	百分比	频率	百分比	频率	百分比
职业	F5：公务员	47	4.9%	20	3.1%	27	9.0%
	F6：服务销售人员	43	4.5%	18	2.8%	25	8.0%
	F7：离退休人员	66	6.9%	15	2.3%	51	17.0%
	F8：其他	109	11.4%	63	9.7%	46	15.0%
年收入	D1：少于10000元/澳元	357	37.4%	314	53.2%	43	14%
	D2：10000～19999元/澳元	86	9.0%	65	10.0%	21	7%
	D3：20000～49999元/澳元	181	19.0%	144	22.2%	37	12%
	D4：50000～99999元/澳元	150	15.7%	70	10.8%	80	26%
	D5：100000～199999元/澳元	119	12.5%	36	5.5%	83	27%
	D6：200000元/澳元以上	29	3.0%	21	3.2%	8	3%
	D7：空白	114	11.9%	0	0	114	38%
家庭背景	E1：单身	484	50.7%	415	63.8%	69	23%
	E2：已婚，无子女	112	11.7%	38	5.8%	74	24%
	E3：已婚，有一子女	176	18.4%	147	22.6%	29	10%
	E4：已婚，有两子女及以上	181	19.0%	49	7.5%	132	43%

注：由于部分样本统计数据不完整，其加分百分比并非100%。

来源：根据SPSS数据统计分析结果整理。

4.1.1　性别比例：女性略高于男性

首先，在中国熊猫基地，调研对象男女比例一致，各占50%。在澳大利亚海豚中心，调研对象中男女比例有一定差异，女性比例明显高于男性，分别为63%和37%。总体样本中，女性的比例略高于男性，女性占54.2%，男性占44.8%。其次，人口统计学特征中男女比例较多为女性与之前研究相一致（Lemelin et al.，2008）。

4.1.2 年龄：中澳两地均偏年轻化

在年龄结构方面，游客偏年轻化，中国熊猫基地主要集中于10～40岁，小于40岁的游客比例达85.5%，主要集中在21～30岁、10～19岁和31～40岁三个年龄段上，比例分别为41.7%、23.7%和19.5%。只有1.4%的受访者年龄大于60岁。澳大利亚海豚中心65%的受访者年龄集中于20～50岁，其中主要比例分布为：21～30岁有23%，30～39岁为23%和40～49岁为19%。此外，大约有9%的受访者年龄大于60岁。澳大利亚海豚中心游客年龄比中国熊猫基地更偏老龄化。总体样本中，35.1%的游客介于20～29岁之间，20.6%的受访者介于30～39岁之间，即超过50%的受访者年龄介于20～39岁之间。野生动物旅游者游客年轻化的特征与之前的文献研究样本特征相一致（Catlin et al.，2010a；Catlin et al.，2010b；Mustika et al.，2013）。

4.1.3 教育程度：中澳两地均相对较高

在受教育程度方面，熊猫基地游客教育程度比较高，含本科及以上学历的受访者占62.3%，其中以本科和研究生为主，比例分别为43.2%和16.8%，高中和职业中专比例均为13.8%，还有10%的初中及以下学历以及2.3%的博士学历。澳大利亚海豚中心的游客教育程度略低。有83%的游客教育程度为高中（36%）、职业中专（16%）和本科（31%），15%的游客具有硕士和博士学历，另外有1%的初中及以下学历。根据实地考察访谈得知，受访者中53%来自澳大利亚，而超过70%的受访者居住在澳大利亚，在这个移民国家，本地居民教育程度较多为高中，然后就选择就业。外来移民中也有部分是蓝领工作的技术移民，教育程度并不高。总体样本中，具有本科学历者占比39.4%，比例最高。本科及以上学历者共有57%，超过样本总量的半数，说明野生动物旅游者总体受教育程度较高。

4.1.4 家庭状况：中国游客以单身为主，澳大利亚游客以家庭出游为主

熊猫基地受试样本在婚姻状况方面，有63.8%的游客为单身；已婚游客中，育有一子女的占22.6%，育有两子女以上的占7.5%，见表4-1所列。

海豚基地受访者中仅有23%的游客为单身；伴侣出行游客中育有两子女以上的比例高达43%。此调研过程中澳大利亚海豚中心游客大多为家庭出游，在填写问卷时，部分家庭只填写一份问卷，而女性在大多数情况下承担此任务，所以对样本的性别比例有一定影响。澳大利亚问卷调研需通过学校的伦理审批，而伦理审批中不提倡对18岁以下未成年人进行调研，虽然最后回收的样本中仍然有12%的20岁以下受访者，但是在问卷调研中刻意回避了年龄偏小的未成年人。此外，在婚姻状态上，根据澳大利亚文化，调整为伴侣，非强调婚姻。在总体样本中比例最高为单身，占比50.7%，然后是已婚育有两子女及以上（19.0%），已婚育有一子女（18.4%），最后为已婚无子女（11.7%）。

4.1.5　收入：中国游客主要为低收入及无收入状态，澳大利亚游客主要集中于中等收入水平

熊猫基地受访者主要为低收入及无收入状态。37.2%的受访者无收入，这与受访者中45.5%为学生有一定关系，也与年龄具有一致性，20岁以下占25.2%。家庭年收入在2万～5万元之间的游客占22.2%，家庭年收入超过5万元的游客共占19.5%。在澳大利亚海豚中心受访者主要集中于中等收入水平，其中53%的游客年收入在5万～10万澳元（26%）和10万～20万澳元（27%）。低于1万澳元的占14%。其中有38%的游客该选项为空白，这与西方文化紧密相关。总体样本中，受访者样本比例最高为年收入低于1万元人民币（37.4%），其次2万～20万元人民币之间占31%。总体样本中主要受熊猫基地样本的影响较大，低收入者占据较多比例。

4.1.6　职业：中国游客以学生为主，澳大利亚游客职业分布广泛

在职业方面，由于问卷中职业分类过于细，在统计时，对一些原有分类进行了合并。例如，专业人士（如会计师、律师、建筑师、医护人员、记者、教师等），和野生动物保护专业、兽医等合并；军人和农民受试样本比例较低，因此并到其他职业选项一起统计。熊猫基地的访客主要为学生，比例高达46.5%，此外，企事业管理人员比例为16.6%，然后依次为专业人士（如会计师、律师、建筑师、医护人员、记者、教师等）、工人、公务员等。在澳大利亚海豚中心，受访者的职业分布比较广泛，家庭主妇/失业/离退休人员、学生及企事业管理人员的比例都在15%左右，工人/技工、

公务员、企业主、企事业管理人员的比例在7%～9%之间。军人、农民比例都较少。熊猫基地无农民职业样本，海豚中心农业职业为2%，仅有1人为军人职业样本。总体样本中，学生比例最高。

4.2 旅游前动机和认知信息分析

4.2.1 休闲度假为主要旅游动机，约1/4游客以观赏野生动物为主

该问项可进行多项选择。比较两案例地受访者的访问动机，其中以观赏大熊猫/海豚为主的比例相近，分别为28%和27%，有超过1/4的游客是以观赏野生动物为主要目的。而两地都有60%左右的访客是以休闲度假为主要动机。不同的是，在中国有超过50%的游客仍然以观光游览为主要目的，而在澳大利亚该动机只占32%。自驾车旅行的动机差距也较大，在中国熊猫基地仅有5%，而在澳大利亚海豚中心有15%。仅有7%的访客以探亲访友为目的去四川成都，而有27%的访客以探亲访友为目的去澳大利亚班伯里。两案例地商务会议、中转去其他城市的比例都较小，不足10%。在总体样本中，59.6%的受访者动机为休闲度假，占据最大比例；观光游览占据47.4%，需要特别指出的是专门以看野生动物为主要目的的受访者占27.9%。商务会议、自驾车旅行以及中转去其他城市的受访者各有较小的比例。

4.2.2 超过半数受访者有以观赏野生动物为主要目的安排过旅行的相关经历

了解受访者与野生动物旅游相关的经历与体验。在熊猫基地有超过57%的受访者以观赏野生动物为主要目的地而安排过旅行。海豚中心的受访者中同样有超过半数游客（68%）有相同经历。熊猫基地受访者中到野外去寻找野生动物并过夜的游客仅有8%。在澳大利亚海豚中心受访者中有此经历的占比36%，比例大大超过中国。在总体样本中，超过60%的游客曾经以观赏野生动物为主要目的而安排过旅行。到野外去寻找野生动物并过夜被认为是深度涉入野生动物旅游的行为特征之一，该部分受访者占17.1%、有专业野生动物观赏装备和器材的占9.2%。

4.2.3 信息来源首选为官网或社交媒体网络

统计旅游者在旅行前了解目的地和野生动物的主要信息渠道，进

一步加深对市场的了解。在熊猫基地，37.8%的受访者的目的地信息来源首选官网或社交媒体网络，29.5%来自亲朋好友的介绍，12.8%的受访者依靠自身经验，8.2%的受访者以书籍为主要信息来源，杂志、电视广播、社团俱乐部的比例较少。样本信息来源首选官网或社交网络，与tripadvisor网站上成都熊猫基地被评为四川省138个旅游景点中第一名相契合。在海豚中心，信息来源较为相似，最高为官网和社交媒体，比例为47%，然后依次为亲朋好友（32%）、自身经验（12%）、书籍（5%）等。同样，杂志、报纸、电视广播、社团协会等比例较少。总体样本中，最主要的信息来源为官网或社交媒体网络，占40.7%，然后依次为亲朋好友（30.2%）、自身经验（8.9%）、书籍（7.1%）、电视广播（4.3%）、社团协会和俱乐部等（3.0%）和杂志（1.6%）。值得关注的是，在当今时代背景下，人们获取信息的途径已经多元化，社交媒体对旅行的影响非常显著，而传统的信息来源影响力在降低，书籍和杂志加在一起不到10%。

4.3 旅游中行为特征分析

4.3.1 观赏次数：中国熊猫基地受访者大多为首次观赏者，而澳大利亚海豚中心受访者大多为多次观赏者

该问项为单选题，旨在了解旅游者与野生动物接触的频次，即包括填写调研问卷这一次在内，受访者观赏野生动物的次数。在熊猫基地，71.8%受访者是第一次看大熊猫，而2.5%的受访者有6次及以上的经历，在一年内看大熊猫次数为2～3次的游客比例为22%，4～5次为3.7%。在澳大利亚海豚中心，受访者中仅有15%为第一次观赏海豚，观赏海豚超过6次的受访者比例为38%。两处案例地中，首次观赏野生动物的受访者和6次及以上观赏野生动物的受访者的比例差别很大，中国熊猫基地的游客大约2/3为第一次到访熊猫基地，而澳大利亚海豚中心只有大约1/7的游客为首次到访；中国熊猫基地游客中不足1/7的游客有6次及以上的经历，而澳大利亚海豚中心超过1/3的游客有过6次及以上与海豚相遇的经历。总体样本中，53.7%的游客为第一次观赏野生动物，占最高比例。有2～3次观赏经历的受访者占23.9%，有6次及以上观赏经历的游客占13.8%，其中有4～5次观赏经历的受访者比例最小，仅有7.9%。

4.3.2 旅行同伴主体为亲朋好友

中国四川成都大熊猫基地样本同游者分布中，超过80%的样本

是同亲朋好友一起出游，其中48.5%的受访者同家人一起出游，而35.2%的受访者同朋友一起。有7.1%为独自一人，5.8%的游客跟随团队一起，向导、生意伙伴、其他关系同伴占比均较小，约为1%。在海豚中心的受访者中，70%受访者与家庭成员一起出行，有21%受访者与朋友一起，2%受访者跟随旅游团，有1%为其他关系伙伴。两地相比较，一个显著的特点是澳大利亚没有跟随向导和商业伙伴一起出游。没有跟随向导的原因，一方面，海豚中心有很多志愿者，无偿为访客提供与野生动物相关知识的讲解；另一方面，在澳大利亚大多为自助游和自驾游，以休闲度假市场为主。没有与商业伙伴一起出游的主要原因是，西方文化中工作和生活是分开的。总体样本中，同家庭成员一起出游的受访者高达55.4%，占据首位。有30.6%的游客同朋友一起出游，独自出行、跟随团队、生意伙伴各占不足10%的比例。

4.3.3 场所内消费相对较少

受访者场所内花费相对较少。在熊猫基地有52.5%的受访者消费少于100元，根据田野调查，这部分游客的消费仅限于门票和少许的纪念品，无其他消费。而超过1000元的游客占3.4%，此部分的游客参与了拥抱大熊猫的体验项目。在海豚中心，消费特征也较类似，59%的访客花费少于100澳元，78%的游客花费少于200澳元。依据田野观察，大部分游客主要用于门票（10澳元，3次进入），部分游客会有咖啡和午餐的消费，其中消费多于1000澳元的占4%左右，该部分访客会选择游船（每人35澳元）和同海豚游泳项目（每人165澳元），部分访客有捐款。总体样本中，游客消费总体较低，39.4%的游客消费少于100元/澳元；而高于1000元/澳元以上的仅有3.6%，消费100～199元/澳元的受访者占27.5%，而消费200～999元/澳元的游客占13.6%。

4.3.4 目的地停留时间两极分化，其中不停留和停留6晚以上比例最高

此问项指受访者在目的地（往返）花费时间，具体指熊猫基地所在的四川省，和海豚中心所在的澳大利亚班伯里市。根据数据分析的结果，在中国熊猫基地，超过50%的受访者停留3晚及以上，其中24%的受访者停留4～5晚，占最高比例。而停留1晚以内的仅占16%。在澳大利亚海豚中心，33.9%的受访者不在班伯里停留，停留1晚的占20.7%，停留6晚及以上的占17.8%，停留2～5晚

的共有25.3%。在总体样本中，受访者停留时间1晚以内和6晚以上占据最多比例，分别为21.8%和21.0%。然后依次分别为4～5晚（17.7%），2晚（16.1%），1晚（11.5%）和3晚（11.1%）。

4.3.5　参与活动以远距离观赏和近距离摄影为主

此问项为多项选择，旨在了解受访者目的地行为特征和场所涉入程度。其中，远距离观赏野生动物和近距离拍照摄影是浅度涉入的行为特征，近距离长时间观察大熊猫和拥抱大熊猫、同海豚一起游泳是中等涉入的行为特征，而参与志愿者、捐款和守护使者项目是深度涉入的行为特征。在熊猫基地，较多的游客为参与浅度涉入旅游活动，如远距离观察和近距离摄影拍照，比例分别为85.5%和78.8%，共有10%的受访者参与志愿者、捐款和守护使者等深度涉入旅游。而共有21.9%的受访者选择中度涉入。在澳大利亚海豚中心，同样有较多的游客选择远距离观赏和近距离拍照，比例同熊猫基地相似（分别为88%和77%）。22%的受访者参与捐款和同海豚游泳，5%的受访者参与志愿者旅游。因为大熊猫守护使者是中国熊猫基地特有的项目，而相应的澳大利亚海豚中心无此项目。在总体样本中，80%左右的游客参与了远距离观察和近距离摄影活动，有10%左右的游客参与了拥抱大熊猫和海豚游泳，而有10%左右的游客选择了志愿者、捐款等深度涉入的旅游活动。在此，不排除部分游客同时参与浅度涉入、中度涉入和深度涉入旅游活动。

4.4　旅游后意向特征分析

4.4.1　拥抱大熊猫和喂食海豚为最受期待下次参与活动

此问项为多项选择题。调查旅游者未来旅游中的行为倾向，旨在了解并预测旅游者行为。在熊猫基地，游客最期待参与的活动前三项分别为：拥抱大熊猫（50.2%）、近距离观察（43.2%）和参与志愿者活动（32.8%）。此外，近距离摄影和远距离观察分别占31.4%和24.2%；而捐款和大熊猫守护使者则占比相对较小，为19.4%和14.2%。在澳大利亚海豚基地，最受游客期待的活动为同海豚游泳和喂食海豚，分别为51%和37%。此外，1/4左右的受访者期待继续远距离观赏和近距离拍照。1/5左右的游客表示会参与志愿者项目和捐款。在总体样本中，最受旅游者期待的旅游活动为拥抱大熊猫且同大熊猫合影和喂食海豚（50.2%）；其次，近距离观察大熊猫和同海豚游泳也备受期待，占45.7%；选择其他形式的受访者也有近20%。

4.4.2 后行为意向：游客中愿意将个人经历告诉亲友的比例最高

游后行为倾向中，两案例地中都有超过70%的访客表明愿意将自己的经历分享给亲友。在熊猫基地的访客中有超过40%的受访者欲将自己的旅行经历分享到网上。此外，有12%的受访者欲参加野生动物保护的社团或组织，有意愿参加志愿者旅游的有10%，而投入更多金钱用于野生动物保护和旅游的受访者比例较小（仅有7%）；在海豚中心游后有意向参与志愿者旅游的占49%，选择将自己的旅行经历分享到网上的访客有27%，表示会投入更多的金钱用于野生动物保护和旅游的占17%。选择加入野生动物保护社团或组织的受访者仅有2%。总体样本中，愿意把自己的经历告诉亲友的受访者最多（76.9%），其次是受访者愿意把个人旅行经历分享到网上（37.1%），参与志愿者旅游（22.7%），投入更多的金钱用于野生动物保护和旅游（10.6%），参与野生动物保护社团或组织（不足10%）。野生动物旅游者旅游过程特征分析见表4-2。

野生动物旅游者旅游过程特征分析 表4-2

阶段	项目	变量	总体样本（N=954）		大熊猫基地（N=650）		海豚中心（N=304）	
			样本数	百分比	样本数	百分比	样本数	百分比
旅游前	访问动机	观光游览	452	47.4%	356	54.8%	96	31.6%
		休闲度假	569	59.6%	375	57.7%	194	63.8%
		自驾车旅行	80	8.4%	34	5.2%	46	15.1%
		中转去西藏/其他城市等	42	4.4%	32	4.9%	10	3.3%
		探亲访友	129	13.5%	47	7.2%	82	27.0%
		商务会议	60	6.3%	48	7.4%	12	3.9%
		观赏大熊猫/海豚	266	27.9%	183	28.2%	83	27.3%
	相关经历	参加过与野生动物保护相关的公益活动	125	13.1%	96	14.8%	29	9.5%
		订阅野生动物相关的杂志	161	16.9%	134	20.6%	27	8.9%

续表

阶段	项目	变量	总体样本（N=954）		大熊猫基地（N=650）		海豚中心（N=304）	
			样本数	百分比	样本数	百分比	样本数	百分比
旅游前	相关经历	是某野生动物保护协会或组织的会员	68	7.1%	42	6.5%	26	8.6%
		以观赏野生动物为主要目的而安排过旅行	578	60.6%	372	57.2%	206	67.8%
		到野外去寻找野生动物并过夜	163	17.1%	53	8.2%	110	36.2%
		有专业野生动物观赏装备和器材	88	9.2%	44	6.8%	44	14.5%
	信息来源	官网或社交媒体网络	389	40.7%	246	37.8%	143	47.0%
		亲朋好友	288	30.2%	192	29.5%	96	31.6%
		社团协会、俱乐部等	29	3.0%	25	3.8%	4	1.3%
		书籍	67	7.1%	53	8.2%	14	4.6%
		杂志	16	1.6%	12	1.8%	4	1.3%
		电视广播	41	4.3%	39	6.0%	2	0.7%
		自身经验	85	8.9%	83	12.8%	2	0.7%
旅游中	观赏次数	1次	512	53.7%	467	71.8%	46	14.5%
		2～3次	228	23.9%	143	22.0%	85	28.0%
		4～5次	76	7.9%	24	3.7%	52	17.0%
		≥6次	132	13.8%	16	2.5%	116	38.0%
	旅行同伴	独自一人	68	7.1%	46	7.1%	22	7.2%
		家庭成员	528	55.4%	315	48.5%	213	70.1%
		朋友	292	30.6%	229	35.2%	63	20.7%
		团队组织	44	4.6%	38	5.8%	6	2.0%
		向导	5	0.5%	5	0.8%	0	0.0%
		生意伙伴	10	1.1%	9	1.4%	1	0.3%
		其他	11	1.1%	8	1.2%	3	1.0%

续表

阶段	项目	变量	总体样本（N=954）		大熊猫基地（N=650）		海豚中心（N=304）	
			样本数	百分比	样本数	百分比	样本数	百分比
旅游中	目的地消费	100元/澳元以内	376	39.4%	341	52.5%	35	11.5%
		100～199元/澳元	263	27.5%	205	31.5%	58	19.0%
		200～499元/澳元	105	11.0%	69	10.6%	36	12.0%
		500～999元/澳元	25	2.6%	13	2.0%	12	4.0%
		1000元/澳元以上	34	3.6%	22	3.4%	12	4.0%
	停留时间	1晚以内	208	21.8%	105	16.2%	103	33.9%
		1晚	110	11.5%	47	7.2%	63	20.7%
		2晚	154	16.1%	117	18.0%	37	12.2%
		3晚	105	11.0%	80	12.3%	25	8.2%
		4～5晚	169	17.7%	154	23.7%	15	4.9%
		6晚以上	200	21.0%	146	22.5%	54	17.8%
	参与活动	远距离观赏动物行为	816	85.5%	548	84.3%	268	88.0%
		一定距离拍摄动物照片	751	78.7%	517	79.5%	234	77.0%
		近距离观察/同海豚一起游泳	137	14.3%	76	11.7%	61	20.0%
		拥抱大熊猫，和大熊猫合影/喂食海豚	72	7.6%	66	10.2%	6	2.0%
		参与志愿者项目	50	5.3%	35	5.4%	15	5.0%
		参与捐款	88	9.2%	21	3.2%	67	22.0%
		参与了大熊猫守护使者项目	9	0.9%	9	1.4%	0	0.0%
旅游后	期待下次参与活动	远距离观赏大熊猫行为	230	24.1%	157	24.2%	73	24.0%
		一定距离拍摄大熊猫照片	280	29.4%	204	31.4%	76	25.0%
		近距离观察	436	45.7%	281	43.2%	155	51.0%

续表

阶段	项目	变量	总体样本（N=954）		大熊猫基地（N=650）		海豚中心（N=304）	
			样本数	百分比	样本数	百分比	样本数	百分比
旅游后	期待下次参与活动	拥抱大熊猫，和大熊猫合影	478	50.2%	366	56.3%	112	37.0%
		参与志愿者项目	268	28.1%	213	32.8%	55	18.0%
		参与捐款认养大熊猫项目	187	19.6%	126	19.4%	61	20.0%
		参与大熊猫守护使者项目	122	12.8%	92	14.2%	30	10.0%
		其他的形式	5	0.5%	5	0.8%	0	0.0%
	旅游后行为倾向	告诉自己的亲友	734	76.9%	502	77.2%	232	76.3%
		投入更多的金钱用于野生动物保护和旅游	101	10.6%	48	7.4%	53	17.4%
		把自己的旅行经历分享到网上	354	37.1%	271	41.7%	83	27.3%
		参加野生动物保护的社团或组织	80	8.4%	75	11.5%	5	1.6%
		参与志愿者旅游	217	22.7%	68	10.5%	149	49.0%
		其他	42	4.4%	29	4.5%	13	4.3%

来源：根据SPSS数据统计分析结果整理。

4.4.3　受访者人口地理特征变量

对熊猫基地480份中文访客的地理信息进行统计分析，发现共有全国30个省市的游客参与，其中成都、四川省（除成都外）❶、湖北、广东、陕西、云南、上海、浙江、北京、山东10地为主要客源地。需要指出的是，目的地中没有宁夏、青海和西藏三个省区的游客。对168份英语问卷统计分析发现，受访者来自17个国家，美国、英国和荷兰为3个主要的客源国，与往年统计数据不同的是，日本游客较少，仅有2份，没有韩国游客。

❶ 来自成都本地的游客多，且通常不过夜，因此单独统计。

对海豚中心304份问卷填写者的地理信息进行统计，其中超过72.4%的游客居住在澳大利亚，英国（27人）、法国（13人）、德国（8人）、瑞士（8人）和中国（7人，含台湾2人）为主要客源国。

4.4.4 野生动物旅游者的特征概况总结

本书以中国四川成都大熊猫繁育基地和澳大利亚海豚中心为案例地，调查以野生动物旅游者人口统计学特征和地理学特征，框架性呈现野生动物旅游者的特征概况（表4-3）。大熊猫基地旅游者的人口统计学特征为：主要为40岁以下的年轻人（85.5%）；国内游客与国外游客大约为2∶1；学历较高，本科及以上学历占62.3%。出游特征：绝大部分为第一次看大熊猫（70.2%），以野生动物为主要目的地而安排过旅行（57%），基地内消费少于100元（52.5%），在目的停留时间不足1晚（52%），同家人朋友一起出行（48.5%），信息来源为网络（37.8%），动物迷，尤其喜欢大熊猫（33.3%），在目的体验活动中参与深度体验涉入项目拥抱大熊猫的占28%，而有志愿者经历的占10%。

在澳大利亚海豚中心观赏海豚的旅游者人口统计学特征：主要为20～50岁的中青年（65%）；国内游客与国外游客比例大约为1∶1；受教育程度较高，本科及以上学历占62.3%，家庭情况中主体为伴侣有两子女及以上（43%）。出游特征：大部分同家庭成员一起出游（70%）；特地为观赏野生动物而安排过旅行（68%）；中心内消费较少，低于100元（59%）；信息来源为网络（47%）；参与深度体验涉入项目同海豚游泳的游客占20%；而以看海豚为主要目的安排旅行的占27%；看过海豚6次及以上的受访者占47%。

比较两案例地游客的不同：首先，目的地游客年龄结构方面，中国熊猫基地的旅游者偏年轻，而澳大利亚海豚中心的游客偏中年；其次，家庭背景中，中国熊猫基地的旅游者以单身为主，而海豚中心的游客多为有伴侣且两子女及以上；最后，出游特征中，熊猫基地旅游者多为第一次出游，而海豚中心的游客出游次数多为6次及以上。

比较两案例地游客相同特征（表4-3）：受教育程度较高，都为本科及以上学历；场地内消费较少，少于100元；信息来源主要为网络；参与目的地深入体验项目的旅游者比例接近1/3。

两案例地野生动物旅游者人口统计学特征和出游特征汇总　表4-3

	衡量维度	研究群组	分布最多群体	分布次多群体	分布最少群体	备注
个人背景	性别	CRBGPB	男性和女性			
		BDDC	女性		男性	
	年龄	CRBGPB	20～29岁	16～19岁	60岁以上	
		BDDC	20～39岁	40～49岁	16～19岁	
	学历	CRBGPB	本科	高中和职高	博士	
		BDDC	高中	本科	初中及以下	
	收入	CRBGPB	无收入	2万～5万	20万元以上	
		BDDC	10万～20万澳元	5万～10万澳元	20万澳元以上	空白比例高
	职业	CRBGPB	学生	管理人员	兽医	
		BDDC	无业和退休	学生和管理人员	军人	其他职业多
	婚姻	CRBGPB	单身	已婚有一子女		
		BDDC	伴侣两子女及上	伴侣无子女	伴侣有一子女	
	居住地	CRBGPB	四川	湖北	山西和内蒙古	无宁夏、青海、西藏
		BDDC	澳大利亚	英国	安哥拉等	覆盖26个国家
旅行前游客信息	出行计划时间	CRBGPB	1周	2周	少于1周	
		BDDC	1周	0周	多于52周	
	信息来源	CRBGPB	官网或社交媒体	亲朋好友	杂志	
		BDDC	官网或社交媒体	亲朋好友	电视、杂志等	
	旅行同伴	CRBGPB	家庭成员	朋友	向导	
		BDDC	家庭成员	朋友	旅游团	无商业伙伴
	旅行动机	CRBGPB	休闲度假	观光游览	中转去西藏	
		BDDC	休闲度假	观光游览	中转去其他城市	
	自我环境态度打分	CRBGPB	8分	7分	1分	
		BDDC	8分	7分	3分	
旅行中游客信息	观看大熊猫/海豚次数	CRBGPB	1次	2～3次	6次及以上	
		BDDC	6次及以上	2～3次	1次	

续表

	衡量维度	研究群组	分布最多群体	分布次多群体	分布最少群体	备注
旅行中游客信息	消费金额	CRBGPB	100元以内	100～199元	500～999元	仅在景点内
		BDDC	100澳元以内	100～199澳元	500～999澳元	仅在景点内
	目的地停留时间	CRBGPB	4～5晚	6晚以上	1晚	
		BDDC	1晚以内	1晚	3～4晚	
	目的地参与活动	CRBGPB	远距离观赏	拍照、摄影	守护使者	捐款较少
		BDDC	远距离观赏	拍照、摄影	喂食海豚	不鼓励投食
旅游后游客信息	旅行后行为倾向	CRBGPB	告诉自己的亲友	把自己经历分享到社交媒体	投入更多金钱用于野生动物保护	
		BDDC	告诉自己的亲友	参与志愿者旅游	参与野生动物保护组织	

注：CRBGPB代表中国熊猫基地，BDDC代表澳大利亚海豚中心。

来源：根据分析结果整理。

在问卷设计中，针对观赏熊猫部分，城市动物园以及外国动物园代表圈养生境，熊猫基地为半圈养和中国熊猫基地，王朗自然保护区、陕西长青自然保护区以及甘肃大熊猫国家公园为野外栖息地代表。63%的访客在圈养生境中观赏过大熊猫，而在野外生境遇见大熊猫的受访者仅有9%。有74%的受访者在熊猫基地观赏了大熊猫。

针对海豚观赏部分，其中水族馆或动物园代表圈养生境，而海豚中心、曼哲拉、猴子美亚海滩、企鹅岛、罗金厄姆都为野外生境。有61%的受访者在圈养生境中观赏过海豚，所有的受访者都有在澳大利亚海豚中心观赏海豚的经历。在澳大利亚海豚中心与野生动物的接触、互动是未来野生动物旅游发展的趋势。

受访者在目的地四川平均逗留3.88天，平均到访熊猫基地1.5次，自我环境态度打分均值为7.65，平均需要6.5周来计划出行；海豚中心的受访者平均在目的地逗留2.82天，平均访问海豚中心4.5次，自我环境态度打分均值为7.4，平均需要4天计划出行。原因：首先是景区的管理制度，澳大利亚海豚中心的门票是10澳元允许3次到访，而中国熊猫基地60元门票仅限当日当次使用。其次是与野生动物濒危程度有关。大熊猫是世界濒危野生动物，全世界约有4000只，其中在圈养生境中约有1500只，游客很难在野外遇到。

第5章

野生动物旅游者风险感知程度特征

人与野生动物接触，是一个含有潜在风险的过程；依据计划行为理论，野生动物旅游作为一种旅游产品，旅游者在决策购买中是有风险考量的，因此探讨野生动物旅游者风险感知的表现程度，可以为分析旅游者决策行为提供启示。在对旅游风险的评估中，往往容易忽视不同游客群体对旅游风险感知的差异；在应对旅游风险时，也常常由于缺乏对旅游风险感知的了解而出现对风险的错误判断，导致不当决策和不安全行为的产生，可以说旅游风险感知的影响程度有时甚至高于旅游风险本身。

现有外文文献中相关领域研究主要是保护生物学视角关于人与野生动物冲突问题的研究探讨，用于野生动物管理（Gore et al.，2007；Gore et al.，2009；Siemer et al.，2009；Treves et al.，2006）。而鲜有文献基于旅游学科视角探索野生动物旅游者的风险感知，一方面是对野生动物旅游者的了解维度，把握其风险感知程度特征；另一方面也是作为场所涉入的前置影响因素，服务于野生动物旅游者旅游体验的提高和野生动物旅游目的地管理。

本书首先采用SPSS 17.0中的描述性统计分析，分析了野生动物旅游者在中国熊猫基地邂逅大熊猫和澳大利亚海豚中心邂逅海豚的风险感知的程度表现；其次，本章利用单因素方差分析法分析了在总体样本、中国熊猫基地和海豚中心三个不同样本数据中，人口统计学特征和人口地理学特征对野生动物旅游者风险感知表现程度的差异性，并以沙菲法（Scheffe's Methods）进行事后检定（Post-hoc），以验证单因素方差分析所取得的结果。其中，对于人口统计学特征中两变量通过独立样本t检验进行差异分析。量表属性表现程度的衡量以正式问卷的受访者作答分值为基础，统计求得均值与标准差：均值越高，表明受访者的量表属性表现平均程度越高，反之则越低；标准差值越小，表明受访者表现趋向一致，标准差值越大，表明样本群体间差异性越大。

5.1 探索性因子分析

首先进行了巴特利特球形检验，并观察KMO值以确认量表是否适合进行主成分分析。结果显示KMO值为0.837，巴特利特球形检验的结果在P小于0.01的水平上显著，表明量表适合进行主成分分析（郭志刚，1999）。根据Kaiser（1974）当初的想法，如果KMO值小于0.5，则不太适合进行主成分分析。KMO值大于0.6为“效果平庸”，KMO值大于0.7为“中度适宜”，KMO值大于0.8为“效果良好”。采用主成分分析法对数据进行探索性因子分析，取特征值大于0.9，总方差解释度为66.68%。使用最大方差法（Varimax Rotation）进行旋转计算，风险感知量表的组成因子见表5-1。

风险感知量表的组成因子　表5-1

问项	问项变量	组成成分			因子	均值	标准差	KMO
		1	2	3				
Q17-1	担心旅游实际开销超出旅游预期花费	-0.089	0.326	0.743	体验质量	2.551	0.811	0.657
Q17-2	担心目的地体验没有预期（或宣传）的好	0.209	0.103	0.789				
Q17-3	担心目的地遇见野生动物机会少	0.325	-0.075	0.705				
Q17-4	担心在旅途中发生各种意外事件对身体造成伤害	0.162	0.777	0.211	身体安全	2.324	0.901	0.743
Q17-5	担心出现水土不服、身体不适	0.258	0.796	0.025				
Q17-6	担心目的地气候条件或旅游项目危及身体健康	0.434	0.646	0.093				
Q17-7	担心付出时间，旅行结果不让人满意	0.717	0.246	0.281	舒适性	2.582	0.966	0.792
Q17-8	担心基础配套设施差	0.788	0.24	0.126				
Q17-9	担心目的地交通不便，给出行造成麻烦	0.805	0.24	0.083				

来源：依据SPSS统计结果整理。

通过探索性因子分析，进行降维，提取三个因子，分别为体验质量风险、身体安全风险和舒适性风险。这与此前量表建构时预设的五个维度（财务风险、目的地质量风险、身体风险、时间风险以及安全设备风险）有差异，根据统计结果分析，三个维度因子也较好地覆盖了野生动物旅游中的内容结构，同时也较方便精练，因此后文分析中采用因子分析结果，风险感知量表共包含三个因子。

5.2 聚类分析

根据受访者在风险感知量表的得分对所有的样本进行Q型聚类分析。采用K-Means聚类方法，经过多次测试，聚为三类比较理想。单因素方差分析表明，三个类别在九个变量上均存在显著差异（表5-2），聚类效果较好。三类分别命名为弱风险感知和强风险感知和中等风险感知。依据聚类分析的结果，对风险感知的分类标准进行划分。

总体样本风险感知量表的聚类分析 表5-2

问项	统计值	弱风险感知（N=329）	强风险感知（N=288）	中等风险感知（N=326）	总样本（N=943）	F	$Sig.$
Q17-1	均值	1.766	2.722	2.788	2.412	104.364	0
	标准差	0.926	1.032	1.059	1.111		
Q17-2	均值	1.702	2.948	2.764	2.450	192.541	0
	标准差	0.786	0.988	0.821	1.025		
Q17-3	均值	1.833	3.146	3.120	2.679	198.553	0
	标准差	0.841	1.042	0.980	1.137		
Q17-4	均值	1.447	3.135	2.129	2.198	273.138	0
	标准差	0.701	0.998	0.978	1.128		
Q17-5	均值	1.359	3.014	1.795	2.015	328.368	0
	标准差	0.614	1.029	0.802	1.072		
Q17-6	均值	1.304	3.226	1.736	2.040	448.061	0
	标准差	0.614	1.002	0.844	1.155		
Q17-7	均值	1.368	3.347	2.190	2.257	442.126	0
	标准差	0.659	0.936	0.874	1.150		
Q17-8	均值	1.398	3.333	2.123	2.240	419.516	0
	标准差	0.651	0.963	0.872	1.144		

续表

问项	统计值	弱风险感知（N=329）	强风险感知（N=288）	中等风险感知（N=326）	总样本（N=943）	F	Sig.
Q17-9	均值	1.410	3.615	2.163	2.344	554.562	0
	标准差	0.732	0.892	0.864	1.223		
总体	均值	1.51	3.165	2.312	2.292		

来源：根据SPSS数据统计分析结果整理。

风险感知量表得分均值小于或等于2（总值小于或等于18）为弱风险感知；

风险感知均值介于2～3之间（总值介于18～27之间）为中等风险感知；

风险感知量表得分均值大于或等于3（总值大于或等于27）为强风险感知。

三组的风险感知得分均值分别为1.51、3.162和2.31。其中，弱风险感知者占总体34.5%，强风险感知占总体30.2%，中等风险感知占总体34.2%。

风险感知弱的人口统计学特征：性别比例接近，受访者年龄介于20～59之间的占比76%，51.7%的受访者学历在本科及以上，收入在10万～20万元之间的受访者占比相对较高（20.4%），已婚育有两子女的受访者比例较高（31.6%）（表5-3）。因此，总结该组群人口统计学特征为：年长者，收入较高，有良好的教育背景。风险感知强者的人口统计学特征：女性比例略高于男性，86%的受访者年龄在16～39岁，本科学历为42.7%，年收入低于1万元的比例为49.7%，单身比例占62.5%。因此，总结风险感知弱者群组人口统计学特征为较多为单身年轻人、收入较低、学历中等偏低。风险感知中等的人口统计学特征：女性高于男性，20～29岁占36.5%，本科学历占39.8%，年收入低于1万元占40.4%，单身为53.7%。因此，总结风险感知中等受访者人口统计学特征介于风险感知弱者和风险感知强者之间，较倾向于风险感知强者，较多单身年轻人、收入较低，学历中等偏低，女性多于男性。

三种风险感知聚类的人口统计学统计特征分析 表5-3

衡量维度	问项	弱风险感知（N=397）		强风险感知（N=353）		中等感知（N=204）	
	变量	频次	百分比	频次	百分比	频次	百分比
性别	A1：男	164	49.8%	134	46.5%	137	40.7%
	A2：女	165	50.2%	154	53.5%	200	59.3%
年龄	B1：小于16	11	3.3%	3	1.0%	14	4.2%
	B2：16～19	42	12.8%	69	24.0%	60	17.8%
	B3：20～29	83	25.2%	129	44.8%	123	36.5%
	B4：30～39	72	21.9%	53	18.4%	71	21.1%
	B5：40～49	56	17.0%	17	5.9%	41	12.2%
	B6：50～59	39	11.9%	14	4.9%	20	5.9%
	B7：大于60	26	7.9%	3	1.0%	7	2.1%
教育背景	C1：初中及以下	17	5.2%	26	9.0%	24	7.1%
	C2：高中	84	25.5%	43	14.9%	72	21.4%
	C3：职业中专	53	16.1%	41	14.2%	44	13.1%
	C4：本科	119	36.2%	123	42.7%	134	39.8%
	C5：硕士	35	10.6%	52	18.1%	52	15.4%
	C6：博士	16	4.9%	3	1.0%	11	3.3%
年收入	D1：少于10000元/澳元	88	26.7%	143	49.7%	136	40.4%
	D2：10000～19999元/澳元	37	11.2%	37	12.8%	35	10.4%
	D3：20000～49999元/澳元	55	16.7%	71	24.7%	54	16.0%
	D4：50000～99999元/澳元	52	15.8%	28	9.7%	70	20.8%
	D5：100000～199999元/澳元	67	20.4%	6	2.1%	32	9.5%
	D6：200000元/澳元以上	9	2.7%	1	0.3%	1	0.3%
	D7：空白	21	6.4%	2	0.7%	9	2.7%
家庭背景	E1：单身	123	37.4%	180	62.5%	181	53.7%
	E2：已婚无子女	46	14.0%	20	6.9%	42	12.5%
	E3：已婚有一子女	56	17.0%	71	24.7%	49	14.5%
	E4：已婚有两子女及以上	104	31.6%	17	5.9%	65	19.3%

来源：根据SPSS数据统计分析结果整理。

5.3　风险感知量表表现程度分析

受访者风险感知量表表现程度分析见表5-4。在中国熊猫基地受访者风险感知中等。受访者对风险感知量表问项得分均值介于2.235～2.774之间，整体量表均值为2.485，风险感知中等偏弱。其中，得分最高的项为Q17-3（担心目的地遇见野生动物机会少），得分最少的项为“担心出现水土不服、身体不适”（Q17-5）。显示中国熊猫基地受访者认为接触大熊猫是一项相对安全的活动。在旅行中，最关注旅游体验，相对不担心自身安全问题。

受访者风险感知量表表现程度分析　表5-4

风险感知	问项	总体样本（N=954）			中国熊猫基地样本（N=650）			澳大利亚海豚中心样本（N=304）		
		均值	标准差	排序	均值	标准差	排序	均值	标准差	排序
体验质量	Q17-1	2.411	1.107	3	2.358	1.078	7	2.537	1.169	1
	Q17-2	2.446	1.022	2	2.522	0.979	5	2.287	1.093	3
	Q17-3	2.676	1.134	1	2.774	1.098	1	2.468	1.185	2
身体安全	Q17-4	2.199	1.128	7	2.419	1.124	6	1.720	0.979	4
	Q17-5	2.013	1.071	9	2.235	1.069	9	1.530	0.905	8
	Q17-6	2.040	1.156	8	2.317	1.157	8	1.442	0.899	9
舒适性	Q17-7	2.253	1.148	5	2.525	1.123	4	1.665	0.968	5
	Q17-8	2.237	1.142	6	2.552	1.130	3	1.552	0.830	7
	Q17-9	2.343	1.222	4	2.667	1.217	2	1.640	0.894	6
总体		2.291	1.125		2.485	1.108		1.871	0.991	

注：Q17-1：担心旅游实际开销超出旅游预期花费；Q17-2：目的地体验没有预期（或宣传）得好；Q17-3：担心目的地遇见野生动物机会少；Q17-4：担心在旅途中发生各种意外事件对身体造成伤害；Q17-5：担心出现水土不服、身体不适；Q17-6：担心目的地气候条件或旅游项目危及身体健康；Q17-7：担心付出时间，旅行结果不让人满意；Q17-8：担心基础配套设施差；Q17-9：担心目的地交通不便，给出行造成麻烦。

来源：依据SPSS统计结果整理。

澳大利亚海豚中心受访者风险感知弱。澳大利亚海豚中心受访者的风险感知量表平均分介于1.442～2.537之间，整体量表均值为1.871，均低于2，属弱风险感知。其中，得分最高的项为Q17-1（担心旅游实际开销超出旅游预期花费），而得分最低的项为Q17-6（担心旅游项目危及身体健康）。而旅游体验质量的三个问项分别是得分均值最高的三项，身体安全风险中两项排在最后。数据分析结果显示，在澳大利亚海豚中心受访者认为接触海豚是一项非常安全的旅游活动，旅游者最关注旅游体验质量风险，对身体安全风险感知较弱，舒适性居中。

总体样本受访者风险感知中等。在总体样本中，受访者的旅游风险感知问项均值介于2.013～2.676之间，整体量表均值为2.291。其中，得分最高的是“担心目的地遇见野生动物机会少”（Q17-3），得分最小的为“担心出现水土不服、身体不适”（Q17-5），体验质量风险得分最高，身体安全风险得分最低。数据表明：野生动物旅游者认为在圈养生境中接触大熊猫和在野外生境中接触海豚都是非常安全的旅游活动，此外，旅游者更关注旅游体验质量，其次为舒适性，最后为身体安全。

5.4 风险感知量表属性表现程度差异分析

5.4.1 不同研究群组检验

1. 不同问卷类型对风险感知有显著性差异

本研究共有中文和英语两种问卷，对不同问卷类型的差异性检验旨在考量不同文化背景对风险感知的差异性，不同问卷类型受访者风险感知差异分析见表5-5。在风险感知的9个变量中，除去Q17-1和Q17-2外，其余7个变量在*P*小于0.05的显著性水平上都具有显著性差异。除Q17-1（担心旅游实际开销超出旅游预期花费）外，英语问卷受访者的风险感知均值均低于中文问卷受访者。因此，不同问卷类型在*P*小于0.05的显著性水平上对风险感知存在显著性差异，英语问卷受访者更关注旅游花费，而中文问卷受访者总体风险感知高于英语问卷受访者。

不同问卷类型受访者风险感知差异分析　表5-5

风险感知	问项	问卷语言	样本数	均值	标准差	*F*	*Sig.*
体验质量	Q17-1	中文问卷	482	2.317	1.089	0.376	0.540
		英语问卷	467	2.514	1.124		

续表

风险感知	问项	问卷语言	样本数	均值	标准差	*F*	*Sig.*
体验质量	Q17-2	中文问卷	482	2.595	1.001	0.065	0.798
		英语问卷	468	2.295	1.022		
	Q17-3	中文问卷	482	2.832	1.101	6.076	0.014
		英语问卷	469	2.518	1.146		
身体安全	Q17-4	中文问卷	482	2.533	1.122	14.622	<0.001
		英语问卷	468	1.853	1.025		
	Q17-5	中文问卷	482	2.261	1.088	7.682	0.006
		英语问卷	468	1.756	0.991		
	Q17-6	中文问卷	482	2.469	1.164	36.212	<0.001
		英语问卷	469	1.599	0.966		
舒适性	Q17-7	中文问卷	482	2.645	1.148	17.062	<0.001
		英语问卷	469	1.849	0.998		
	Q17-8	中文问卷	482	2.571	1.135	10.724	0.001
		英语问卷	469	1.891	1.045		
	Q17-9	中文问卷	482	2.822	1.253	17.167	<0.001
		英语问卷	469	2.217	0.979		

来源：依据SPSS统计结果整理。

2. 不同案例生境地对风险感知具有显著性差异

对不同案例生境地的检验，旨在了解旅游者对不同物种和不同生境类型中对风险感知的差异性。根据表5-6，不同案例生境地的受访者在*P*小于0.05的显著性水平上，除担心旅游实际开销超出旅游预期花费（Q17-1）外，其余问项均存在显著性差异。根据两案例地受访者对各变量均值的统计，可以发现，澳大利亚海豚中心的受访者对Q17-1（担心旅游实际开销超出旅游预期花费）高于中国熊猫基地受访者，其余8个变量问项都低于中国熊猫基地受访者。

不同案例生境地受访者风险感知差异分析结果 表5-6

风险感知	问项	案例生境地	样本数	均值	标准差	*F*	*Sig.*
体验质量	Q17-1	中国熊猫基地	649	2.358	1.078	2.471	0.116
		澳大利亚海豚中心	300	2.537	1.169		
	Q17-2	中国熊猫基地	650	2.522	0.979	4.831	0.028
		澳大利亚海豚中心	300	2.287	1.093		
	Q17-3	中国熊猫基地	650	2.774	1.098	6.996	0.008
		澳大利亚海豚中心	301	2.468	1.185		
身体安全	Q17-4	中国熊猫基地	650	2.419	1.124	16.127	<0.001
		澳大利亚海豚中心	300	1.720	0.979		
	Q17-5	中国熊猫基地	650	2.235	1.069	18.671	<0.001
		澳大利亚海豚中心	300	1.530	0.905		
	Q17-6	中国熊猫基地	650	2.317	1.157	63.732	<0.001
		澳大利亚海豚中心	301	1.442	0.899		
舒适性	Q17-7	中国熊猫基地	650	2.525	1.123	19.113	<0.001
		澳大利亚海豚中心	301	1.665	0.968		
	Q17-8	中国熊猫基地	650	2.552	1.130	51.955	<0.001
		澳大利亚海豚中心	301	1.552	0.830		
	Q17-9	中国熊猫基地	648	2.667	1.217	46.137	<0.001
		澳大利亚海豚中心	300	1.643	0.897		

来源：依据SPSS统计结果整理。

5.4.2 人口统计学特征检验

1. 不同性别在体验质量上对风险感知无显著性差异

对总体样本、中国四川中国熊猫基地受访者和澳大利亚班伯里澳大利亚海豚中心受访者共三组数据样本分别进行独立样本t检验。在总体样本和澳大利亚海豚中心受访者样本中，不同性别对风险感知差异的检验结果见表5-7。不同性别对不同风险感知变量不存在显著性差异。

总体样本中不同性别对风险感知的差异性检验　表5-7

风险感知	问项	性别	样本数	均值	标准差	*F*	*Sig.*
体验质量	Q17-1	男	435	2.331	1.116	0.193	0.660
		女	512	2.488	1.101		
	Q17-2	男	434	2.442	1.016	0.014	0.905
		女	514	2.451	1.029		
	Q17-3	男	435	2.658	1.150	1.204	0.273
		女	514	2.695	1.123		
身体安全	Q17-4	男	434	2.235	1.151	1.130	0.288
		女	514	2.165	1.109		
	Q17-5	男	434	2.021	1.093	0.487	0.485
		女	514	2.004	1.054		
	Q17-6	男	435	2.067	1.189	2.693	0.101
		女	514	2.018	1.128		
舒适性	Q17-7	男	435	2.269	1.150	0.005	0.944
		女	514	2.234	1.146		
	Q17-8	男	435	2.269	1.140	0.037	0.848
		女	514	2.202	1.142		
	Q17-9	男	435	2.372	1.233	0.580	0.446
		女	511	2.311	1.209		

来源：依据SPSS统计结果整理。

总体而言，女性在体验质量风险上均值略高于男性，而在身体安全风险和舒适度风险上得分均值略低于男性。在中国熊猫基地受访者中，除Q17-3（担心目的地遇见野生动物机会少）在*P*小于0.05的显著性水平上不同性别存在显著性差异，其他变量都无显著性差异。中国熊猫基地受访者样本数据中，女性受访者在体验质量风险上均值略高于男性，而在身体安全风险和舒适度风险上得分均值略低于男性。

2. 不同年龄组对风险感知有显著性差异

在总体样本中，不同年龄组对风险感知在*P*小于0.05的水平上具有显著性差异（表5-8）。具体而言，风险感知最强的是20～29

表5-8 总体样本中不同年龄组对风险感知的差异性检验

问项	统计值	不同年龄层受访者（N=954）							F	P	沙菲检验
		B1（N=28）	B2（N=170）	B3（N=334）	B4（N=195）	B5（N=114）	B6（N=73）	B7（N=34）			
Q17-1	均值	2.464	2.394	2.617	2.236	2.228	2.397	2.206	3.504	0.002	B3＞B4
	标准差	1.170	1.168	1.092	1.033	1.089	1.139	1.122			
Q17-2	均值	2.500	2.582	2.618	2.374	2.211	2.181	1.829	6.414	＜0.001	B2＞B7 B3＞B5，B7
	标准差	1.171	1.092	0.987	0.962	0.954	1.066	0.857			
Q17-3	均值	2.464	2.882	2.821	2.646	2.430	2.315	2.200	5.326	＜0.001	B2＞B6
	标准差	1.105	1.140	1.123	1.150	1.081	1.066	1.052			
Q17-4	均值	2.071	2.377	2.412	2.005	2.053	1.849	1.657	6.777	＜0.001	B3＞B4，B5，B7
	标准差	1.152	1.120	1.115	1.013	1.171	1.198	1.056			
Q17-5	均值	1.714	2.112	2.228	1.897	1.825	1.836	1.343	6.649	＜0.001	B2，B3＞B7
	标准差	0.763	1.122	1.116	0.990	1.024	1.054	0.591			
Q17-6	均值	1.607	2.259	2.212	2.077	1.754	1.562	1.429	8.172	＜0.001	B2，B3＞B5，B6，B7
	标准差	0.916	1.183	1.171	1.153	1.118	0.928	0.884			
Q17-7	均值	1.893	2.624	2.442	2.272	1.702	1.904	1.314	15.661	＜0.001	B2，B3＞B4，B5， B6，B7
	标准差	0.994	1.191	1.162	1.104	0.851	1.108	0.631			
Q17-8	均值	1.821	2.429	2.415	2.272	1.868	1.849	1.714	7.703	＜0.001	B2＞B5，B6，B7， B3＞B5，B6
	标准差	0.905	1.181	1.118	1.181	1.043	1.050	1.017			
Q17-9	均值	1.679	2.700	2.614	2.241	1.885	1.903	1.486	15.060	＜0.001	B1＜B2 B2，B3＞B4， B5，B6，B7
	标准差	0.945	1.362	1.156	1.166	1.092	1.115	0.781			

注：1. B1：16岁以下；B2：16～19岁；B3：20～29岁；B4：30～39岁；B5：40～49岁；B6：50～59岁；B7：60岁及以上。

2. “B3＞B5，B7”表示B3大于B5且B3大于B7，即代表大于符号后的所有项。

岁年龄组，而风险感知最弱的是60岁及以上年龄组。16～19岁和20～29岁对风险感知程度较高，而40～49岁、50～59岁和60岁及以上年龄组对风险感知程度较低。由结果可知，野生动物旅游者中年轻人的风险感知较强，而年长者风险感知较弱。

在中国熊猫基地受访者样本中，不同年龄组在Q17-1和Q17-7两变量存在显著性差异。在旅游体验质量风险中，20～29岁年龄组高于30～39岁年龄组。在担心付出时间上，16～19岁年龄组显著高于40～49岁和60岁及60岁以上年龄组。20～29岁年龄组对各变量的风险感知最高，而50～59岁年龄组对各变量的风险感知均值最低。同总体样本分析的结论一致，年轻人对风险感知较高，而年长者对风险感知较低。

在澳大利亚海豚中心受访者样本中，除Q17-8在P小于0.05的水平上不存在显著性差异，不同年龄组在其他变量项上都存在显著性差异。经过沙菲检验发现，不同年龄组在Q17-3、Q17-6、Q17-7、Q17-9存在显著性差异。其中，20～29岁年龄组风险感知最强，而40～49岁年龄组风险感知表现程度相对最弱。总体而言，同总体样本和中国熊猫基地受访者样本数据结果一致，年轻受访者风险感知较高，而年长者风险感知较弱。

3．不同学历组对风险感知有显著性差异

在总体样本中，不同学历组对风险感知在P小于0.05的水平上具有显著性差异（表5-9）。具体而言，风险感知最强的是硕士学历组，而风险感知最弱的是职高学历组。硕士（C5）和初中（C1）学历组对风险感知程度较高，而博士（C6）和高中（C3）学历组对风险感知程度较低。中国熊猫基地受访者样本中，职高（C3）和博士（C6）学历组的受访者只在Q17-6（担心目的地气候条件或旅游项目危及身体健康）变量上具有显著性差异。职高学历组的受访者风险感知高于博士学历组的受访者。在澳大利亚海豚中心的受访者，初中（C1）和博士（C6）学历组的受访者只在Q17-6（担心旅游项目危及身体健康）变量上具有显著性差异。初中学历组的受访者风险感知高于博士学历组的受访者，学历较低者风险感知较高，而学历高者风险感知较低。

4．不同收入水平的受访者对风险感知有显著性差异

在总体样本中，不同收入水平的受访者在P小于0.05的水平上所有9个变量都具有显著性差异（表5-10）。经过沙菲检验发现，在多个变量上，年收入1万元以下和年收入1万～2万元的受访者风险感知显著高于年收入20万元的受访者。年收入1万～2万元的受访

表5-9

总体样本中不同学历组对风险感知的差异性检验

问项	统计值	不同学历组受访者（N=954）						F	P	沙菲检验
		C1（N=67）	C2（N=196）	C3（N=138）	C4（N=376）	C5（N=138）	C6（N=28）			
Q17-1	均值	2.299	2.327	2.312	2.484	2.471	2.750	1.513	0.183	
	标准差	1.255	1.089	1.099	1.103	1.055	1.206			
Q17-2	均值	2.552	2.366	2.329	2.513	2.496	2.214	1.442	0.207	
	标准差	1.132	1.024	0.940	0.996	1.059	1.166			
Q17-3	均值	2.866	2.523	2.464	2.723	2.928	2.607	3.653	0.003	C3＜C4，C5
	标准差	1.166	1.086	1.102	1.161	1.054	1.197			
Q17-4	均值	2.313	2.076	2.190	2.253	2.302	1.786	1.765	0.117	
	标准差	1.131	1.106	1.081	1.154	1.108	1.166			
Q17-5	均值	2.045	1.853	1.964	2.093	2.180	1.571	3.026	0.010	C5＞C6
	标准差	1.236	1.056	0.985	1.092	1.030	0.879			
Q17-6	均值	2.105	1.868	2.123	2.096	2.201	1.357	3.775	0.002	C5＞C6
	标准差	1.116	1.117	1.187	1.171	1.174	0.678			
Q17-7	均值	2.567	2.107	2.203	2.274	2.425	1.536	4.663	＜0.001	C1，C5＞C6
	标准差	1.282	1.117	1.141	1.123	1.110	0.999			
Q17-8	均值	2.567	1.995	2.130	2.327	2.345	2.107	3.972	0.001	C1＞C2
	标准差	1.270	1.038	1.145	1.162	1.108	1.133			
Q17-9	均值	2.731	2.142	2.312	2.398	2.493	1.643	4.941	＜0.001	C1＞C2，C6 C5＞C6
	标准差	1.442	1.178	1.254	1.185	1.222	0.780			

注：C1：初中；C2：高中；C3：职高；C4：学士；C5：硕士；C6：博士。

总体样本中不同收入水平对风险感知的差异性检验 表5-10

问项	统计值	不同收入层受访者（N=954）						F	P	沙菲检验
		D1（N=457）	D2（N=59）	D3（N=184）	D4（N=126）	D5（N=83）	D6（N=9）			
Q17-1	均值	2.484	2.780	2.245	2.484	2.374	1.222	4.707	<0.001	D1，D2>D6
	标准差	1.122	1.340	0.992	1.094	1.101	0.441			
Q17-2	均值	2.568	2.627	2.478	2.284	2.012	1.444	7.285	<0.001	Q1，D2，D3>D5
	标准差	1.015	1.128	1.002	0.925	1.000	0.527			
Q17-3	均值	2.843	2.610	2.609	2.591	2.265	2.000	5.216	<0.001	D1>D5
	标准差	1.152	1.189	1.071	1.079	1.105	0.707			
Q17-4	均值	2.389	2.000	2.386	1.992	1.524	1.444	12.055	<0.001	D1>D4；D3>D5
	标准差	1.116	1.017	1.154	1.144	0.849	0.726			
Q17-5	均值	2.175	2.186	2.208	1.701	1.325	1.556	13.610	<0.001	D1，D2，D3>D4，D5
	标准差	1.099	1.210	1.038	0.945	0.700	0.726			
Q17-6	均值	2.207	2.068	2.408	1.669	1.217	1.222	19.021	<0.001	D1，D3>D4，D5；D2>D5
	标准差	1.164	1.143	1.216	1.039	0.470	0.667			
Q17-7	均值	2.487	2.424	2.386	1.787	1.542	1.222	18.089	<0.001	D1>D3，D4，D5，D6，D2，D3>D4，D5
	标准差	1.139	1.316	1.135	0.923	0.874	0.441			
Q17-8	均值	2.502	2.136	2.359	1.921	1.398	1.444	18.776	<0.001	D1，D3>D4，D5，D2，D4>D5
	标准差	1.141	1.121	1.179	0.989	0.697	0.726			
Q17-9	均值	2.632	2.390	2.549	1.824	1.386	1.444	24.553	<0.001	D1，D3>D4，D5 D2>D5
	标准差	1.223	1.218	1.232	0.976	0.695	0.726			

注：D1：1万元以下；D2：1万～2万；D3：2万～5万；D4：5万～10万；D5：10万～20万；D6：20万以上。

者风险感知高于年收入10万～20万元的受访者。总体而言，收入低者风险感知较高，而收入高者风险感知较低。中国熊猫基地样本中，年收入1万元以下受访者和10万～20万元受访者的变量Q17-3存在显著性差异。年收入1万元以下者高于年收入10万～20万元受访者，其余变量不存在显著性差异。澳大利亚海豚中心样本中，不同收入受访者的Q17-1、Q17-2、Q17-5、Q17-6和Q17-9处5处变量具有显著性差异。其中年收入1万元以下的受访者对风险感知最高，而年收入在10万～20万元的受访者风险感知表现程度最低。总体而言，收入高者风险感知较低，收入低者风险感知较高。而年收入在2万元以下的受访者对Q17-1的得分均值超过3，对此项财务风险感知较强。而所有受访者对于Q17-5、Q17-6和Q17-8得分均值都小于2，这三项风险感知较弱。

5. 不同家庭背景群组对风险感知有显著性差异

总体样本中，不同家庭背景对风险感知各变量表现程度在*P*小于0.05的水平上具有显著性差异（表5-11）。经过沙菲检验，结果发现单身者的风险感知程度强，而已婚有两个孩子的组群风险感知程度最低。已婚育有一子女的受访者风险感知与已婚育有两子女有显著性差异，前者高于后者。而已婚无子女同已婚育有一子女的受访者有显著性差异，前者低于后者。其中Q17-3受访者的得分均值表现程度最高，在此验证旅游体验质量风险是野生动物旅游者关注最高的维度。

在中国熊猫基地受访者的样本中，单身和已婚并育有一子女的受访者在Q17-1和Q17-6两变量处具有显著性差异。其中，单身受访

总体样本中不同家庭背景对风险感知的差异性检验　表5-11

问项	统计值	不同家庭背景层受访者（*N*=954）				*F*	*P*	沙菲检验
		E1（*N*=482）	E2（*N*=108）	E3（*N*=175）	E4（*N*=180）			
Q17-1	均值	2.490	2.574	2.227	2.324	3.572	0.014	
	标准差	1.127	1.146	1.077	1.047			
Q17-2	均值	2.555	2.467	2.472	2.133	7.642	＜0.001	E1，E3＞E4
	标准差	1.022	1.049	1.008	0.965			
Q17-3	均值	2.805	2.630	2.597	2.444	5.006	0.002	E1＞E4
	标准差	1.156	1.173	1.081	1.063			

续表

问项	统计值	不同家庭背景层受访者（N=954）				F	P	沙菲检验
		E1（N=482）	E2（N=108）	E3（N=175）	E4（N=180）			
Q17-4	均值	2.367	1.917	2.400	1.739	18.623	<0.001	E1，E3>E2 E1>E4
	标准差	1.120	1.060	1.135	1.021			
Q17-5	均值	2.147	1.833	2.205	1.589	15.493	<0.001	E1>E2，E4 E1，E3>E2，E4
	标准差	1.104	1.072	1.033	0.877			
Q17-6	均值	2.178	1.806	2.364	1.511	22.329	<0.001	E1>E2，E4 E3>E2，E4
	标准差	1.165	1.080	1.206	0.906			
Q17-7	均值	2.441	2.065	2.421	1.700	21.760	<0.001	E1>E2，E4 E3>E4
	标准差	1.148	1.210	1.163	0.884			
Q17-8	均值	2.443	1.898	2.386	1.750	21.576	<0.001	E1，E3>E2，E4
	标准差	1.148	0.966	1.214	0.962			
Q17-9	均值	2.599	2.056	2.523	1.670	31.082	<0.001	E1，E3>E2，E4
	标准差	1.223	1.109	1.269	0.917			

注：E1：单身；E2：已婚无子女；E3：已婚有一子女；E4：已婚有两子女及以上。

者对旅游体验质量风险感知程度较高，而对身体安全风险和舒适性风险感知程度较低；相对应，已婚育有一子女的受访者旅游体验质量风险感知程度较低，而对身体安全和舒适性感知程度较高。已婚育有一子女的群组受访者风险感知总体程度高于已婚无子女和已婚有两子女及以上的。

在澳大利亚海豚中心受访者的样本中，不同家庭背景在多个变量处具有显著性差异。其中单身者的风险感知程度在Q17-1、Q17-4、Q17-5、Q17-9处与已婚育有两子女以上者具有显著性差异，单身者风险感知程度最高，而已婚育有两子女的受访者风险感知程度最低。不同家庭状况群组对Q17-5、Q17-6、Q17-7、Q17-8和Q17-9变量的风险感知程度得分均值都小于2，显示受访者对身体安全风险和舒适性风险的感受程度较低，认为接触海豚是相对安全、相对舒适的旅游活动。此处单身受访者对风险感知程度较强与之前年龄在16～29岁之间年轻者风险感知较强相一致，与收入低者风险感知程度较低相一致。

分析发现，不同年龄、收入、教育程度和家庭背景群组对风险感知都具有显著性差异。不同性别的风险感知程度无显著性差异。年龄低于30岁的年轻人对风险感受程度较高，而年龄高于50岁的年长者对风险感受程度较低；年收入在1万元以下的收入群体对风险感受程度较高，而年收入高于10万元的受访者对风险感受程度较低；初中及以下学历和硕士学历受访者风险感受程度较高，博士学历受访者风险感受程度较低。单身受访者风险感受程度较高，而已婚育有两子女以上的受访者风险感受程度较低。

5.4.3 人口地理学特征

国际游客的风险感知普遍高于国内游客的风险感知。远距离出游风险感知较强，近距离出游风险感知较弱。在中国熊猫基地受访者中文问卷统计中，按照风险感知量表表现程度，风险感知最强游客来自香港（29）、贵州（28）、台湾（27）、安徽（26）和云南（26），而风险感知最弱的游客来自河南（20）、广西（20）、重庆（21）、江西（21）和广东（21）。

在中国熊猫基地受访者英语问卷的统计中，以国家为单位，计算风险感知量表总体得分，结果发现，风险感知最强的游客来自意大利（37）、迪拜（36）、新西兰（35）、安哥拉（28）和马拉维（28）。风险感知最弱的游客来自墨西哥（13）、瑞典（18）、西班牙（20）、肯尼亚（20）和以色列（20）。

在澳大利亚海豚中心受访者中，以国家为单位，依据风险感知量表总体得分高低排列，总得分值9～25不等。风险感知最强的游客来自法国（25）、中国（25）、匈牙利（22）、哥伦比亚（22）、南非（21）。风险感知最弱的游客来自加拿大（9）、约旦（13）、美国（14）、英国（15）和澳大利亚（15）。

5.5 本章小结

通过因子分析，案例地受访者风险感知最强烈的为体验质量风险、风险感知最弱的为身体安全风险，而舒适性居中。在风险感知量表9个问项变量中，熊猫基地中野生动物旅游者风险感知最强的为担心目的地遇见野生动物的机会少，表现程度最弱的为“担心出现水土不服、身体不适”（Q17-5）；在澳大利亚海豚中心野生动物旅游者风险感知最高的问项为担心旅游实际花销超出旅游实际花费，表现程度最弱的问项变量为担心旅游项目危及身体健康。不同案例生境地样本的风险感知量表整体表现程度差异汇总见表5-12～表5-14所列。

风险感知量表整体表现程度差异汇总　表5-12

变量	表现程度最高群体	表现程度最低群体	主要特征	是否存在显著性差异
问卷类型	中文问卷	英语问卷		存在
案例地	中国	澳大利亚		存在
性别	女性	男性		否
年龄	20～29岁	60岁及以上	年长者风险感知较低	存在
学历	初中和硕士	博士	学历高者风险感知较低	存在
婚姻	单身	已婚育有两子女	单身者风险感知较高	存在
年收入	少于1万元	10万～20万元	收入高者风险感知较低	存在

来源：根据分析结果整理。

中国熊猫基地游客风险感知量表整体表现程度差异汇总　表5-13

变量	表现程度最高群体	表现程度最低群体	主要特征	是否存在显著性差异
问卷类型	中文问卷	英语问卷		存在
性别	女性	男性		否
年龄	16～29岁	60岁及以上	年长者风险感知较低	存在
学历	职业高中	博士	学历高者风险感知较低	存在
婚姻	单身	已婚育有两子女	单身者风险感知较高	存在
年收入	少于1万元	10万～20万元	收入高者风险感知较低	存在
居住地	意大利、迪拜、新西兰	广西、河南	外国游客风险感知高	存在

来源：根据分析结果整理。

澳大利亚海豚中心游客风险感知量表整体表现程度差异汇总 表5-14

变量	表现程度最高群体	表现程度最低群体	主要特征	是否存在显著性差异
性别	女性	男性		否
年龄	20～29岁	60岁及以上	年龄长者风险感知较低	存在
学历	初中	博士	学历高者风险感知较低	存在
婚姻	单身	已婚育有两子女	单身者风险感知较高	存在
年收入	少于1万元	10万～20万元	收入高者风险感知较低	存在
居住地	法国、中国、匈牙利	加拿大、约旦、美国		

来源：根据分析结果整理绘制。

运用单因素方差检验，分析人口统计学特征在风险感知量表的差异性表现，结果见表5-15。在风险感知方面，除性别无显著性差异以外，年龄、收入、教育程度和家庭背景状况均存在显著性差异。中国熊猫基地中受访者样本，年龄和教育程度未表现出显著性差异，收入和家庭背景状况存在显著性差异；澳大利亚海豚中心受访者样本，除性别无显著性差异外，年龄、收入、教育程度和家庭背景都表现出显著性差异。

人口统计学特征在风险感知量表的差异性表现汇总 表5-15

人口统计学特征	总体样本	中国熊猫基地样本	澳大利亚海豚中心样本
性别	不显著	不显著	不显著
年龄	显著	显著	显著
收入	显著	显著	显著
教育程度	显著	不显著	显著
家庭背景	显著	显著	显著

来源：根据分析结果整理绘制。

第6章

野生动物旅游者环境态度特征

野生动物是生态系统中重要的组成部分之一，旅游者对待野生动物的态度很大程度上决定了旅游者在目的地内的行为表现。人与自然和谐发展是以自然为基础的旅游活动研究最核心问题之一，因此探索旅游者的环境态度，对于野生动物旅游活动而言是迫切而必要的。

人与环境复杂的接触过程使得环境问题和人们对环境认知之间的检验非常重要。研究者、政策管理者以及实践者都一直认为理解环境态度有助于更好地理解人与环境接触的复杂过程（Gray et al.，2010）。了解野生动物旅游者环境态度特征，一方面旨在了解和掌握野生动物旅游者对目的地场所的保护认知、态度和参与意愿（Sirivongs et al.，2012）；另一方面环境态度也是场所涉入的前置影响因素。本章对环境态度总体特征及人口统计学特征的差异检验方法同第5章风险感知部分的分析。

6.1 聚类分析

关于量表程度表现的分析，Tosun（2002）提出，利克特量表1～5等级评分平均值小于2.5表示反对，2.5～3.4表示中立，大于3.4表示赞同环境保护。大于3.4的人支持人类受自然规律支配，自然平衡脆弱，地球存在增长极限，并可能经历“生态危机”，不支持“人类中心主义”的观点。他们立场明确，对人与自然的关系、人类环境状况有着清醒而深刻的认识，从环境态度倾向上来看偏向于生态中心主义，将之命名为“近生态中心主义者”。此外，也有学者用量表总分进行考量。最高分为30分，中立者的分数为18分，大于18分的表明具有较好的环境态度，小于18分的表明其对环境不太友好（李燕琴，2005）。

本研究根据游客在各个环境态度因素的得分对所有的游客进行Q型聚类分析。采用K-Means聚类方法，经过多次测试，笔者发现聚为三类比较理想。三组分别命名为近生态中心主义者、立场中立者和近人类中心主义者。单因素方差分析表明，3个类别在6个变量上存在显著性差异（表6-1），聚类效果较好。依据聚类分析的结果，尝试对环境态度的分类标准进行划分：

新生态范式量表得分均值小于或等于3（总值小于或等于18）为近人类中心主义者；

新生态范式量表得分均值介于3～3.5之间（总值介于18～21之间）为立场中立；

总体样本中环境态度量表的聚类分析　表6-1

问项	统计值	近人类中心主义者（*N*=397）	近生态中心主义者（*N*=353）	立场中立者（*N*=201）	总样本（*N*=954）	*F*	*Sig.*
Q10-1	均值	1.408	3.989	3.846	2.881	841.938	0
	标准差	0.577	1.143	1.101	1.561		
Q10-2	均值	4.257	3.722	2.328	3.651	233.595	0
	标准差	0.893	1.134	1.105	1.262		
Q10-3	均值	4.567	2.884	3.975	3.817	311.639	0
	标准差	0.738	1.072	0.987	1.192		
Q10-4	均值	4.509	4.235	4.030	4.306	14.347	0
	标准差	0.818	1.281	1.144	1.094		
Q10-5	均值	1.683	4.054	2.348	2.704	538.2	0
	标准差	0.893	1.003	1.191	1.464		
Q10-6	均值	1.259	4.496	1.801	2.575	1.85E+03	0
	标准差	0.565	0.836	0.917	1.670		
总体	均值	2.947	3.897	3.055			

注：0代表存在显著差异（$P<0.001$），说明聚类效果较好。

来源：根据SPSS数据统计分析结果整理。

新生态范式量表得分均值大于或等于3.5（总值大于或等于21）为近生态中心主义者。

本研究对生态范式量表的聚类分析结果：三组环境态度得分均值分别为3.897、3.055和2.947。其中，近生态中心主义者的样本有351个，超过总样本的37%，近人类中心主义者占总样本41.6%，立场中立者占21.1%，三者的分布比例差别不大。

环境态度聚类人口统计学特征见表6-2。

近人类中心主义者的人口统计学特征：女性比例稍高于男性，88.2%的受访者年龄介于16～39岁之间，60%的游客学历为高职和本科，90%的受访者年收入低于5万元，63.7%为单身。总结：近人类中心主义者大多为单身年轻人，收入较低、学历中等偏低。倾向于支持“人类中心主义”的观点，认为“人类有权改造自然以满足其需要”“人类生来就是要驾驭自然的”，并且“最终将会控制自然”，

环境态度聚类人口统计学特征 表6-2

维度	问项	近人类中心主义者（N=397）		近生态中心主义者（N=353）		立场中立者（N=204）	
	变量	频次	百分比	频次	百分比	频次	百分比
性别	A1：男	180	45.3%	137	38.8%	119	58.3%
	A2：女	217	54.7%	216	61.2%	85	41.7%
年龄	B1：小于16	5	1.3%	17	4.8%	6	2.9%
	B2：16～19	115	29.0%	22	6.2%	34	16.7%
	B3：20～29	152	38.3%	115	32.6%	68	33.3%
	B4：30～39	83	20.9%	76	21.5%	37	18.1%
	B5：40～49	31	7.8%	61	17.3%	22	10.8%
	B6：50～59	5	1.3%	40	11.3%	28	13.7%
	B7：大于60	6	1.5%	21	5.9%	9	4.4%
教育背景	C1：初中及以下	49	12.3%	1	0.3%	17	8.3%
	C2：高中	60	15.1%	88	24.9%	51	25.0%
	C3：职业中专	65	16.4%	45	12.7%	28	13.7%
	C4：本科	173	43.6%	134	38.0%	69	33.8%
	C5：硕士	50	12.6%	58	16.4%	31	15.2%
	C6：博士	0	0	23	6.5%	8	3.9%
年收入	D1：少于10000元/澳元	219	55.2%	72	20.4%	76	37.3%
	D2：10000～19000元/澳元	48	12.1%	43	12.2%	18	8.8%
	D3：20000～49999元/澳元	90	22.7%	49	13.9%	41	20.1%
	D4：50000～99000元/澳元	31	7.8%	83	23.5%	36	17.6%
	D5：100000～199999元/澳元	6	1.5%	78	22.1%	21	10.3%
	D6：200000元/澳元以上	2	0.5%	5	1.4%	4	2.0%
	D7：空白	1	0.3%	23	6.5%	8	3.9%
家庭背景	E1：单身	253	63.7%	134	38.0%	97	47.5%
	E2：已婚无子女	20	5.0%	65	18.4%	23	11.3%
	E3：已婚有一子女	107	27.0%	38	10.8%	31	15.2%
	E4：已婚有两子女及以上	17	4.3%	113	32.0%	51	25.0%

来源：根据SPSS数据统计分析结果整理。

将人类凌驾于自然之上，视为宇宙的中心。同时，他们还具有技术至上主义倾向，认为“人类的智慧将保证地球不会变得不可居住”。

近生态中心主义者的人口统计学特征：女性比例高于男性，50.1%的受访者年龄介于30～59岁，硕博士比例显著高于另外两组，年收入5万元以上的各收入段组比例高于其他两组，已婚无子女和已婚有两子女及以上比例相对较高。总结：近生态中心主义者大多是年长者，收入较高，有良好的教育背景。

立场中立者的人口统计学特征：男性比例高于女性，50～59岁年龄组比例相对较高，33.3%的游客年龄介于20～29岁，33.8%的游客有学士学历，37%的受访者年收入低于1万美元，47.5%的受访者为单身。总结：立场中立者大多为单身、年长者和年龄较小者都有一定比例，收入较低，学历中等。人口统计学特征介于近人类中心主义者和近生态中心主义者之间，较偏向近人类中心主义者。

6.2 环境态度量表分析

对环境态度量表进行分析，发现总体样本的环境态度得分总值为20，均值为3.325，归属环境态度中立。中国熊猫基地样本的环境态度得分总值为19，均值为3.1，归属环境态度中立。澳大利亚海豚中心受访者的环境态度总分为23，得分均值为3.802，是三组样本数据中得分最高的群组，归属偏生态中心主义。受访者环境态度量表分析见表6-3。

受访者环境态度量表分析 表6-3

问项	总体样本（*N*=954）				中国熊猫基地（*N*=650）				澳大利亚海豚中心（*N*=304）			
	总值	均值	标准差	排序	总值	均值	标准差	排序	总值	均值	标准差	排序
Q10-1	17	2.883	1.562	4	14	2.308	1.443	4	25	4.112	0.995	2
Q10-2	22	3.654	1.261	3	22	3.726	1.274	3	21	3.500	1.221	5
Q10-3	23	3.819	1.192	2	25	4.151	1.101	2	19	3.106	1.059	6
Q10-4	26	4.307	1.094	1	26	4.256	1.104	1	26	4.416	1.067	1
Q10-5	16	2.708	1.464	5	13	2.242	1.344	5	22	3.704	1.188	4
Q10-6	15	2.579	1.672	6	12	1.919	1.366	6	24	3.974	1.371	3
总体	20	3.325	1.374		19	3.100	1.272		23	3.802	1.150	

来源：根据SPSS数据统计分析结果整理。

6.3 环境态度量表表现程度差异检验

6.3.1 不同研究群组检验

1. 不同语言对环境态度有显著性差异

采用独立样本t检验，分析两类持不同环境态度的群体在环境友好行为意向上是否存在差异，不同问卷类型受访者对环境态度的差异性检验见表6-4。对不同问卷类型的差异性检验旨在考虑不同文化背景对风险感知的差异性。在风险感知的9个变量中，除去Q10-1外，其余5个变量在P小于0.05的显著性水平上都具有显著性差异。英语问卷的环境态度得分均值高于中文问卷环境态度得分均值，表明英语问卷受访者更倾向环境友好态度，偏向生态中心主义，而中文问卷受访者则倾向于偏人类中心主义和立场中立者。

不同问卷类型受访者对环境态度的差异性检验　　表6-4

环境态度变量	问项	问卷类型	样本数	均值	标准差	*F*	*Sig.*
动植物之所以存在，首先是因为要为人类所用	Q10-1	中文问卷	482	1.880	1.216	1.741	0.187
		英语问卷	472	3.907	1.160		
人类有权改变自然环境以满足自己的需求	Q10-2	中文问卷	482	3.876	1.256	7.607	0.006
		英语问卷	472	3.428	1.227		
人类为了生存必须与自然和平共处	Q10-3	中文问卷	482	4.529	0.803	25.081	<0.001
		英语问卷	471	3.091	1.081		
当人类破坏自然时，经常会导致灾难性的后果	Q10-4	中文问卷	481	4.439	0.886	42.042	<0.001
		英语问卷	471	4.172	1.259		
自然界的平衡很脆弱，易破坏	Q10-5	中文问卷	482	1.741	0.987	28.660	<0.001
		英语问卷	472	3.695	1.187		
动物和人类具有相同的生存权利	Q10-6	中文问卷	482	1.284	0.629	300.479	<0.001
		英语问卷	472	3.900	1.337		

来源：根据SPSS数据统计分析结果整理。

2．不同案例地受访者的环境态度具有显著性差异

采用独立样本t检验分析不同案例生境地受访者在环境态度上的差异，不同案例生境地受访者对环境态度的差异性检验见表6-5，中国熊猫基地的受访者环境态度均值相对较低，介于1.919～4.256之间，而澳大利亚海豚中心受访者环境态度得分均值介于3.106～4.416之间。澳大利亚海豚中心的受访者在环境态度两个变量上显著高于中国熊猫基地的受访者，两变量分别为“动植物之所以存在，首先因为要为人类利用”和“自然界很脆弱，易破坏”。均值结果表明针对“人类有权改变自然环境以满足自己需要”和“人类为了生存必须与自然和平相处”，中国熊猫基地的野生动物旅游者环境态度高于澳大利亚海豚中心受访者，其他问项前者都低于后者。总体澳大利亚海豚中心的受访者环境态度量表均值较高，表明更倾向环境友好态度，偏向生态中心主义。而中国熊猫基地的受访者则倾向于偏人类中心主义和立场中立。

不同案例生境地受访者对环境态度的差异性检验　表6-5

环境态度变量	生境类型	样本数	均值	标准差	*F*	*Sig.*
动植物之所以存在，首先是因为要为人类所用	中国熊猫基地	650	2.308	1.443	114.066	0.000
	澳大利亚海豚中心	304	4.112	0.995		
人类有权改变自然环境以满足自己的需求	中国熊猫基地	650	3.726	1.274	0.423	0.516
	澳大利亚海豚中心	304	3.500	1.221		
人类为了生存必须与自然和平共处	中国熊猫基地	650	4.151	1.101	2.274	0.132
	澳大利亚海豚中心	303	3.106	1.059		
当人类破坏自然时，经常会导致灾难性的后果	中国熊猫基地	649	4.256	1.104	0.835	0.361
	澳大利亚海豚中心	303	4.416	1.067		
自然界的平衡很脆弱，易破坏	中国熊猫基地	650	2.242	1.344	7.333	0.007
	澳大利亚海豚中心	304	3.704	1.188		
动物和人类具有相同的生存权利	中国熊猫基地	650	1.919	1.366	0.426	0.514
	澳大利亚海豚中心	304	3.990	1.366		

来源：根据SPSS数据统计分析结果整理。

6.3.2 人口统计学特征的差异性检验

1. 不同性别对环境态度具有显著性差异

采用独立样本t检验分析不同性别在环境态度上的差异，总体样本中性别对环境态度的差异性检验见表6-6，男性受访者环境态度得分均值介于1.919～4.256之间，女性受访者环境态度均值得分介于3.106～4.416之间。整个量表男性得分均值为3.089，女性得分均值为3.78，女性略高于男性。女性受访者在问项“人类有权改变自然环境以满足自己需要”和“动物和人类具有相同的生存权利”显著高于男性（$P<0.05$）。得分均值结果表明，女性的野生动物旅游受访者环境态度高于男性野生动物旅游受访者。女性受访者环境态度量表得分均值较高，表明女性更倾向环境友好态度，偏向生态中心主义；男性受访者则较多倾向于立场中立。

总体样本中不同性别对环境态度的差异性检验　　表6-6

环境态度变量	性别	样本数	均值	标准差	*F*	*Sig.*
动植物之所以存在，首先是因为要为人类所用	男	435	2.308	1.443	1.895	0.169
	女	517	4.112	0.995		
人类有权改变自然环境以满足自己的需求	男	435	3.726	1.274	29.101	0.000
	女	517	3.500	1.221		
人类为了生存必须与自然和平共处	男	435	4.151	1.101	2.961	0.086
	女	516	3.106	1.059		
当人类破坏自然时，经常会导致灾难性的后果	男	435	4.256	1.104	3.711	0.054
	女	515	4.416	1.067		
自然界的平衡很脆弱，易破坏	男	435	2.242	1.344	0.310	0.578
	女	517	3.704	1.188		
动物和人类具有相同的生存权利	男	435	1.919	1.366	15.153	0.000
	女	517	3.990	1.366		

来源：根据SPSS数据统计分析结果整理。

在中国熊猫基地样本中，采用独立样本t检验分析不同性别在环境态度上的差异，男性受访者得分均值介于1.978～4.188之间，女性受访者得分均值介于1.852～4.331之间。不同性别在总体量表中的得分均值非常接近，男性略高于女性，男性为3.11，女性为3.089。男性受访者针对“动植物之所以存在，首先是因为要为人类所用”的得分显著高于女性受访者（$P<0.05$），而女性针对“人类有权改变自然环境以满足自己的需求”的得分显著高于男性（$P<0.05$）。

在澳大利亚海豚中心样本中，采用独立样本t检验分析不同性别在环境态度上的差异，男性受访者得分均值介于3.138～4.587之间，女性受访者得分均值介于3.079～4.309之间。不同性别在总体量表中的得分均值非常接近，男性为3.858，女性为3.770。男性受访者在问项“当人类破坏自然时，经常会导致灾难性的后果”得分显著高于女性受访者（$P<0.05$）。

2．不同年龄组对环境态度具有显著性差异

运用单因素方差分析，检验总体样本中不同年龄组对环境态度的差异性表现。总体上年龄较高的受访者环境态度得分均值较高，偏生态中心主义；年龄较低的受访者偏人类中心主义，但是16岁以下年龄组环境态度得分较高。总体样本中不同年龄组对环境态度的差异性检验见表6-7：16岁以下年龄组的得分均值介于2.893～4.464之间，16～19岁年龄组受访者的环境态度得分均值为1.702～4.275，20～29岁年龄组的环境态度得分均值介于2.424～4.344之间，30～39岁年龄组受访者的环境态度得分均值介于2.612～4.321之间，40～49岁年龄组受访者环境态度得分均值介于3～4.425之间，50～59岁年龄组受访者的得分均值介于3.219～4.096之间，60岁以上年龄组的环境态度得分均值介于3.139～4.278之间。除了问项Q10-4“当人类破坏自然时，经常会导致灾难性的后果”之外，不同年龄组在环境态度量表中5个问项表现出显著性差异。对整个量表的环境态度16岁以下年龄组受访者得分均值最高，为3.69，该年龄组的受访者偏向生态中心主义。除16岁以下年龄组受访者，其他年龄组受访者环境态度得分均值根据年龄依次递减，年长者环境态度得分均值较高，而年纪轻者环境态度均值较低，年长者更倾向于表现经过沙菲检验，16岁以下年龄组受访者在3个问项上显著高于16～19岁年龄组、20～29岁年龄组和50～59岁年龄组。

中国熊猫基地样本中受访者环境态度表现程度与总体样本相

表6-7

总体样本中不同年龄组对环境态度的差异性检验

问项	统计值	不同年龄层受访者（N=954）							F	P	沙菲检验
		B1（N=28）	B2（N=170）	B3（N=334）	B4（N=195）	B5（N=114）	B6（N=73）	B7（N=34）			
Q10-1	均值	3.679	2.135	2.693	2.954	3.368	3.986	3.472	19.448	＜0.001	B1＞B2；B2＜B4，B5，B6，B7；B3＜B5，B6；B4＜B5，B6
	标准差	1.416	1.406	1.502	1.540	1.530	1.264	1.521			
Q10-2	均值	4.036	3.889	3.669	3.684	3.421	3.260	3.444	3.496	0.002	B2＞B6
	标准差	1.201	1.200	1.231	1.203	1.282	1.519	1.275			
Q10-3	均值	2.893	4.275	3.928	3.770	3.649	3.315	3.222	12.432	＜0.001	B1＜B3，B4；B2＞B4，B5，B6，B7 B3＞B1，B6
	标准差	1.166	1.023	1.139	1.178	1.160	1.279	1.333			
Q10-4	均值	4.464	4.222	4.344	4.321	4.425	4.096	4.278	1.017	0.413	
	标准差	1.071	1.094	1.042	1.143	0.962	1.271	1.256			
Q10-5	均值	3.607	2.205	2.537	2.765	3.000	3.466	3.139	11.155	＜0.001	B1＞B2，B3B2＜B4，B5，B6，B7；B3，B4＜B6
	标准差	1.286	1.265	1.430	1.511	1.475	1.435	1.355			
Q10-6	均值	3.464	1.702	2.424	2.612	3.228	3.219	3.917	20.335	＜0.001	B1＞B2；B2＜B1，B3，B4，B5，B6，B7；B3＜B5，B6，B7；B4＜B7
	标准差	1.688	1.269	1.610	1.686	1.688	1.635	1.442			
总体量表	均值	3.69	3.07	3.266	3.351	3.515	3.557	3.579	3.432		
	标准差	1.305	1.210	1.326	1.377	1.350	1.401	1.364	1.333		

注：B1：16岁以下；B2：16～19岁；B3：20～29岁；B4：30～39岁；B5：40～49岁；B6：50～59岁；B7：60岁及以上。

来源：根据SPSS数据统计分析结果整理。

似，年纪长者环境态度均值较高，偏生态中心主义。除问项Q10-4（当人类破坏自然时，经常会导致灾难性的后果）外，不同年龄组在环境态度5个问项上都呈现显著性差异（$P<0.05$）。经过沙菲检验，其中50～59岁年龄组受访者的环境态度得分均值在4个问项上显著高于16～19岁年龄组受访者。50～59岁年龄组在Q10-1（动植物之所以存在，首先是因为要为人类所用）和Q10-2（人类有权改变自然环境以满足自己的需求）两个问项上显著高于16～19岁年龄组和20～29岁年龄组。考量不同年龄组受访者的总体量表得分发现，60岁以上年龄组受访者环境态度表现程度最强，倾向于生态中心主义，然后依次为50～59岁年龄组受访者和16岁以下年龄组受访者。20～29岁年龄组和40～49岁年龄组表现程度接近，得分均值分别为2.023和2.073。而表现程度最弱的两组为16～19岁年龄组和30～39岁年龄组。

在澳大利亚海豚中心，年龄对环境态度无显著性差异。用单因素方差分析发现，不同年龄组在环境态度量表中各问项上无显著性差异。而从各年龄组受访者总体量表得分均值发现，不同年龄组受访者得分均值介于3.620～3.910之间。而总体量表环境态度得分为3.801，高于熊猫基地环境态度均值3.152和总体样本的3.342。海豚中心不同年龄组受访者的环境态度都高于3.5，都具有较强的环境态度表现，即偏生态中心主义，这也是不同年龄组之间不存在显著差异的原因。

3．不同学历组对环境态度具有显著性差异

运用单因素方差分析，检验总体样本中不同学历组对环境态度的差异性表现（表6-8）。数据结果表明：初中及以下学历组受访者（C1）得分均值介于1.328～4.418之间，高中学历组受访者（C2）环境态度得分均值介于2.920～4.275之间，中专学历组受访者（C3）环境态度得分均值介于2.362～4.377之间，本科学历组受访者（C4）的环境态度得分均值介于2.463～4.333之间，硕士学历组受访者（C5）的环境态度得分均值介于2.777～4.275之间，博士学历组受访者（C6）环境态度得分均值介于2.793～4.379之间。除了问项Q10-4“当人类破坏自然时，经常会导致灾难性的后果”之外，不同学历组在环境态度量表中5个问项表现出显著性差异（$P<0.05$）。在沙菲检验中，发现各学历组在Q10-2（人类有权改变自然环境以满足自己的需求）问项上不存在显著性差异。对总体样本的环境态度得分均值进行分析发现，博士组学历受访者得分均值最高，为3.759，该学历组的受访者偏向生态中心主义。而初中

表6-8

总体样本中不同学历组对风险感知的差异性检验

问项	统计值	不同学历组受访者（N=943）						F	P	沙菲检验
		C1（N=67）	C2（N=196）	C3（N=138）	C4（N=376）	C5（N=138）	C6（N=28）			
Q10-1	均值	1.851	3.281	2.710	2.798	2.942	3.966	12.558	<0.001	C1<C2，C3，C4，C5，C6；C3，C4<C2，C6
	标准差	1.222	1.515	1.572	1.546	1.531	1.375			
Q10-2	均值	3.851	3.714	3.920	3.612	3.453	3.103	3.593	0.003	
	标准差	1.306	1.300	1.159	1.232	1.292	1.263			
Q10-3	均值	4.418	3.551	3.971	3.928	3.684	2.793	11.760	<0.001	C1>C2，C5，C6；C2<C1，C4；C3，C4，C5>C6
	标准差	0.819	1.280	1.133	1.104	1.308	1.013			
Q10-4	均值	4.134	4.327	4.377	4.333	4.275	4.035	.885	0.491	
	标准差	1.230	1.096	1.012	1.028	1.213	1.349			
Q10-5	均值	1.881	3.035	2.362	2.617	2.871	4.276	16.292	<0.001	C1<C2，C4，C5，C6；C2>C3，C4；C2，C3，C4，C5<C6
	标准差	1.008	1.368	1.470	1.469	1.454	1.131			
Q10-6	均值	1.328	2.920	2.377	2.463	2.777	4.379	18.632	<0.001	C1<C2，C3，C4，C5，C6；C2，C3，C4，C5<C6
	标准差	0.705	1.692	1.666	1.649	1.651	1.049			
总体量表	均值	2.911	3.471	3.286	3.292	3.334	3.759	3.342		
	标准差	1.048	1.375	1.335	1.338	1.408	1.197	1.284		

注：C1：初中及以下；C2：高中；C3：中专；C4：本科；C5：硕士；C6：博士。

来源：根据SPSS数据统计分析结果整理。

及以下学历组受访者环境态度得分均值最低，为2.911。高中学历组受访者环境态度得分均值高于硕士学历组和本科学历组，而位列环境态度表现第二强学历组。总体而言，除高中学历组外，学历高者环境态度表现程度较强，偏向生态中心主义，而学历低者环境态度表现程度较低，偏向人类中心主义。

运用单因素方差分析，检验熊猫基地样本中不同学历组对环境态度的差异性表现。数据结果表明：初中及以下学历组受访者得分均值介于1.323～4.462之间，高中学历组受访者环境态度得分均值介于1.674～4.112之间，中专学历组受访者环境态度得分均值介于1.389～4.489之间，本科学历组受访者的环境态度得分均值介于1.964～4.311之间，硕士学历组受访者的环境态度得分均值介于2.459～4.229之间，博士学历组受访者环境态度得分均值介于2.667～4.222之间。不同学历组在不同问项上均呈现显著性差异（$P<0.05$）。利用沙菲检验发现，各学历组在Q10-2问项上不存在显著性差异。对整体量表的环境态度进行考量发现，博士学历组受访者得分均值最高，为3.411，该学历组的受访者偏向生态中心主义。而初中及以下学历组受访者环境态度得分均值最低，为2.913。其他受访者按照学历高低环境态度依次递减。综上分析可以发现，学历高者环境态度表现程度较强，偏向生态中心主义，而学历低者环境态度表现程度较低，偏向人类中心主义。

运用单因素方差分析，检验海豚中心样本中不同学历组对环境态度的差异性表现。数据结果表明：初中及以下学历组受访者（C1）得分均值介于2.5～4.5之间，高中学历组受访者（C2）环境态度得分均值介于3.102～4.28之间，中专学历组受访者（C3）环境态度得分均值介于3.277～4.553之间，本科学历组受访者（C4）的环境态度得分均值介于3.043～4.585之间，硕士学历组受访者（C5）的环境态度得分均值介于3.033～4.1之间，博士学历组受访者（C6）环境态度得分均值介于3.357～4.143之间。不同学历组在不同问项上无显著性差异（$P>0.05$）。对整体量表的环境态度进行考量发现，不同学历组得分均值差异不大，介于3.667～3.917之间。最低表现学历组为硕士组，最强表现学历组为初中及以下组，该组由于样本数仅为2，数量较少，因此代表性不强。总体而言，得分均值大于3.5的学历组受访者环境态度偏生态中心主义。

4. 不同收入层对环境态度具有显著性差异

运用单因素方差分析，检验总体样本中不同收入层受访者对环

表6-9 总体样本中不同收入层对环境态度的差异性检验

问项	统计值	不同收入层受访者（N=954）						F	P	沙菲检验
		D1（N=457）	D2（N=59）	D3（N=184）	D4（N=126）	D5（N=83）	D6（N=9）			
Q10-1	均值	2.346	2.917	2.567	3.507	4.000	3.091	29.583	＜0.001	D1＜D2，D4，D5；D2＜D5；D3＜D4，D5
	标准差	1.474	1.540	1.499	1.483	1.109	1.578			
Q10-2	均值	3.785	3.771	3.644	3.427	3.524	3.000	2.787	0.017	
	标准差	1.276	1.191	1.271	1.282	1.169	1.414			
Q10-3	均值	4.131	3.835	4.028	3.320	3.257	3.364	17.928	＜0.001	D1＞D3，D4；D2，D3＞D4，D5
	标准差	1.134	1.244	1.070	1.137	1.144	1.206			
Q10-4	均值	4.265	4.404	4.206	4.333	4.394	4.455	0.749	0.587	
	标准差	1.092	0.982	1.254	1.021	1.127	0.934			
Q10-5	均值	2.354	2.541	2.367	3.127	3.810	2.818	23.415	＜0.001	D1，D2，D3＜D4，D5；D4＜D5
	标准差	1.395	1.475	1.390	1.367	1.186	1.601			
Q10-6	均值	1.926	2.606	2.256	3.180	3.981	3.364	38.417	＜0.001	D1＜D2，D4，D5；D2，D3＜D4，D5；D4＜D5
	标准差	1.411	1.622	1.600	1.635	1.380	1.748			
总体样本	均值	3.135	3.346	3.178	3.482	3.828	3.349	3.386		
	标准差	1.297	1.342	1.347	1.321	1.186	1.414	1.318		

注：D1：1万元及以下；D2：1-2万；D3：2-5万；D4：5-10万；D5：10-20万；D6：20万及以上。

来源：根据SPSS数据统计分析结果整理。

境态度的差异性表现（表6-9）。数据结果表明：年收入1万元以下（D1）得分均值介于1.926～4.265之间，为3.135；1万～2万元收入层受访者（D2）环境态度得分均值介于2.541～4.404之间；2万～5万元收入层受访者（D3）环境态度得分均值介于2.367～4.206之间；5万～10万元收入层（D4）的环境态度得分均值介于3.127～4.333之间；10万～20万元收入层（D5）的环境态度得分均值介于3.257～4.394之间；20万元以上收入层（D6）环境态度得分均值介于2.818～4.455之间。除问项Q10-4（当人类破坏自然时，经常会导致灾难性的后果）外，不同收入层其他5个问项都呈现显著性差异（$P<0.05$）。对整体量表的环境态度进行考量发现，10万～20万元收入层环境态度表现程度最强，得分均值为3.828。总体而言，收入高者环境态度表现程度较强，偏生态中心主义，而收入较低者和中等收入者环境态度表现程度居中，立场不明确，偏立场中立。

运用单因素方差分析，检验熊猫基地样本中不同收入层受访者对环境态度的差异性表现。数据结果表明：年收入1万元以下（D1）得分均值介于1.676～4.245之间，1万～2万元收入层受访者（D2）环境态度得分均值介于2.250～4.386之间，2万～5万元收入层受访者（D3）环境态度得分均值介于1.832～4.294之间，5万～10万元收入层（D4）的环境态度得分均值介于2.386～4.157之间，10万～20万元收入层（D5）的环境态度得分均值介于3.227～4.000之间，20万元以上收入层（D6）环境态度得分均值介于1～5之间。除问项Q10-4（当人类破坏自然时，经常会导致灾难性的后果）外，不同收入层其他5个问项上都呈现显著性差异（$P<0.05$）。运用沙菲检验发现不同收入层在Q10-2（人类有权改变自然环境以满足自己的需求）处无显著性差异。对整体量表的环境态度进行考量发现，10万～20万元收入层受访者环境态度表现程度最强，得分均值为3.470；年收入20万元以上，2万～5万元和1万元以下受访者环境态度表现程度最弱，得分均值为3.05左右。总而言之，熊猫基地不同收入层的受访者环境态度表现程度不强，均小于3.5，表明熊猫基地高收入者、较低收入者和中等收入者环境态度表现程度居中，没有极度偏向生态中心主义也没有极度偏向人类中心主义，偏向立场中立。

运用单因素方差分析，检验澳大利亚海豚中心样本中不同收入层受访者对环境态度的差异性表现。数据结果表明不同收入层对环境态度无显著性差异，年收入1万元以下（D1）得分均值介于2.929～4.167之间，1万～2万元收入层受访者（D2）环境态度得分均值介于2.9～4.65之间，2万～5万元收入层受访者（D3）环境态度得分均值介于3.167～4.639之间，5万～10万元收入层（D4）的环境态度得分均值介于3.05～4.475之间，10万～20万元收入层（D5）的环境态度得分均值介于3.159～4.422之间，20万元以上收入层（D6）环境态度得分均值介于3.625～4.5之间。不同收入层在6个问项上都无显著性差异（$P>0.05$）。对整体量表的环境态度进行考量发现，不同收入层环境态度之间差异不大，得分均值介于3.719～4.092之间。最高表现为1万～2万元收入层，最低表现为5万～10万元收入层，所有收入层的环境态度得分均值均超过3.5，环境保护意识强烈，偏生态中心主义。

5．不同家庭背景对环境态度具有显著性差异

运用单因素方差分析，检验总体样本中不同家庭背景受访者对环境态度的差异性表现（表6-10）。数据结果表明：单身（E1）得分均值介于2.213～4.232之间，配偶无子女（E2）环境态度得分均值介于3.102～4.333之间，配偶并育有一子女（E3）环境态度得分均值介于1.898～4.455之间，配偶并育有两子女及以上（E4）的环境态度得分均值介于3.216～4.356之间。除问项Q10-4（当人类破坏自然时，经常会导致灾难性的后果）外，不同家庭背景受访者在其他5个问项上都呈现显著性差异（$P<0.05$）。对整体量表的环境态度进行考量发现，配偶并育有两子女和配偶无子女受访者环境态度表现程度最强，得分均值分别为3.677和3.565；单身和配偶育有一子女受访者环境态度相对较弱，得分均值为3.213和3.114。总体而言，配偶并育有两子女和配偶无子女受访者的环境态度表现程度较强，偏生态中心主义；单身和配偶育有一子女的受访者环境态度表现程度居中，立场不明确，偏向立场中立。

总体样本中不同家庭背景受访者对环境态度的差异性检验 表6-10

问项	统计值	不同家庭背景层受访者（N=954）				F	P	沙菲检验
		E1（N=482）	E2（N=108）	E3（N=175）	E4（N=180）			
Q10-1	均值	2.523	3.583	2.477	3.807	46.857	<0.001	E1，E3<E2，E4
	标准差	1.510	1.375	1.538	1.279			
Q10-2	均值	3.756	3.537	3.602	3.508	2.290	0.077	
	标准差	1.222	1.241	1.344	1.268			

续表

问项	统计值	不同家庭背景层受访者（N=954）				F	P	沙菲检验
		E1（N=482）	E2（N=108）	E3（N=175）	E4（N=180）			
Q10-3	均值	4.021	3.417	4.148	3.216	31.465	<0.001	E1，E3>E2，E4
	标准差	1.123	1.283	1.106	1.112			
Q10-4	均值	4.232	4.333	4.455	4.356	1.971	0.117	
	标准差	1.138	1.144	0.943	1.071			
Q10-5	均值	2.533	3.102	2.102	3.503	36.428	<0.001	E1<E2，E4；E3<E1，E2，E4
	标准差	1.415	1.478	1.357	1.285			
Q10-6	均值	2.213	3.417	1.898	3.674	62.641	<0.001	E1，E3<E2，E4
	标准差	1.546	1.735	1.382	1.487			
总体量表	均值	3.213	3.565	3.114	3.677	3.392		
	标准差	1.326	1.376	1.278	1.250	1.308		

注：E1：单身；E2：配偶无子女；E3：配偶并育有一子女；E4：配偶并育有两子女及以上。

来源：根据SPSS数据统计分析结果整理。

运用单因素方差分析，检验中国熊猫基地样本中不同家庭背景受访者对环境态度的差异性表现。数据结果表明：单身（E1）环境态度得分均值介于1.940～4.232之间，配偶无子女（E2）环境态度得分均值介于2.395～4.053之间，配偶并育有一子女（E3）环境态度得分均值介于1.456～4.463之间，配偶并育有两子女及以上（E4）的环境态度得分均值介于2.714～4.041之间。除问项Q10-2（人类有权改变自然环境以满足自己的需求）外，不同家庭背景受访者在其他5个问项上都呈现显著性差异（$P<0.05$）。对整体量表的环境态度进行考量发现，配偶并育有两子女、配偶无子女和单身受访者环境态度表现程度最强，得分均值介于3.121～3.293之间；配偶育有一子女受访者环境态度表现相对较弱，得分均值为2.961。总体而言，中国熊猫基地不同家庭背景的受访者环境态度表现程度居中，立场不明确，偏向立场中立。

运用单因素方差分析，检验澳大利亚海豚中心样本中不同家庭背景受访者对环境态度的差异性表现。数据结果表明：单身（E1）环境态度得分均值介于3.045～4.328之间，配偶无子女（E2）环境态度得分均值介于3.058～4.507之间，配偶并育有一子女（E3）环境态度得分均值介于3.179～4.655之间，配偶并育有两子女及以上（E4）的环境态度得分均值介于3.159～4.333之间。不同家庭背景受访者在所有问项上都无显著性差异（$P>0.05$）。对整体量表的环境态度进行考量发现，不同家庭背景环境态度之间差异不大，得分均值介于3.770～3.915之间。而表现程度最高的受访者家庭为配偶有一子女，而表现程度最低的受访者家庭为配偶育有两子女及以上，所有家庭背景分组的环境态度得分均值均超过3.5，环境保护意识强烈，偏生态中心主义。

6.3.3 人口地理学特征分析

针对中国熊猫基地受访者，以省为单位，分析环境态度量表表现程度，结果发现，各省之间环境态度总分差别不大，其中，8个省、自治区、直辖市的得分为20，分别为海南、江西、辽宁、山西、上海、台湾、重庆和香港；8个省、自治区、直辖市的得分为18，分别为福建、广西、广州、贵州、河南、湖南、内蒙古和天津；其他均为19分。

针对中国熊猫基地受访者英语问卷，以国家为单位，统计环境态度量表总分。总体环境态度得分较高，其中得分总值低于18的国家共有6个，分别为新西兰（16分）、西班牙（17分）、波兰（17分）、墨西哥（17分）、意大利（17分）、迪拜（17分），环境态度得分总值最高的4个国家为安哥拉（26分）、以色列（25分）、澳大利亚（24分）、马拉维（23分），中国、法国、荷兰、肯尼亚、斯洛伐克、瑞士并列，总分均为22。

针对澳大利亚海豚中心受访者，以国家为单位，统计环境态度量表总分。总分在18以下的只有两个国家：埃及（16分）和约旦（17分）。得分较高的5个国家分别为匈牙利（26分）、荷兰（26分）、加拿大（25分）、德国（24分）、英国（24分）。

6.4 本章小结

根据环境态度得分的不同，运用聚类分析，将野生动物旅游者分为三类：近生态中心主义者、近人类中心主义者和立场中立者。根据总体样本的数据分析结果，近生态中心主义者的样本有351

个，超过总样本的37%，近人类中心主义者占总样本41.6%，立场中立者占21.1%。两案例地受访者的环境态度偏人类中心主义稍高于偏生态中心主义的受访者，有一定比例的立场中立者。环境态度不同的野生动物旅游者在人口社会特征上具有显著差异。除年龄与收入以外，不同环境态度倾向的人群在性别、受教育程度、职业上均有显著差异。

近人类中心主义者的人口统计学特征：大多为单身年轻人、收入较低、学历中等偏低（表6-11）。近生态中心主义者的人口统计学特征：大多是年长者、收入较高，有良好的教育背景。而立场中立者大多为单身、年长者和年龄较小者都有一定比例，收入较低，学历中等。人口统计学特征介于近人类中心主义者和近生态中心主义者之间，较偏向近人类中心主义者。

环境态度量表整体表现程度差异汇总　表6-11

变量	自然中心主义群体	人类中心主义群体	主要特征	是否存在显著性差异
问卷类型	英语问卷群体	中文问卷群体		存在
案例地	澳大利亚	中国		存在
性别	女性	男性		存在
年龄	16岁以下	16～19岁	年龄长者环境态度偏自然中心主义	存在
学历	初中以下	博士	学历高者环境态度偏自然中心主义	存在
婚姻	已婚育有两子女及以上	已婚育有一子女	单身者环境态度偏人类中心主义	存在
年收入	10万～20万元	1万元以下	收入高者环境态度偏自然中心主义	存在

中国熊猫基地中受访者的环境态度得分均值为3.1，而澳大利亚海豚中心受访者的环境态度得分均值为3.8。总体而言，澳大利亚海豚中心受访者的环境态度高于中国熊猫基地中的受访者。依据环境态度量表问项变量表现程度的分析发现，表现程度最高的问项均为“动物和人类具有相同的生存权利”；中国熊猫基地中受访者表现程度最弱的问项为“人类有权改变自然环境以满足自己的需

求”，而表现程度最强的问项为人类为了生存必须与自然和平相处（表6-12、表6-13）。

中国熊猫基地环境态度量表整体表现程度差异汇总 表6-12

变量	自然中心主义群体	人类中心主义群体	主要特征	是否存在显著性差异
性别	女性	男性		存在
年龄	50～59岁	20～29岁	年龄长者环境态度偏自然中心主义	存在
学历	初中以下	博士	学历高者环境态度偏自然中心主义	存在
婚姻	已婚育有两子女及以上	单身	单身者环境态度偏人类中心主义	存在
年收入	10万～20万元	1万元以下	收入高者环境态度偏自然中心主义	存在
居住地	安哥拉、以色列、澳大利亚	新西兰、西班牙、波兰		

澳大利亚海豚中心环境态度量表整体表现程度差异汇总 表6-13

变量	自然中心主义群体	人类中心主义群体	主要特征	是否存在显著性差异
性别	女性	男性		存在
年龄	40～49岁	50～59岁	年龄长者环境态度偏自然中心主义	否
学历	初中以下	博士	学历高者环境态度偏自然中心主义	否
婚姻	伴侣育有一子女	伴侣育有两子女以上	单身者环境态度偏人类中心主义	
年收入	10万～20万元	1万元以下	收入高者环境态度偏自然中心主义	否
居住地	匈牙利、荷兰、加拿大	埃及、约旦、菲律宾		

运用单因素方差分析，检验人口统计学特征对环境态度的差异性。结果表明，在总体样本中，不同性别、年龄、收入、教育程度和家庭背景对环境态度都有显著性差异。中国熊猫基地的受访者，不同性别、年龄、收入、教育程度、家庭背景对环境态度都有显著性差异。澳大利亚海豚中心受访者，除不同性别表现出显著差异外，年龄、收入、教育程度、家庭背景都无显著性差异（表6-14）。

人口统计学特征在环境态度量表
差异性表现汇总　表 6-14

人口统计学特征	总体样本	中国熊猫基地样本	澳大利亚海豚中心样本
性别	显著	显著	显著
年龄	显著	显著	不显著
收入	显著	显著	不显著
教育程度	显著	显著	不显著
家庭背景	显著	显著	不显著

在环境态度的人口统计学特征差异研究中，首先，针对不同性别对环境态度的差异性进行检验，结果表明，相对于男性而言，女性在一定程度上表现出更多的环境关心，这与李新秀等人（2010）的研究有一致的发现。该现象被认为是中国城市“生态女性主义”初露端倪的一种表现。角色和社会化理论认为，在所有的文化中女性都被社会化为“照顾者”的角色，而男性则被教育培养为更加独立和具有竞争性的角色，因此导致了女性比男性更易对生态环境怀有同情心（Weaver，2002）。

对不同年龄组的差异性进行检验，结果表明老年人更偏向于生态中心主义，而年轻人更倾向于人类中心主义。可能年长者有着更多的生活阅历，深刻感悟到保护环境的重要性，所以有着更好的环境态度。这与以往研究普遍认为年轻人比老年人更关心环境问题的结论不同，以往研究则认为年轻人比老年人更容易关注环境问题方面的信息（Van Liere et al.，1980）。

对不同教育水平的差异性进行检验，结果表明受教育水平越高，受访者的环境态度越好。同之前研究认为教育水平和环境态度呈正相关相一致（Scott et al.，1994）。对这一结果著名的解释是基于马斯洛的需要层次理论：人类只有在基本物质需要如充足的食物、住房、经济安全满足之后才会关心环境质量。

以往研究认为城市居民比农村居民更关心环境，可能是由于城市居民经常暴露在差的环境之下容易导致关心环境（Fransson et al.，1999）。通常经济发达国家和地区的游客环境态度较高，这与马斯洛需求层次一致。

第 7 章

野生动物旅游者场所涉入特征

涉入程度对于旅游者的满意度和重游意愿有显著影响，是理解旅游体验过程和实现旅游活动管理重要的基础问题之一。因此，研究野生动物旅游者的涉入程度有利于更深入了解野生动物旅游体验过程，并实现野生动物旅游活动的管理。场所涉入是目的地涉入的一部分，具体体现在两个方面：一方面是指野生动物旅游者在特定场所内的涉入情况，这是相对于整个目的地而言的一个小范围的活动；另一方面是指野生动物旅游者对特定场所的整体涉入情况。这种场所涉入程度以及其前置影响因素，是消费者行为学研究的重要问题，也是理解消费者购买决策的重要维度之一。涉入程度、涉入前因的研究主要集中于消费者领域，以实体产品为主，如二手汽车（方科，2010）、增值业务彩铃（车红敏，2007）等。在旅游研究中，旅游涉入程度以及涉入前因的研究已引起部分专家学者的关注（雷嫚嫚，2013），但还处于起步阶段。旅游者目的地内的涉入程度影响了旅游者目的地行为活动，决定了旅游者的满意度和重游率。涉入程度可以影响旅游者对目的地的涉入程度。

7.1 聚类分析

根据游客在各个场所涉入因素的得分对所有的游客进行Q型聚类分析。采用K-Means聚类方法，经过多次测试，笔者发现聚为两类比较理想。依据场所涉入量表涉入程度划分标准，两组分别归属中等场所涉入和深度场所涉入。单因素方差分析表明，两个类别在五个变量上存在显著差异（表7-1），说明聚类效果较好。依据聚类分析的结果，尝试对场所涉入的分类标准进行划分：

总体样本场所涉入量表的聚类分析　表7-1

问项	统计值	中等场所涉入（N=240）	深度场所涉入（N=710）	总样本	F	$Sig.$
Q19-1	均值	3.025	4.339	4.007	461.172	0
	标准差	1.090	0.706	0.999		
Q19-2	均值	3.163	4.372	4.066	481.477	0
	标准差	1.016	0.617	0.906		
Q19-3	均值	3.196	4.306	4.025	293.129	0
	标准差	1.116	0.767	0.993		

续表

问项	统计值	中等场所涉入（N=240）	深度场所涉入（N=710）	总样本	*F*	*Sig.*
Q19-4	均值	3.404	4.444	4.181	378.809	0
	标准差	0.989	0.595	0.846		
Q19-5	均值	2.758	4.048	3.722	303.938	0
	标准差	1.063	0.965	1.138		
总体	均值	3.109	4.302	4.000		

来源：根据SPSS数据统计分析结果整理。

场所涉入量表得分均值小于或等于2.6（总值小于或等于13）归属弱场所涉入；

场所涉入量表得分均值介于2.6～4之间（总值介于13～20之间）归属中等场所涉入；

场所涉入量表得分均值大于或等于4（总值大于或等于20）归属深度场所涉入。

两组的场所涉入得分均值分别为3.109和4.302。其中，中等场所涉入的样本数有240，占总样本数的25.2%；深度场所涉入总样本数为710，占总样本74.4%。

中等场所涉入人口统计学特征：男性比例高于女性，20～29岁年龄组受访者比例较高，60%的受访者学历为本科及以上，年收入在5万元以下的受访者超过74%，超过66%的受访者单身或无子女（表7-2）。总结：中等场所涉入大多为单身年轻人、收入较低、学历中等偏高。

场所涉入聚类人口统计特征描述分析　表7-2

衡量维度	问项	中等场所涉入（N=240）		深度场所涉入（N=710）	
	变量	频次	百分比	频次	百分比
性别	A1：男	130	54.2%	307	43.0%
	A2：女	110	45.8%	407	57.0%
年龄	B1：小于16	3	1.3%	25	3.5%
	B2：16～19	40	16.7%	131	18.3%

续表

衡量维度	问项	中等场所涉入（N=240）		深度场所涉入（N=710）	
	变量	频次	百分比	频次	百分比
年龄	B3：20～29	104	43.3%	231	32.4%
	B4：30～39	49	20.4%	147	20.6%
	B5：40～49	28	11.7%	86	12.0%
	B6：50～59	13	5.4%	60	8.4%
	B7：大于60	3	1.3%	34	4.8%
教育背景	C1：初中及以下	19	7.9%	48	6.7%
	C2：高中	40	16.7%	159	22.3%
	C3：职业中专	36	15.0%	102	14.3%
	C4：本科	91	37.9%	285	39.9%
	C5：硕士	45	18.8%	94	13.2%
	C6：博士	9	3.8%	26	3.6%
年收入	D1：少于10000元/澳元	102	42.5%	265	37.1%
	D2：10000～19000元/澳元	24	10.0%	85	11.9%
	D3：20000～49999元/澳元	53	22.1%	127	17.8%
	D4：50000～99000元/澳元	37	15.4%	113	15.8%
	D5：100000～199999元/澳元	15	6.3%	90	12.6%
	D6：200000元/澳元以上	4	1.7%	7	1.0%
	D7：空白	5	2.1%	27	3.8%
家庭背景	E1：单身	133	55.4%	352	49.3%
	E2：已婚无子女	27	11.3%	82	11.5%
	E3：已婚有一子女	44	18.3%	133	18.6%
	E4：已婚两子女及以上	36	15.0%	147	20.6%

来源：根据SPSS数据统计分析结果整理。

较多的游客归属深度场所涉入。在深度场所涉入样本中，与总体样本的人口统计学特征有一定的相似性，相对而言，女性比例高于男性，50岁以上受访者比例较高，76.5%的受访者学历为高中、中专和本科，10万～20万元收入者比例相对较高，家庭背景中已婚两子女及以上比例者较高。总结：深度场所涉入大多为女性、收入较高、学历中等偏低，单身和已婚育有两子女以上占较高比例。

7.2　场所涉入总体特征

对场所涉入量表的表现程度进行分析，发现总体样本的环境态度得分均值为4，归属深度场所涉入类属，表明总体上野生动物旅游者的场所涉入程度较深。中国熊猫基地中场所涉入得分均值为3.95，归属中等场所涉入。澳大利亚海豚中心受访者的场所涉入得分均值为4.101，是三组样本数据中得分最高的群组，归属深度场所涉入。澳大利亚海豚中心的受访者场所涉入程度高于中国熊猫基地的受访者。受访者场所涉入量表表现程度见表7-3。

受访者场所涉入量表表现程度　　表7-3

问项	总体样本（N=954）			中国熊猫基地（N=650）			澳大利亚海豚中心（N=304）		
	均值	标准差	排序	均值	标准差	排序	均值	标准差	排序
Q19-1	4.006	1.001	4	4.034	1.019	2	3.954	0.955	4
Q19-2	4.066	0.905	3	4.028	0.958	3	4.149	0.777	3
Q19-3	4.023	0.992	2	3.960	1.026	4	4.162	0.905	2
Q19-4	4.180	0.848	1	4.107	0.901	1	4.342	0.686	1
Q19-5	3.724	1.137	5	3.642	1.172	5	3.898	1.040	5
整体量表	4.000	0.977		3.954	1.015		4.101	0.872	

来源：根据SPSS数据统计分析结果整理。

7.3 场所涉入量表表现程度差异检验

7.3.1 不同群组差异性检验

1. 不同问卷类型对场所涉入具有显著性差异

对不同问卷类型的差异性检验旨在考虑不同文化背景对场所涉入的差异性。采用独立样本t检验分析不同问卷类型在场所涉入量表表现上的差异，总体样本中不同问卷类型受访者对场所涉入的差异性检验见表7-4。在场所涉入的5个变量中，只有重游意愿问项Q19-5“未来五年内，我很可能会重游此地看大熊猫/海豚”处有显著性差异（$P<0.05$）。中文问卷受访者场所涉入量表得分均值介于3.823～4.162之间，英语问卷受访者在涉入量表各变量上的得分均值介于3.622～4.323之间。中文问卷受访者整体场所涉入量表得分均值为3.932，而澳大利亚海豚中心场所涉入量表得分均值为4.071。综上分析可得，英语问卷受访者归属深度场所涉入，而中文问卷受访者归属中度场所涉入。

总体样本中不同问卷类型受访者对场所涉入的差异性检验　　表7-4

场所涉入变量	问卷类型	样本数	均值	标准差	*F*	*Sig.*
大熊猫/海豚旅游的花费很值	中文问卷	481	3.950	1.036	0.122	0.727
	英语问卷	470	4.068	0.957		
我特别喜欢大熊猫/海豚旅游	中文问卷	481	3.973	0.943	0.050	0.823
	英语问卷	470	4.162	0.856		
我喜欢在野外、长时间近距离观赏大熊猫/海豚	中文问卷	481	3.871	1.029	3.039	0.082
	英语问卷	470	4.181	0.930		
总体对大熊猫/海豚旅游非常满意	中文问卷	481	4.044	0.924	0.014	0.904
	英语问卷	471	4.323	0.731		
未来五年内，我很可能重游此地看大熊猫/海豚	中文问卷	481	3.823	1.086	6.869	0.009
	英语问卷	471	3.622	1.180		
整体量表	中文问卷	3.932	1.003			
	英语问卷	4.071	0.931			

来源：根据SPSS数据统计分析结果整理。

2. 不同生境类型对场所涉入具有显著性差异

对不同案例生境地的受访者进行场所涉入差异性检验旨在考量受访者在接触不同物种和案例地时野生动物场所涉入的差异性。采用独立样本t检验分析不同案例地受访者在场所涉入量表表现上的差异，总体样本中不同案例生境地受访者对场所涉入的差异性检验见表7-5。在场所涉入的5个变量中，只有Q19-5重游意愿问项“未来五年内，我很可能会重游此地看大熊猫/海豚”处有显著性差异（$P<0.05$）。熊猫基地受访者场所涉入量表得分均值介于3.642～4.107之间。熊猫基地受访者整体场所涉入量表得分均值为3.954，而澳大利亚海豚中心场所涉入量表得分均值为4.101。综上分析可得，澳大利亚海豚中心旅游者大多归属深度场所涉入，而熊猫基地受访者大多归属中度场所涉入。

总体样本中不同案例生境地受访者对场所涉入的差异性检验　表7-5

场所涉入变量	案例生境地	样本数	均值	标准差	*F*	*Sig.*
大熊猫/海豚旅游的花费很值	熊猫基地	648	4.034	1.019	0.440	0.507
	海豚中心	303	3.954	0.955		
我特别喜欢大熊猫/海豚旅游	熊猫基地	648	4.028	0.958	5.981	0.015
	海豚中心	303	4.149	0.777		
我喜欢在野外、长时间近距离观赏大熊猫/海豚	熊猫基地	648	3.960	1.026	1.021	0.313
	海豚中心	303	4.162	0.905		
总体对大熊猫/海豚旅游非常满意	熊猫基地	648	4.107	0.901	1.261	0.262
	海豚中心	304	4.342	0.686		
未来五年内，我很可能重游此地看大熊猫/海豚	熊猫基地	648	3.642	1.172	13.323	0.000
	海豚中心	304	3.898	1.040		

来源：根据SPSS数据统计分析结果整理。

7.3.2　人口统计学特征的差异性检验

1. 不同性别对场所涉入无显著性差异

采用独立样本t检验分析不同性别在场所涉入量表表现上的差异，总体样本中不同性别对场所涉入的差异性检验见表7-6。性别在场所涉入的5个变量中均无显著性差异（$P>0.05$）。男性受访者场所涉入量表得分均值介于3.648～4.145之间，女性受访者在涉入量表各变量上的得分均值介于3.787～4.213之间。男性受访者整体场所涉入量表得分均值为3.940，而女性场所涉入量表得分均值为4.052。综上分析可得，女性略高于男性，女性受访者为深度场所涉入，而男性受访者归属中度场所涉入。

总体样本中不同性别对场所涉入的差异性检验 表7-6

场所涉入变量	性别	样本数	均值	标准差	*F*	*Sig.*
大熊猫/海豚旅游的花费很值	男性	435	3.933	1.057	3.103	0.078
	女性	516	4.072	0.943		
我特别喜欢大熊猫/海豚旅游	男性	435	3.989	0.952	0.755	0.385
	女性	516	4.132	0.860		
我喜欢在野外、长时间近距离观赏大熊猫/海豚	男性	435	3.986	1.029	2.144	0.143
	女性	516	4.056	0.961		
总体对大熊猫/海豚旅游非常满意	男性	435	4.145	0.845	1.045	0.307
	女性	517	4.213	0.845		
未来五年内，我很可能重游此地看大熊猫/海豚	男性	435	3.648	1.155	1.943	0.164
	女性	517	3.787	1.119		
整体量表	男性	435	3.940	1.008		
	女性	517	4.052	0.946		

来源：根据SPSS数据统计分析结果整理。

2. 不同年龄组在场所涉入有显著性差异

采用单因素方差分析，检验总体样本中不同年龄组对场所涉入的差异性表现（表7-7）。数据结果表明：年龄在部分量表问项上具有显著性差异。16岁以下年龄组的得分均值介于3.964～4.464之间，16～19岁年龄组受访者的场所涉入量表各变量得分均值介于3.877～4.200之间，20～29岁年龄组的场所涉入量表各变量得分均值介于3.579～4.048之间，30～39岁年龄组受访者的场所涉入量表各变量得分均值介于3.617～4.138之间，40～49岁年龄组受访者场所涉入量表各变量得分均值介于3.921～4.21之间，50～59岁年龄组受访者的场所涉入量表各变量得分均值介于3.808～4.466

总体样本中不同年龄组对场所涉入的差异性检验　　表7-7

问项	统计值	不同年龄组受访者（N=954）							F	P	沙菲检验
		B1（N=28）	B2（N=170）	B3（N=334）	B4（N=195）	B5（N=114）	B6（N=73）	B7（N=35）			
Q19-1	均值	4.107	4.006	3.908	3.934	4.114	4.274	4.429	2.939	0.008	
	标准差	0.786	1.006	1.056	1.013	0.919	0.947	0.558			
Q19-2	均值	4.393	4.118	3.955	3.990	4.070	4.389	4.361	4.006	0.001	B3＜B6
	标准差	0.737	0.947	0.913	0.923	0.870	0.832	0.639			
Q19-3	均值	4.393	4.012	3.961	4.071	4.026	3.973	4.229	1.229	0.289	
	标准差	0.916	1.015	1.076	0.880	0.887	1.093	0.770			
Q19-4	均值	4.464	4.200	4.048	4.138	4.290	4.466	4.444	4.378	＜0.001	B3＜B6
	标准差	0.637	0.881	0.901	0.802	0.725	0.851	0.558			
Q19-5	均值	3.964	3.877	3.579	3.617	3.921	3.808	3.944	2.805	0.010	
	标准差	1.138	1.137	1.137	1.128	1.049	1.255	1.040			
整体量表	均值	4.264	4.043	3.890	3.950	4.084	4.182	4.281			
	标准差	0.843	0.997	1.017	0.949	0.890	0.996	0.713			

注：1. B1：16岁以下；B2：16～19岁；B3：20～29岁；B4：30～39岁；B5：40～49岁；B6：50～59岁；B7：60岁及以上。

来源：根据SPSS数据统计分析结果整理。

之间，而60岁以上年龄组的场所涉入量表各变量得分均值介于3.944～4.444之间。不同年龄组在问项Q19-2“我特别喜欢大熊猫/海豚旅游”和问项Q19-4“总体对大熊猫/海豚旅游非常满意”存在显著性差异，通过沙菲检验，发现B3＜B6，即20～29岁年龄组场所涉入小于50～59岁年龄组。考量整个场所涉入量表，60岁以上年龄组受访者得分均值最高，为4.281，16岁及以下年龄组场所涉入量表得分均值为4.262，居第二位。然后依次为50～59岁年龄组（4.182）、40～49岁年龄组（4.084）和16～19岁年龄组（4.043），而得分最低的为20～29岁年龄组（3.890）。由数据分析可知，20～29岁年龄组归属中等场所涉入，其他年龄段归属深度场所涉入。

采用单因素方差分析，检验熊猫基地样本中不同年龄组对场所涉入的差异性表现。数据结果表明：年龄在量表问项上无显著性差异。16岁以下年龄组的得分均值介于4.1～4.7之间，16～19岁年龄组受访者的场所涉入量表各变量得分均值介于3.863～4.183之间，20～29岁年龄组的场所涉入量表各变量得分均值介于3.630～4.038之间，30～39岁年龄组受访者的场所涉入量表各变量得分均值介于3.617～4.138之间，40～49岁年龄组受访者场所涉入量表各变量得分均值介于3.709～4.146之间，50～59岁年龄组受访者的场所涉入量表各变量得分均值介于3.100～4.233之间，而60岁以上年龄组的场所涉入量表各变量得分均值介于3.556～4.333之间。考量整个场所涉入量表，16岁以下年龄组受访者得分均值最高，为4.420；60岁及以上年龄组场所涉入量表得分均值为4.178，居第二位，16～19岁年龄组受访者得分均值为4.033，居第三位。以上三组得分在4以上，归属深度场所涉入组，而剩下的50～59岁年龄组（3.987）、40～49岁年龄组（3.914）和20～29岁年龄组（3.895），归属中度场所涉入。

采用单因素方差分析，检验海豚基地样本中不同年龄组对场所涉入的差异性表现。数据结果表明：年龄在部分量表问项上具有显著性差异。16岁以下年龄组的得分均值介于3.889～4.5之间，16～19岁年龄组受访者的场所涉入量表各变量得分均值介于4.00～4.353之间，20～29岁年龄组的场所涉入量表各变量得分均值介于3.386～4.200之间，30～39岁年龄组受访者的场所涉入量表各变量得分均值介于3.886～4.257之间，40～49岁年龄组受访者场所涉入量表各变量得分均值介于4.119～4.424之间，50～59岁年龄组受访者的场所涉入量表各变量得分均值介于4.186～4.628之间，而60岁以上年龄组的场所涉入量表各变量得分均值介于

4.074～4.482之间。不同年龄组在问项Q19-1“大熊猫/海豚旅游的花费很值”、Q19-2“我特别喜欢大熊猫/海豚旅游”、Q19-4“总体对大熊猫/海豚旅游非常满意”和Q19-5“未来五年内，我很可能会重游此地看大熊猫/海豚”存在显著性差异，通过沙菲检验，在问项Q19-4和Q19-5，B3＜B6，即20～29岁年龄组场所涉入小于50～59岁年龄组。考量整个场所涉入量表，50～59岁年龄组受访者得分均值最高，为4.281；20～29岁年龄组场所涉入程度最浅，得分均值为3.872；其他各年龄组得分均值均高于4。由数据分析可知，20～29岁年龄组归属中等场所涉入，而其他年龄段归属深度场所涉入。

3. 不同学历组在场所涉入上有显著性差异

运用单因素方差分析，检验总体样本中不同学历组对场所涉入的差异性表现。数据结果表明：初中及以下学历组受访者（C1）得分均值介于3.849～4.106之间，高中学历组受访者（C2）场所涉入得分均值介于3.814～4.211之间，中专学历组受访者（C3）场所涉入得分均值介于3.855～4.167之间，本科学历组受访者（C4）的场所涉入得分均值介于3.710～4.101之间，硕士学历组受访者（C5）的场所涉入得分均值介于3.439～4.130之间，博士学历组受访者（C6）场所涉入得分均值介于3.172～4.586之间。不同年龄组在问项Q19-5“未来五年内，我很可能会重游此地看大熊猫/海豚”存在显著性差异，通过沙菲检验，在Q19-5项，C3＞C5＞C6，即中专学历组场所涉入大于硕士学历组和博士学历组。对整体量表的场所涉入得分均值进行考量发现，博士学历组受访者得分均值最高，为4.110，本科、初中及以下和高中学历组场所涉入得分均值亦在4分以上，归属深度场所涉入。而硕士学历组受访者和中专学历组受访者场所涉入量表表现程度相对较低，得分均值分别为3.837和3.990，归属中等场所涉入。总体样本中不同学历组对场所涉入的差异性检验见表7-8。

运用单因素方差分析，检验熊猫基地样本中不同学历组对场所涉入的差异性表现。数据结果表明：年龄组在重游意愿变量（Q19-5）上具有显著性差异（$P<0.05$），然而经过沙菲检验后检定，年龄组之间无显著性差异。初中及以下学历组受访者（C1）得分均值介于3.875～4.125之间，高中学历组受访者（C2）场所涉入得分均值介于3.685～4.202之间，中专学历组受访者（C3）场所涉入得分均值介于3.844～3.967之间，本科学历组受访者（C4）的场所涉入得分均值介于3.666～4.121之间，硕士学历组受访者（C5）的场所

总体样本中不同学历组对场所涉入的差异性检验 表7-8

问项	统计值	不同学历层受访者（N=954）						F	P	沙菲检验
		C1（N=67）	C2（N=196）	C3（N=138）	C4（N=376）	C5（N=138）	C6（N=28）			
Q19-1	均值	3.909	3.975	3.855	4.101	3.964	4.241	1.847	0.101	
	标准差	1.160	0.909	1.187	0.930	1.003	1.023			
Q19-2	均值	4.197	4.046	4.029	4.098	3.942	4.241	1.170	0.322	
	标准差	1.070	0.833	1.018	0.851	0.899	1.154			
Q19-3	均值	4.015	4.040	3.928	4.075	3.892	4.310	1.441	0.207	
	标准差	1.157	0.971	1.051	0.969	0.953	0.930			
Q19-4	均值	4.106	4.211	4.167	4.170	4.130	4.586	1.610	0.155	
	标准差	1.097	0.722	0.933	0.853	0.806	0.568			
Q19-5	均值	3.849	3.814	3.971	3.710	3.439	3.172	4.925	<0.001	C3>C5，C6
	标准差	1.218	1.005	1.139	1.133	1.084	1.649			
整体量表	均值	4.015	4.017	3.990	4.031	3.873	4.110			
	标准差	1.121	0.859	1.047	0.901	0.915	0.919			

注：C1：初中；C2：高中；C3：职高；C4：学士；C5：硕士；C6：博士。

来源：根据SPSS数据统计分析结果整理。

涉入得分均值介于3.349～4.018之间，博士学历组受访者（C6）场所涉入得分均值介于2.867～4.467之间。对整体量表的场所涉入得分均值进行考量发现，高中组和初中组受访者得分均值最高，分别为4.029和4.012，归属深度场所涉入。硕士学历组受访者量表得分均值最低，为3.813，职高、本科、博士学历组场所涉入得分均值亦在4分以下，归属中等场所涉入。

运用单因素方差分析，检验海豚中心样本中不同学历组对场所涉入的差异性表现。数据结果表明：年龄组在满意度变量（Q19-4）上具有显著性差异（$P<0.05$），经过沙菲检验，年龄组之间无显著性差异。初中及以下学历组受访者（C1）得分均值介于3～5之间，高中学历组受访者（C2）场所涉入得分均值介于3.872～4.218之间，中专学历组受访者（C3）场所涉入得分均值介于4～4.532之间，本科学历组受访者（C4）的场所涉入得分均值介于3.842～4.347之间，硕士学历组受访者（C5）的场所涉入得分均值介于3.767～4.367之间，博士学历组受访者（C6）场所涉入得分均值介于3.5～4.714之间。对整体量表的场所涉入得分均值进行考量，所有学历组受访者的场所涉入量表得分均值均在4分以上，都归属深度场所涉入。其中，得分均值最高为博士学历组（4.257）。最低为高中学历组（4.007）。

4. 不同收入层对场所涉入有显著性差异

运用单因素方差分析，检验总体样本中不同收入层受访者对场所涉入的差异性表现（表7-9）。数据结果表明：不同年龄组在部分问项上呈现显著性差异。年收入1万元以下收入层（D1）得分均值介于3.719～4.079之间，1万～2万元收入层受访者（D2）场所涉入得分均值介于3.532～4.239之间，2万～5万元收入层受访者（D3）场所涉入得分均值介于3.667～4.122之间，5万～10万元收入层（D4）的场所涉入得分均值介于3.740～4.247之间，10万～20万元收入层（D5）的场所涉入得分均值介于3.926～4.495之间，20万元以上收入层（D6）场所涉入得分均值介于3.6～4.0之间。不同年龄组在问项Q19-1、Q19-3、Q19-4呈现显著性差异（$P<0.05$），通过沙菲检验，在问项Q19-4上，D5＞D1，D3即10万～20万元收入层显著高于1万元以下收入层和2万～5万元收入层。对整体量表的场所涉入得分均值进行考量发现，10万～20万元收入层场所涉入程度最强，得分均值为4.231；1万～2万元和5万～10万元收入层受访者得分均值亦大于4，归属深度场所涉入。而20万元及以上收入层受访者场所涉入表现最弱，得分均值为3.860。1万元以下和2万～5万

表7-9 总体样本中不同收入层对场所涉入的差异性检验

问项	统计值	不同收入层受访者（N=954）						F	P	沙菲检验
		D1（N=457）	D2（N=59）	D3（N=184）	D4（N=126）	D5（N=83）	D6（N=9）			
Q19-1	均值	3.954	4.119	3.878	4.067	4.295	3.900	3.016	0.010	
	标准差	1.034	0.889	1.076	0.895	0.887	0.994			
Q19-2	均值	3.995	4.083	4.033	4.120	4.260	3.800	1.733	0.124	
	标准差	0.982	0.851	0.909	0.759	0.870	0.919			
Q19-3	均值	3.913	4.239	4.056	4.067	4.143	4.000	2.382	0.037	
	标准差	1.048	0.870	0.967	0.960	0.914	0.667			
Q19-4	均值	4.079	4.239	4.122	4.247	4.495	4.000	4.589	<0.001	D5>D1，D3
	标准差	0.917	0.827	0.869	0.695	0.709	0.471			
Q19-5	均值	3.719	3.532	3.667	3.740	3.962	3.600	1.646	0.145	
	标准差	1.166	1.259	1.078	1.114	1.073	0.966			
整体量表	均值	3.932	4.042	3.951	4.048	4.231	3.860			
	标准差	1.029	0.939	0.980	0.885	0.891	0.803			

注：D1：1万元及以下；D2：1～2万；D3：2～5万；D4：5～10万；D5：10～20万；D6：20万及以上。

来源：根据SPSS数据统计分析结果整理。

元收入层的受访者场所涉入程度相对较弱，得分均值分别为3.932和3.951，归属中度场所涉入。

运用单因素方差分析，检验熊猫基地样本中不同收入层受访者对场所涉入的差异性表现。数据结果表明：不同收入层在部分问项上呈现显著性差异（$P<0.05$），但经过沙菲检验，年龄组之间无显著性差异。年收入1万元以下（D1）得分均值介于3.712～4.065之间，1万～2万元收入层受访者（D2）场所涉入得分均值介于3.546～4.227之间，2万～5万元收入层受访者（D3）场所涉入得分均值介于3.643～4.077之间，5万～10万元收入层（D4）的场所涉入得分均值介于3.429～4.243之间，10万～20万元收入层（D5）的场所涉入得分均值介于3.682～4.636之间，20万元以上收入层（D6）场所涉入得分均值介于3.5～4.5之间。不同年龄组在问项Q19-1、Q19-2呈现显著性差异（$P<0.05$），通过沙菲检验，具体年龄组并无显著差异。对整体量表的场所涉入得分均值进行考量发现，10万～20万元收入层场所涉入程度最强，得分均值为4.318；1万～2万元收入层受访者得分均值亦大于4，以上两组收入层归属深度场所涉入。而20万元及以上收入层受访者场所涉入程度最弱，得分均值为3.900。1万元以下和2万～5万元、5万～10万元收入层的受访者场所涉入程度相对较弱，得分均值分别为3.910、3.929和3.972。以上四组均小于标准4，归属中度场所涉入。

运用单因素方差分析，检验海豚中心样本中不同收入层受访者对场所涉入的差异性表现。数据结果表明：不同收入层在所有问项上无显著性差异（$P>0.05$）。1万元以下收入层（D1）得分均值介于3.767～4.372之间，1万～2万元收入层受访者（D2）场所涉入得分均值介于3.476～4.381之间，2万～5万元收入层受访者（D3）场所涉入得分均值介于3.676～4.297之间，5万～10万元收入层（D4）的场所涉入得分均值介于3.913～4.363之间，10万～20万元收入层（D5）的场所涉入得分均值介于4.036～4.494之间，20万元以上收入层（D6）场所涉入得分均值介于3.625～4.125之间。对整体量表的场所涉入得分均值进行考量发现，10万～20万元收入层场所涉入程度最强，得分均值为4.208；1万～2万元和5万～10万元收入层受访者得分均值亦大于4。以上三组收入层归属深度场所涉入。20万元及以上收入层受访者场所涉入程度最弱，得分均值为3.850；1万～2万元受访者场所涉入程度相对较弱，得分均值分别为3.991。以上两组均小于标准4，归属中度场所涉入。10万～20万元收入层受访者在总体样本、熊猫基地和海豚中心的场所涉入程度最高，这部分群体样本大多为受过高等教育的社会精英；收入20万元以上者场所涉入相对较浅，一部分原因该类型群体样本可能是商人或富人，受教育程度不高。

5. 不同家庭背景在场所涉入上无显著性差异

运用单因素方差分析，检验总体样本中不同家庭背景受访者对场所涉入的差异性表现（表7-10）。数据结果表明：不同家庭背景在场所涉入量表变量上无显著性差异（$P>0.05$）。单身（E1）得分均值介于3.654～4.116之间，配偶无子女（E2）场所涉入得分均值介于3.611～4.269之间，配偶并育有一子女（E3）场所涉入得分均值介于3.773～4.193之间，配偶并育有两子女及以上（E4）的场所涉入得分均值介于3.917～4.332之间。对整体量表的场所涉入得分均值进行考量发现，配偶并育有两子女和配偶育有一子女受访者场所涉入程度最强，得分均值为4.14和4.008。以上两组得分均值大于4，归属深度场所涉入群组。单身和配偶无子女受访者场所涉入程度相对较弱，得分均值为3.947和3.984。以上两组得分均值小

总体样本中不同家庭背景对场所涉入的差异性检验　　表 7-10

问项	统计值	不同家庭背景层受访者（N=954）				F	P
		E1（N=482）	E2（N=108）	E3（N=175）	E4（N=180）		
Q19-1	均值	3.969	3.815	4.085	4.144	1.935	0.089
	标准差	1.051	1.006	0.913	0.914		
Q19-2	均值	4.031	4.019	4.051	4.200	1.320	0.256
	标准差	0.943	0.917	0.870	0.828		
Q19-3	均值	3.967	4.269	3.938	4.105	0.573	0.721
	标准差	1.048	0.943	0.951	0.885		
Q19-4	均值	4.116	4.204	4.193	4.332	1.819	0.109
	标准差	0.922	0.746	0.776	0.738		
Q19-5	均值	3.654	3.611	3.773	3.917	1.549	0.175
	标准差	1.148	1.092	1.144	1.120		
总体量表	均值	3.947	3.984	4.008	4.140		
	标准差	0.991	0.903	0.878	0.841		

注：E1：单身；E2：配偶无子女；E3：配偶并育有一子女；E4：配偶并育有两子女及以上。

来源：根据SPSS数据统计分析结果整理。

于4，归属中度场所涉入群组。

运用单因素方差分析，检验熊猫基地样本中不同家庭背景受访者对场所涉入的差异性表现。数据结果表明：不同家庭背景在场所涉入量表变量上无显著性差异（$P>0.05$）。单身（E1）得分均值介于3.638～4.085之间，配偶无子女（E2）场所涉入得分均值介于3.5～4.316之间，配偶并育有一子女（E3）场所涉入得分均值介于3.789～4.129之间，配偶并育有两子女及以上（E4）的场所涉入得分均值介于3.347～4.286之间。对整体量表的场所涉入得分均值进行考量发现，配偶并育有两子女和配偶育有一子女受访者场所涉入程度最强，得分均值为4.024和4.00。以上两组得分均值大于4，归属深度场所涉入群组。单身和配偶无子女受访者场所涉入相对较弱，得分均值为3.929和3.963。以上两组得分均值小于4，归属中度场所涉入群组。

运用单因素方差分析，检验海豚中心样本中不同家庭背景受访者对场所涉入的差异性表现。数据结果表明：不同家庭背景在场所涉入量表重游意愿问项上（Q19-5）呈现显著性差异（$P<0.05$），其他问项无显著性差异。单身（E1）得分均值介于3.754～4.304之间，配偶无子女（E2）场所涉入得分均值介于3.671～4.214之间，配偶并育有一子女（E3）场所涉入得分均值介于3.690～4.517之间，配偶并育有两子女及以上（E4）的场所涉入得分均值介于4.083～4.394之间。其中配偶并育有两子女在Q19-5问项“未来五年内，我很有可能重游此地看大熊猫/海豚”上显著高于配偶无子女。对整体量表的场所涉入得分均值进行考量发现，配偶并育有两子女、配偶并育有一子女及单身受访者场所涉入程度最强，得分均值为4.182、4.048和4.046。以上三组得分均值大于4，归属深度场所涉入群组。配偶无子女受访者场所涉入相对较弱，得分均值为3.994，小于4，归属中度场所涉入群组。

7.3.3　人口地理学特征分析

在中国熊猫基地受访者中，按照场所涉入量表表现程度，以省为单位进行统计，结果发现，环境态度得分总值介于15～22之间。其中，得分在20分以上的省有：福建和内蒙古为22分，安徽、海南、河北、湖南、江苏、辽宁、陕西均为21分。得分在18分以下的为香港（15分）和天津（17分）。

在中国熊猫基地受访者英语问卷的统计中，以国家为单位，依据场所涉入量表得分总值进行排序，发现总值域值范围在15～26分之间。总体场所涉入得分较高，其中得分总值低于18分的国家共有2个，分别为德国（16分）和西班牙（15分）。而环境态度得分总值最高的5个国家为意大利（23分）、新西兰（23分）、斯洛伐克（22分）、安哥拉（21分）和加拿大（21分），丹麦、以色列、马拉维等11个国家得分在20分及20分以上。

在澳大利亚海豚中心受访者中，以国家为单位，依据场所涉入量表得分总值进行排序，总值在17～24分之间。在18分以下的两个国家为加拿大（17分）和约旦（17分），得分较高的5个国家分别为埃及（24分）、意大利（23分）、美国（22分）、荷兰（22分）、中国（21分），英国、新西兰等8个国家的场所涉入得分总值在20分及以上。

7.4 本章小结

根据场所涉入得分的不同，运用K-Means聚类分析，将野生动物旅游者分为两类：深度场所涉入者和中等场所涉入者。总体野生动物旅游者的涉入程度较深。根据总体样本的数据分析结果，深度场所涉入受访者样本数有710个，超过总样本的74.4%，中等场所涉入受访者样本数为240个，占总样本数的25.2%。

深度场所涉入大多为女性、收入较高、学历中等偏低，单身和已婚育有两子女以上占较大比例。中等场所涉入大多为单身年轻人、收入较低、学历中等偏高。中国熊猫基地中受访者的环境态度得分均值为3.954，澳大利亚海豚中心受访者的环境态度得分均值为4.101，总体而言澳大利亚海豚中心受访者的场所涉入略高于中国熊猫基地中的受访者。

依据场所涉入量表问项变量表现程度的分析，表现程度最高的问项为Q19-1“大熊猫/海豚旅游的花费很值”，而表现程度最弱的问项变量为Q19-5“未来五年内，我很可能会重游此地看大熊猫/海豚”。

运用单因素方差分析，检验不同人口统计学特征在场所涉入上的差异性表现（表7-11）。结果表明，在总体样本中，不同收入和教育程度在场所涉入中具有显著性差异，性别、年龄和家庭背景无显著性差异。中国熊猫基地中性别有显著性差异，年龄、收入、教育程度和家庭背景无显著性差异（表7-12）。在澳大利亚海豚中心受访者样本中，年龄和家庭背景具有显著性差异，性别、收入、家庭背景无显著性差异（表7-13）。

总体场所涉入程度量表差异分析汇总 表7-11

变量	涉入程度最高群体	涉入程度最低群体	主要特征	是否存在显著性差异
问卷类型	英语问卷	中文问卷		存在
案例地	澳大利亚	中国		存在
性别	女性	男性		不存在
年龄	50～59岁	20～29岁	年龄长者涉入程度较高	存在
学历	职业高中	博士	学历高者涉入程度较低	存在
婚姻	伴侣育有两子女	单身者	单身者涉入程度较低	存在
年收入	10万～20万元	低于1万元	收入高者涉入程度较高	存在

中国熊猫基地场所涉入程度量表差异分析汇总 表7-12

变量	涉入程度最高群体	涉入程度最低群体	主要特征	是否存在显著性差异
问卷类型				
性别	女	男		不存在
年龄	16岁以下和60岁以上	20～29岁	青年人涉入程度较低	不存在
学历	初中及以下	硕士	学历高者涉入程度较低	不存在
婚姻	伴侣育有两子女	伴侣无子女	伴侣育有两子女涉入程度高	不存在
年收入	10万～20万元	低于1万元	收入高者涉入程度较高	存在
居住地	意大利、新西兰、斯洛伐克	西班牙、德国、波兰		

澳大利亚海豚中心场所涉入程度量表差异分析汇总 表7-13

变量	涉入程度最高群体	涉入程度最低群体	主要特征	是否存在显著差异
性别	女	男		不存在
年龄	50～59岁	20～29岁	年龄长者涉入程度较高	存在
学历	初中及以下	硕士	学历高者涉入程度较低	不存在
婚姻	伴侣育有两子女	伴侣无子女	伴侣育有两子女涉入程度高	存在
年收入	10万～20万元	低于1万元	收入高者涉入程度较高	存在
居住地	埃及、意大利、美国	约旦、加拿大、西班牙		

人口统计学特征在场所涉入量表的差异分析汇总见表7-14。

人口统计学特征在场所涉入程度量表的差异分析汇总 表7-14

人口统计学特征	总体样本	中国熊猫基地样本	澳大利亚海豚中心样本
性别	不显著	显著	不显著
年龄	显著	不显著	显著
收入	显著	不显著	不显著
教育程度	显著	不显著	不显著
家庭背景	不显著	不显著	显著

场所涉入是近几年新兴的旅游研究热点，在一些研究领域中进行应用并检验，如影视旅游（邵隽，2010）、博物馆旅游（程双双，2012）、入境旅游（张宏梅 等，2010）、生态旅游（王郝，2008）、自驾车旅游（王秀娟，2009）等，本书中的涉入理论应用在野生动物旅游情境中，进一步拓展了涉入理论的应用范围。

中国熊猫基地和澳大利亚海豚中心受访者场所涉入程度差异显著。究其原因：一是生境类型不同。中国熊猫基地为半圈养生境，而澳大利亚海豚中心为野外生境。野外生境的受访者场所涉入程度较深，环境态度较好。澳大利亚的生态环境保护得很好，野生动物旅游很受欢迎，是澳大利亚旅游业中产业比例最高的一项。二是与两地游客的收入水平和旅游消费特征相关。中国旅游业发展时间较短，人们收入水平相对较低，旅游的消费正在从观光向休闲转变；而西方受访者收入较高，旅游消费早已跨入休闲度假阶段。三是西方社会的求新、独立、冒险精神促使旅行社偏爱接近自然、挑战自然，而中国旅游者更偏好观光、拍照等活动项目。

第 8 章

风险感知、环境态度和场所涉入（REI）模型探索和验证

依据相关研究，不仅消费者的涉入前因对其涉入程度和购买意愿存在影响，而且这些变量之间也相互影响（Zaichkowsky，1985）。风险感知为场所涉入的前置影响因素，对场所涉入具有显著影响；而同时假设环境态度为场所涉入的前置影响因素，对场所涉入具有显著影响。假设风险感知与环境态度之间为互相影响的关系。

结构模型的概念化主要是界定潜在变量间的假设关系，模型发展阶段关注于结构模型的关系界定，以形成可以作为统计检验的理论架构。结构方程模型（SEM模型）的分析过程中，从变量内容的界定、变量关系的假设、参数的设定，到模型的建立与修正，其间的每一个步骤都以理论概念或逻辑推理为依据。本章构建野生动物旅游情境下风险感知、环境态度和场所涉入之间的关系概念模型。概念模型的构建过程就是理论形成的过程。构成理论的要素包括代表各类现象的概念与研究所涉及的概念之间的关系的假设。从研究的逻辑顺序而言，本章是对前面章节的递进和延续。本书前一章通过描述性统计分析和单因素方差检验分析了三个量表的表现程度以及不同情境下各量表致异因子。在本章主要探索验证三个量表所构成的三个潜变量风险感知、环境态度和场所涉入之间的关系。

一个完整的SEM分析程序主要有以下几个步骤：模型的假设、模型辨识、参数估计、适配度检验、模型再确认（Bollen et al.，1993）。

8.1 研究模型验证

结构方程模型的分析步骤如图8-1所示，在模型构建和模型假

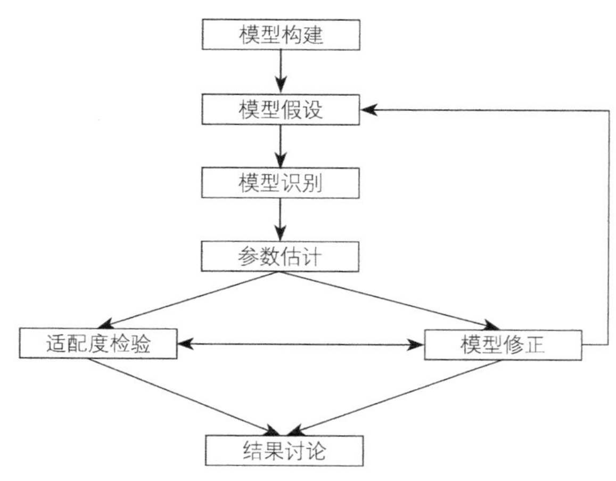

图8-1 结构方程模型的分析步骤
[来源：依据Bollen等（1993）修改绘制]

设之后，要进行模型的识别，确认构建SEM模型中观察变量和样本数据是可以辨识的，只有可以被辨识，方可进行后续分析。

8.1.1 研究模型的整体识别

模型识别第一步是计算数据点数目与模型中参数的数目。数据点的数目是样本中方差与协方差的数目，参数的数目是模型中待估计的回归系数、方差、协方差、均值与截距项的总数目（Tabachnick et al.，2007）。在SEM模型的估计程序中，数据点的数目与提供的方程式有关，假设SEM模型中共有p个外因测量指标（外衍观察变量）、q个内因测量指标（内衍观察变量），则形成的数据点数目（DP）为（$p+q$）（$p+q+1$）/2个，数据点数目包含所有观察变量的协方差与方差。若待估计的自由参数个数为t个，则模型的自由度df=（$p+q$）（$p+q+1$）/2−t，根据自由度df的正负号，可进行整体模型识别，此种模型识别的方法称为t法则（t-rule）。t法则数据表达条件如下：

$$t \leqslant (p+q)(p+q+1)/2$$

依据t法则，$df>0$，此种模型称为过度识别。表示数据点数目多于估计参数总数，估计结果是允许拒绝虚无假设（假设模型无法与样本数据契合）。此种模型为研究者所期望提供的。若$df<0$，为低度识别模型。数据点数目少于估计参数总数，模型中所提供的信息少于自由参数个数，模型估计无法获得唯一解。若$df=0$，为正好识别模型或饱和模型，数据点数目与待估计参数数目相同。此种模型合适性的假设无法被检验，因而此种模型没有实务应用价值（Tabachnick et al.，2007）。

依据参数估计t法则，本书的研究模型所要估计的参数数量为50，即t=50，而研究群组的DP=（20+6）（20+6+1）/2=351，即$t<DP$；依据Bollen（1989）所提出的t法则标准判定，本书构建模型属于过度识别模型。

8.1.2 研究模型的测量模型识别

本书中每个一阶潜在变量皆至少有3个（含）以上的观察变量加以估计，且每个观察变量只用以估计单一潜在变量。此外，假设残差间并没有共变假设，且潜在变量的方差自由度可自由估计，故本书的研究测量模型皆可被识别。

8.1.3 参数估计临界值检验

Anderson（1984）认为利用MLE（最大参数估计）估计参数时，样本数应至少大于150个。Marsh等人（2004）认为，观察变量与潜在变量间的比值为3∶1或4∶1时，则样本数至少要有100个；若比值为6∶1以上，则50个样本即可（黄芳铭，2004）。

本书实证研究中中国熊猫基地有效样本数为650个，澳大利亚海豚中心样本数为304个，总体样本数为954个；此外，本书总体样本、中国熊猫基地和澳大利亚海豚中心等三组数据样本的研究模型中一阶潜变量所属的观察变量为20个，一阶潜变量为5个，比例为4∶1；二阶潜在变量所属的观察变量为3个，二阶潜变量为1个，其比值为3∶1。上述分析表明，本书构建的研究模型符合Anderson（1984）和Marsh等人（2004）关于参数估计临界值检验的要求，因此，可用MLE进行参数估计。

8.1.4 数据资料正态分布检验

使用MLE估计参数的前提是数据必须满足正态假设（陈宽裕，2018）；通过实证研究所取得的实际测量数据应符合正态分布的要求。当观察变量单变量呈正态分布时，其多元正态分布的假设也会成立；而通过观察变量分布的偏态和峰度，可判定观察变量是否符合正态性，依据Mardia正态分布检验方法，只要数据的偏态和峰度系数介于±2之间，则符合正态分布（Mardia et al.，1983）。Kline（1998）认为，如果变量的偏度系数大于3，峰度系数大于8，表示样本变量的分布不为正态；如果峰度系数值大于20，则偏正正态的情形可能比较严重。

由检验结果（表8-1）可以看出，总体样本研究模型观察变量实际数据值的偏态绝对值最小值为0.068、最大值为1.813，峰态系数绝对值最小值为0.157、最大值为1.719，均符合Mardia等人（1983）和Kline（1998）建议的单变量正态分布检验标准，表明基于总体样本研究模型的观察变量符合单变量正态分布的要求。

基于澳大利亚海豚中心样本的研究模型观察变量实际数据的偏态系数绝对值最小为0.624，最大为1.603，峰态系数绝对值最小为0.215，最大为1.888，均符合Mardia等人（1983）和Kline（1998）建议的单变量正态分布检验标准，表明基于澳大利亚海豚中心样本研究模型的观察变量符合单变量正态分布的要求。基于中国熊猫基地样本的研究模型观察变量实际数据的偏态系数绝对值最

表8-1

模型正态分布检验结果

问项	总体样本（N=954）				澳大利亚海豚中心样本（N=304）				中国熊猫基地样本（N=650）			
	均值	标准差	偏态系数	峰态系数	均值	标准差	偏态系数	峰态系数	均值	标准差	偏态系数	峰态系数
Q17-1	2. 414	1. 110	0. 414	-0. 381	2. 537	1. 169	0. 373	-0. 515	2. 357	1. 078	0. 416	-0. 335
Q17-2	2. 447	1. 022	0. 279	-0. 441	2. 287	1. 093	0. 556	-0. 325	2. 522	0. 979	0. 167	-0. 408
Q17-3	2. 677	1. 134	0. 180	-0. 671	2. 468	1. 185	0. 433	-0. 632	2. 774	1. 098	0. 085	-0. 592
Q17-4	2. 198	1. 128	0. 679	-0. 349	1. 720	0. 979	1. 448	1. 702	2. 418	1. 124	0. 449	-0. 539
Q17-5	2. 013	1. 071	0. 821	-0. 157	1. 530	0. 905	1. 833	1. 888	2. 235	1. 069	0. 554	-0. 412
Q17-6	2. 040	1. 156	0. 841	-0. 311	1. 442	0. 899	1. 340	1. 230	2. 317	1. 157	0. 486	-0. 700
Q17-7	2. 252	1. 148	0. 580	-0. 532	1. 664	0. 968	1. 603	1. 295	2. 525	1. 123	0. 299	-0. 647
Q17-8	2. 236	1. 143	0. 661	-0. 369	1. 551	0. 830	1. 845	1. 984	2. 552	1. 130	0. 358	-0. 569
Q17-9	2. 343	1. 222	0. 545	-0. 705	1. 640	0. 894	1. 366	1. 521	2. 667	1. 217	0. 262	-0. 873
Q19-1	4. 008	0. 999	-1. 204	1. 346	3. 954	0. 955	-1. 033	1. 141	4. 034	1. 019	-1. 283	1. 465
Q19-2	4. 066	0. 905	-1. 188	1. 719	4. 149	0. 777	-1. 203	1. 765	4. 028	0. 958	-1. 136	1. 285
Q19-3	4. 024	0. 993	-1. 012	0. 711	4. 162	0. 905	-1. 055	0. 944	3. 960	1. 026	-0. 971	0. 556
Q19-4	4. 182	0. 845	-1. 359	2. 589	4. 342	0. 686	-0. 993	1. 749	4. 106	0. 901	-1. 342	1. 231
Q19-5	3. 724	1. 137	-0. 625	-0. 250	3. 898	1. 040	-0. 769	0. 215	3. 642	1. 172	-0. 546	-0. 422
Q10-1	2. 883	1. 562	0. 068	-1. 588	4. 112	0. 995	-1. 378	1. 649	2. 308	1. 443	0. 740	-0. 933
Q10-2	3. 654	1. 261	-0. 630	-0. 808	3. 500	1. 221	-0. 317	-1. 180	3. 726	1. 274	-0. 781	-0. 565
Q10-3	3. 818	1. 192	-0. 740	-0. 392	3. 106	1. 059	-0. 179	-0. 359	4. 151	1. 101	-1. 273	0. 831
Q10-4	4. 307	1. 094	-1. 813	1. 550	4. 416	1. 067	-1. 078	3. 526	4. 256	1. 104	-1. 713	1. 239
Q10-5	2. 708	1. 464	0. 272	-1. 363	3. 704	1. 188	-0. 624	-0. 636	2. 242	1. 344	0. 797	-0. 663

来源：根据SPSS数据统计分析结果整理。

小为0.085，最大为1.713，峰态系数绝对值最小为0.335，最大为1.465，均符合Mardia等人（1983）和Kline（1998）建议的单变量正态分布检验标准，表明基于中国熊猫基地样本研究模型的观察变量符合单变量正态分布的要求。

8.2　研究测量模型验证性因素分析

研究测量模型验证性因素分析的目的是，验证观察变量是否能够正确地测量到其对应的潜在变量与测量模型的聚合效度和区别效度是否符合检验标准要求。本书参考Fornell等人（1981）、Bagozzi等人（1998）与Hair等人（2012）的研究，以SMC值、CR值与AVE值三项较常使用的检验指标来评价测量模型的聚合效度具体情况，见表8-2和表8-3所列，在测量模型的区别效度检验方面，本书采用Fornell等人（1981）提出的AVE值与潜在变量配对相关值比较法，以检验量表属性间是否属于不同概念。

整体型研究结构模型整体拟合指标情况　　表8-2

整体拟合指标		检验临界值	文献
绝对拟合度指标	χ^2	越小越好	Hair等人（2010）
	df	……	
	χ^2/df	＜5	MacCallum等人（1994）
	GFI值	＞0.80	
	AGFI值	＞0.80	
	RMSEA值	＜0.08	
增量拟合度指标	NFI值	＞0.90	Bentler（1992）
	NNFI值	＞0.90	
	CFI值	＞0.90	MacCallum等人（1994）
精简拟合度指标	PNFI值	＞0.5	黄芳铭（2007）

来源：吴明隆，2010。

研究测量模型CFA检验指标说明 表8-3

指标名称	理想临界值	适用说明
因素负荷量	越大越好 ＞0.5	因素负荷量越高，问项与量表属性间的相关性越高；其数值最好在0.7以上，Hair等人（2012）建议可将值放宽至0.5
多元相关系数平方SMC值	越大越好 ＞0.5	检验问项的解释能力，SMC值越高，问项解释量表属性的能力越佳；Fornell等人（1981）建议SMC值最好高于0.5
组成信度CR值	越大越好 ＞0.6	检验所有问项对量表属性信度的组成。CR值越高，表示观察变量越能测出潜在变量；Fornell等人（1981）建议CR值最好高于0.6
平均方差萃取量AVE值	越大越好 ＞0.5	AVE值越高，量表属性具有越高的信度和聚合效度，量表属性的概念越能被所属的问项所代表；Fornell等人（1981）建议AVE值应在0.5以上
误差变异t	＞1.96	等于参数估计值与估计值标准误的比值。比值绝对值大于1.96，则参数估计值达到0.05显著水平（Bagozzi et al.，1998）
临界比	绝对值 ＜2.58	临界比绝对值大于2.58，则参数估计值达到0.01显著水平（吴明隆，2010）

来源：吴明隆，2010；Bagozzi et al.，1998。

8.2.1 风险感知量表聚合效度检验

就一阶因素聚合效度检验而言，中国熊猫基地、澳大利亚海豚中心以及总体样本三个样本群组测量模型风险感知量表所有因素的因素负荷量最小值分别为0.64、0.61和0.61（表8-4），均高于Hair等人（2012）建议的临界值0.5；SMC值的最小值分别为0.502、0.551和0.553，均高于Fornell等人（1981）建议的临界值0.5；CR值的最小值分别为0.758、0.748、0.788，均高于Fornell等人（1981）建议的临界值0.6；AVE值的最小值分别为0.511、0.500和0.554，均高于Fornell等人（1981）建议的临界值0.5。t的最小值分别为51.057、29.486、54.527，均大约1.96（吴明隆，2010）。而最小标准差的值分别为0.038、0.048、0.033，绝对值小于2.58（吴明隆，2010）。上述检验数据表明，三个样本群组研究测量模型的风险感知量表一阶因素具有较好的信度和效度聚合。

就二阶因素的聚合效度而言，中国熊猫基地、澳大利亚海豚中心以及总体样本研究测量模型风险感知量表中，有属性的因素负荷量最小值为0.57、0.71和0.57（表8-5，图8-2～图8-4），均高于

研究测量模型风险感知量表一阶因素聚合效度检验结果　表8-4

研究群组	一阶因素量表属性	观察变量问项题号	标准化因素负荷量	t	标准差	SMC值	CR值	AVE值
中国熊猫基地	体验质量风险	Q17-1	0.78	64.436	0.043	0.589	0.800	0.574
		Q17-2	0.84	65.657	0.038	0.591		
		Q17-3	0.64	55.754	0.042	0.582		
	身体安全风险	Q17-4	0.65	51.057	0.045	0.583	0.758	0.511
		Q17-5	0.71	53.337	0.042	0.586		
		Q17-6	0.78	54.848	0.044	0.589		
	舒适性风险	Q17-7	0.72	55.872	0.048	0.587	0.794	0.563
		Q17-8	0.77	57.585	0.044	0.588		
		Q17-9	0.76	57.328	0.044	0.588		
澳大利亚海豚中心	体验质量风险	Q17-1	0.79	36.333	0.068	0.551	0.789	0.561
		Q17-2	0.85	36.470	0.063	0.602		
		Q17-3	0.58	37.835	0.067	0.506		
	身体安全风险	Q17-4	0.71	27.977	0.052	0.599	0.789	0.556
		Q17-5	0.83	29.486	0.052	0.682		
		Q17-6	0.69	30.638	0.056	0.573		
	舒适性风险	Q17-7	0.70	31.975	0.051	0.563	0.748	0.500
		Q17-8	0.61	32.609	0.048	0.615		
		Q17-9	0.80	29.980	0.056	0.604		
总体样本	体验质量风险	Q17-1	0.76	72.912	0.037	0.584	0.799	0.575
		Q17-2	0.88	73.977	0.033	0.606		
		Q17-3	0.61	67.169	0.036	0.558		
	身体安全风险	Q17-4	0.70	54.527	0.037	0.587	0.788	0.554
		Q17-5	0.76	58.061	0.035	0.584		
		Q17-6	0.77	60.200	0.037	0.589		
	舒适性风险	Q17-7	0.75	59.208	0.040	0.553	0.824	0.605
		Q17-8	0.78	60.408	0.037	0.597		
		Q17-9	0.81	60.614	0.037	0.671		

来源：根据AMOS输出结果整理。

研究测量模型风险感知量表二阶因素聚合效度检验结果　表8-5

研究群组	二阶因素	观察变量量表属性	标准化因素负荷量	SMC 值	CR 值	AVE 值
中国熊猫基地	风险感知	体验质量风险	0.57	0.500	0.819	0.601
		身体安全风险	0.80	0.644		
		舒适性风险	0.93	0.862		
澳大利亚海豚中心	风险感知	体验质量风险	0.75	0.518	0.860	0.676
		身体安全风险	0.71	0.565		
		舒适性风险	0.98	0.988		
总体样本	风险感知	体验质量风险	0.57	0.526	0.850	0.665
		身体安全风险	0.83	0.682		
		舒适性风险	0.99	0.977		

来源：根据AMOS输出结果整理。

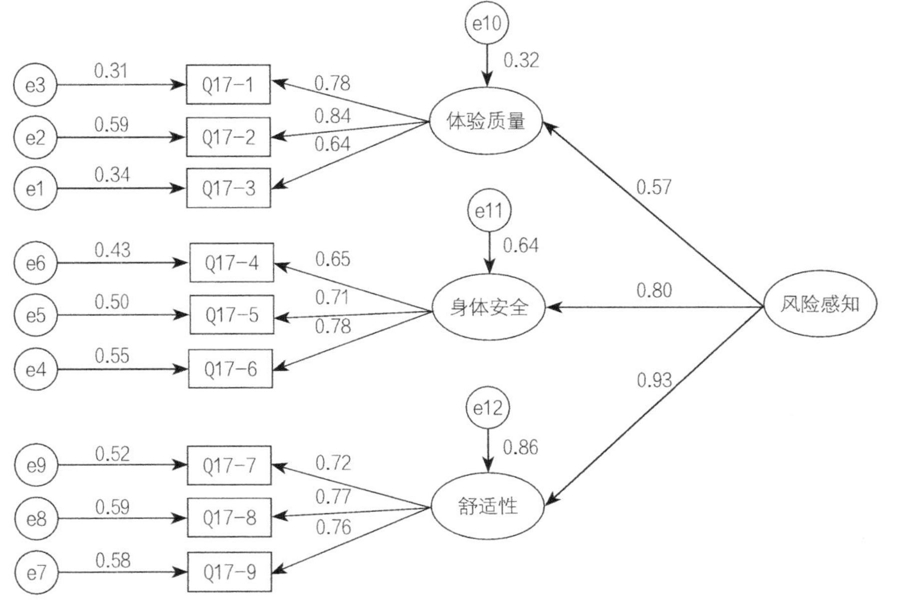

图8-2 中国熊猫基地样本风险感知量表测量模型图
（来源：AMOS输出结果）

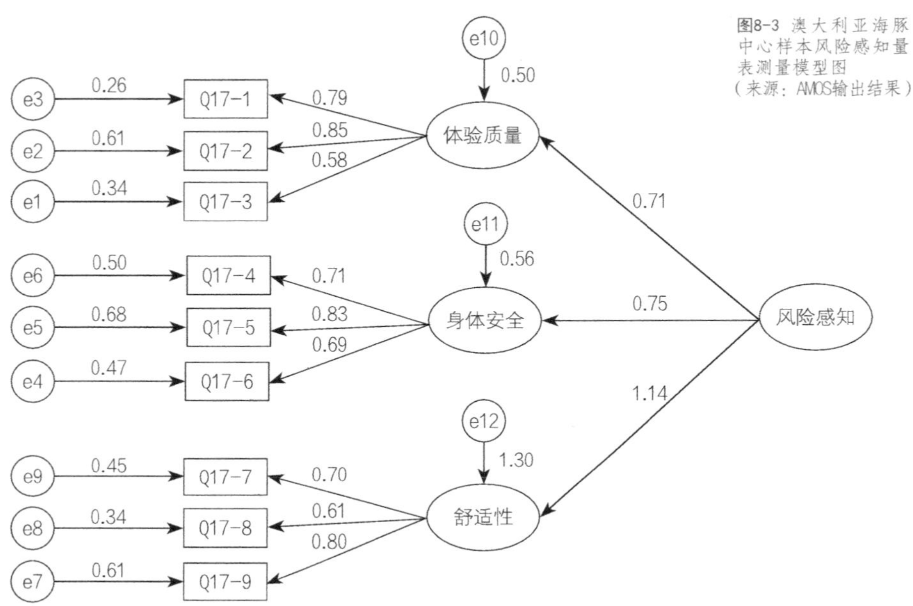

图8-3 澳大利亚海豚中心样本风险感知量表测量模型图
（来源：AMOS输出结果）

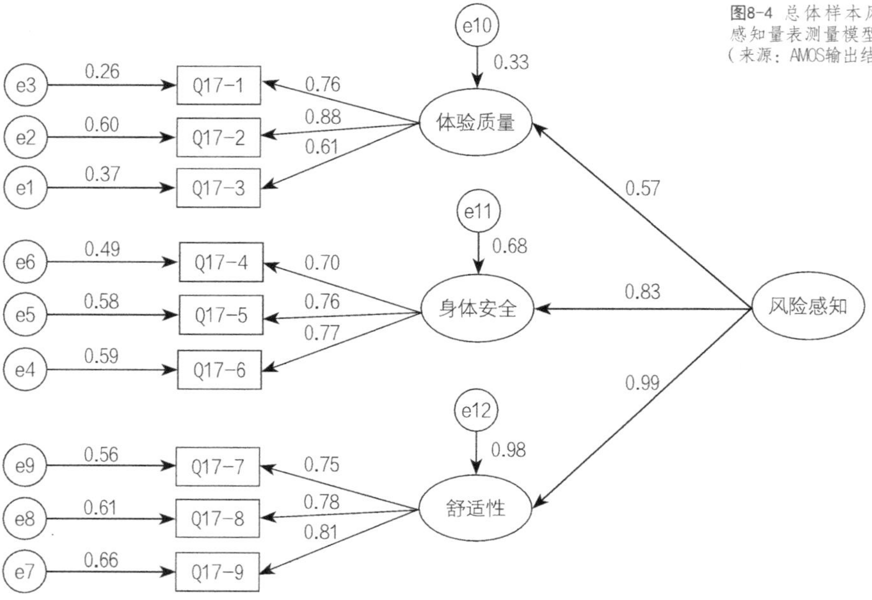

图8-4 总体样本风险感知量表测量模型图
（来源：AMOS输出结果）

Hair等人（1998）建议的临界值0.5；SMC值的最小值分别为0.500、0.518和0.526，均高于Fornell等人（1981）建议的临界值0.5；CR值的最小值分别为0.819、0.860、0.850，均高于Fornell等人（1981）建议的临界值0.6；AVE值的最小值分别为0.601、0.676和0.665，均高于Fornell等人（1981）建议的临界值0.5。上述检验数据表明，三个样本群组研究测量模型的风险感知量表二阶因素具有较好的信度和效度聚合。

8.2.2 二阶拟合指标分析

风险感知量表共计9个问项，为使观察变量得以缩减及验证风险感知量表属性衡量维度设置的合理性，本书通过SEM模型二阶验证性因素分析法加以检验。通过研究测量模型二阶拟合指标情况（表8-6）可以看出，总体样本、中国熊猫基地样本和澳大利亚海豚中心样本，显示拟合指标较好。

风险感知量表的拟合指数 表8-6

风险感知	卡方值χ^2	自由度df	χ^2/df	CFI值	NFI值	PNFI值	RMSEA值
中国熊猫基地	100.131	24	4.172	0.957	0.944	0.957	0.070
澳大利亚海豚中心	43.895	9	4.877	0.944	0.925	0.944	0.079
总体样本	112.471	24	4.686	0.959	0.952	0.959	0.075
临界值	越小越好	—	＜5	＞0.9	＞0.9	＞0.5	＜0.08

来源：根据AMOS输出结果整理。

8.3 结构模型拟合与路径分析

8.3.1 整体结构模型的拟合度分析

在研究测量模型通过CFA验证后，本书即对三个样本群组的研究结构模型进行拟合与路径分析，用以检验研究结构模型符合实证研究数据的可靠程度，并对研究结构模型二阶因素彼此间因果关系的参数进行估计，作为中国熊猫基地和澳大利亚海豚中心两个不同研究群组间研究结构模型因果关系影响程度差异比较的数据依据。

首先，检验总体样本、中国熊猫基地和澳大利亚海豚中心三个研究数据模型的整体拟合程度（图8-5），验证模型与数据匹配程度。当研究结构模型符合整体拟合标准时，则通过路径分析法对研究结

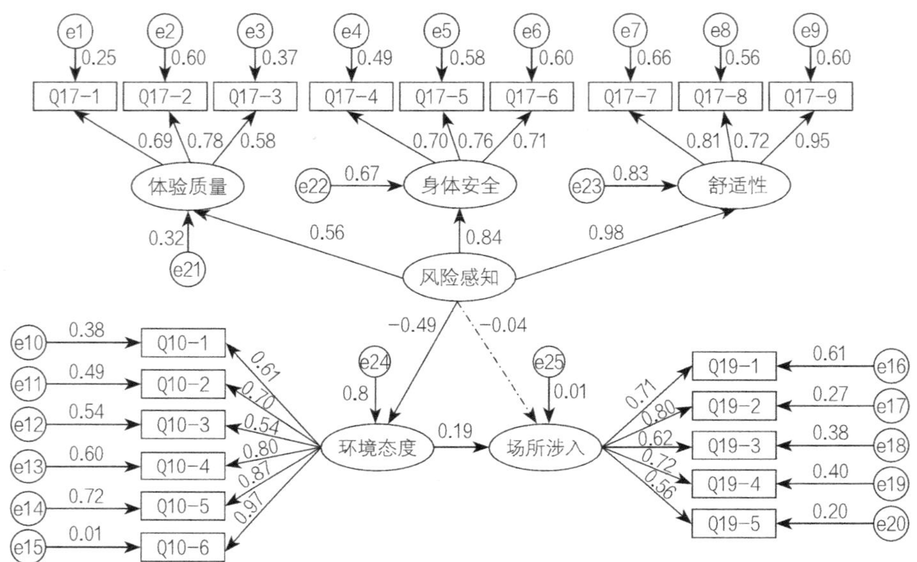

图8-5 预设REI模型总体样本检验
（来源：AMOS输出结果）

构模型潜在变量间的因果路径关系系数予以估计。整体拟合度的检验用于评价整个模型与观察变量数据的拟合程度，主要参考标准指标有，Hair等人（2012）提出的绝对拟合度指标卡方值χ^2、自由度df，以及χ^2/df的检验临界值χ^2越小越好，且χ^2/df应小于5。Bentler（1990）提出的比较拟合指数（Comparative Fit Index，CFI），MacCallum等人（1994）建议CFI检验的临界值要大于0.9；Bentler等人（1980）提出的标准拟合指数（Normed Fit Index，NFI）、Bentler（1990；1992）指出NFI检验的临界值要大于0.9；Bollen（1989）提出的增量拟合指数（Incremental Fit Index，IFI）以及Steiger（2000）提出的近似误差均方根（Root Mean Square Error of Approximation，RMSEA）。MacCallum等人（1994）建议RMSEA值小于0.1即可被接受，模型拟合较好，对模型指标的检验不一定要求所有指标都符合。

最后，如果模型拟合不好，需要对模型进行修正，并重新进行模型评价。但是，模型修正需要以理论为基础，以做出合理的解释为修正模型的前提，一般不提倡纯粹为拟合数据而修正模型（史春云 等，2008）。对初始结构方程模型的检验发现，模型和样本数据适配度较好。但NFI为0.884，不大于检验临界值0.9，但0.884较接近检验临界值。其中χ^2/df 为4.69，接近5，RMESA值为0.062，小于0.1，其他指标均大于临界检验值，说明模型具有较好的拟合优度（表8-7）。同时，发现风险感知—场所涉入的路径系数较小且不显著，该路径系数仅为-0.06，且$P>0.01$。修正指标若大于3.84，表示模型的参数有必要加以修正，可将限制或固定的参数改为自由参数（吴明隆，2010）。接下来，根据AMOS软件提供的修正指标及期望参数改变值对假设理论模型做适度修正。根据AMOS提供的修正指标，将e1和e4，e10和e11，e12和e13三组固定参数（图8-6），建立共变关系，改为自由参数。得到新的模型拟合度参数检验值（图8-7、图8-8），拟合指数全部通过检验。

假设模型REI拟合优度检验　　表8-7

整体模型	卡方值 χ^2	自由度 df	χ^2/df	CFI 值	NFI 值	IFI 值	RMSEA 值
总体样本	769.195	164	4.690	0.906	0.884	0.906	0.062
临界值	越小越好	—	<5	>0.9	>0.9	>0.9	<0.1

来源：根据AMOS输出结果整理。

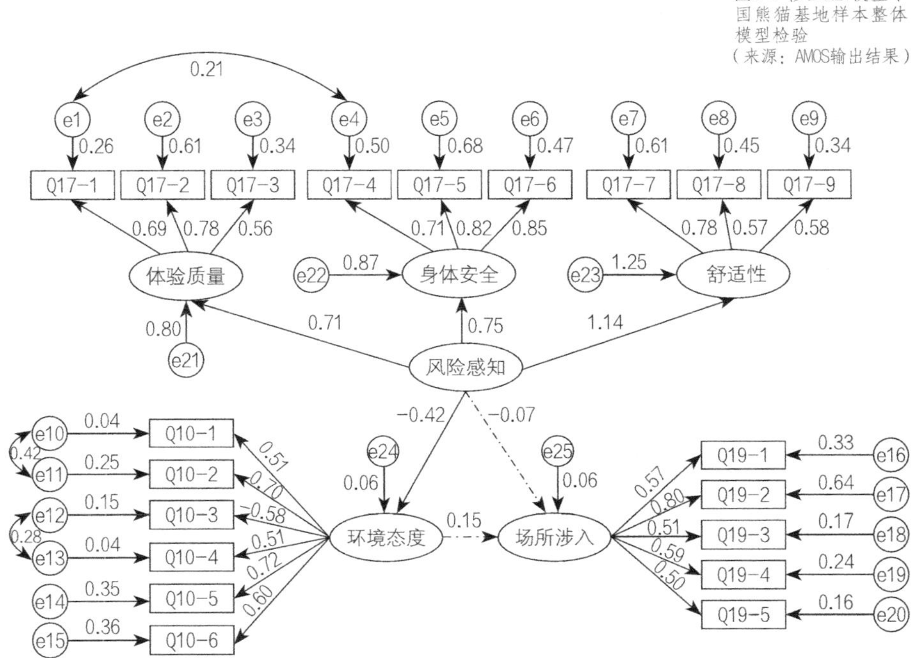

图8-6 修正REI模型中国熊猫基地样本整体模型检验
（来源：AMOS输出结果）

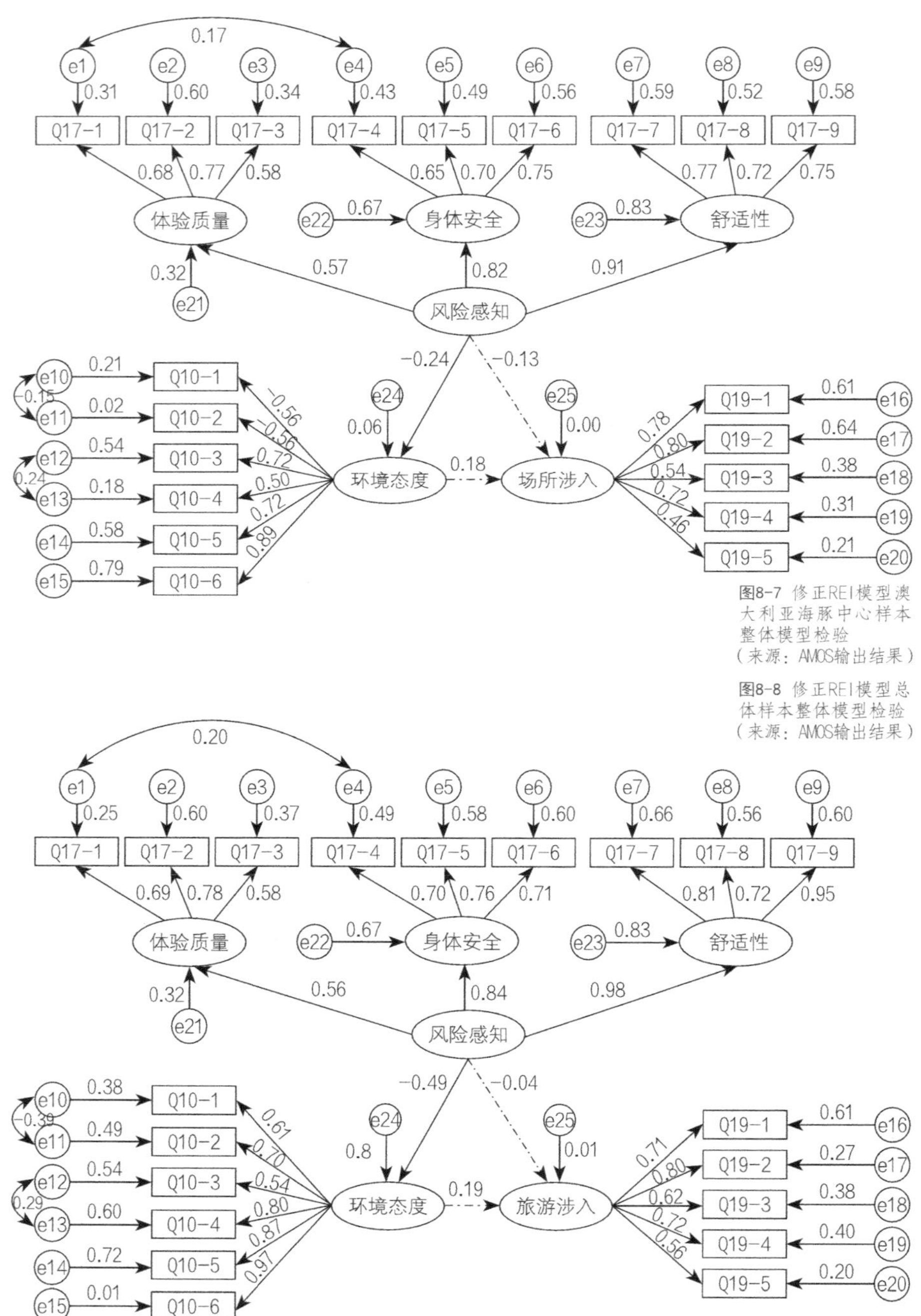

图8-7 修正REI模型澳大利亚海豚中心样本整体模型检验（来源：AMOS输出结果）

图8-8 修正REI模型总体样本整体模型检验（来源：AMOS输出结果）

研究中国熊猫基地、澳大利亚海豚中心和总体样本的REI拟合度指标值可以发现，卡方与自由度比值分别为2.659、2.159和3.31，均小于临界值5（表8-8）。近似误差均方根RMSEA值分别为0.051、0.062和0.049，均小于临界值0.1；CFI值、NFI值、IFI值的值均大于0.9。检验值皆符合相关学者建议的较严谨的拟合度指标检验临界值，表明REI模型在三组数据中都具有较好的拟合效度。因而可进一步通过路径分析法对潜在变量间的因果关系路径参数进行估计，并针对潜变量间的因果含义加以解释。

REI模型拟合指数　表8-8

样本类型	卡方值 χ^2	自由度 df	χ^2/df	CFI 值	NFI 值	IFI 值	RMSEA 值
中国熊猫基地样本	428.080	161	2.659	0.935	0.900	0.935	0.051
澳大利亚海豚中心样本	347.631	161	2.159	0.952	0.967	0.955	0.062
总体样本	532.931	161	3.31	0.942	0.919	0.942	0.049
临界值	越小越好	—	<5	>0.9	>0.9	>0.9	<0.1

来源：根据AMOS输出结果整理。

8.3.2　整体结构模型的路径分析

通过验证性因子分析模型的拟合情况可对量表的结构效度进行检验，因此，使用结构方程模型评价中的模型拟合指数评价即可检验数据的效度。在AMOS软件中对REI模型进行路径分析，选择最大似然估计法对该模型进行检验。表8-9总结了在三个不同样本数据中REI模型整体路径参数和假设检验的验证结果，其依据的标准是Diamantopoulos等人的研究成果（2000）。对中国熊猫基地的REI模型进行检验，发现两条路径的路径系数较小且不显著（表8-9）。而风险感知对环境态度的影响路径系数为0.950，且$P<0.001$，表明风险感知对环境态度具有负面显著性影响，即风险感知越高，环境态度越倾向人类中心主义。另两条路径的路径系数极小且$P>0.05$，表明风险感知对场所涉入的影响不显著，环境态度与场所涉入的直接相关性不显著。对澳大利亚海豚中心的REI模型进行检验，发现风险感知与场所涉入路径的路径系数为-0.170，且$P>0.05$，表明风险感知对场所涉入的直接影响非常小，而且不显著。而环境态度与场所涉入之间的路径系数为0.124，$P=0.039<0.05$，接受虚

无假设，表明环境态度对场所涉入间具有正向影响，且影响显著，但是总体影响程度不高，即环境态度越倾向于生态中心主义的人，场所涉入程度越深。风险感知与环境态度间的路径系数为-0.45，且P=0.004＜0.05，表明风险感知对环境态度具有负向的显著影响。对总体样本数据的REI模型进行验证，发现风险感知与场所涉入路径系数为-0.49，且P＜0.001，表明风险感知对场所涉入具有负向的显著影响。风险感知与环境态度的路径系数为-2.346，且P＜0.05，表明风险感知对环境态度具有负向影响，且影响显著。环境态度与场所涉入的路径系数为0.042，其P=0.44＜0.05，表明环境态度对场所涉入具有正向显著影响。

整体结构模型因果路径参数估计结果　表8-9

样本类型	序号	路径	估计值	标准误差	临界比值	P	是否成立
中国熊猫基地样本	H1	风险感知→环境态度	0.950	0.209	4.553	＜0.001	是
	H2	风险感知→场所涉入	-0.017	0.125	-0.137	0.891	否
	H3	环境态度→场所涉入	-0.018	0.030	-0.582	0.561	否
澳大利亚海豚中心样本	H1	风险感知→环境态度	-0.450	0.157	-2.857	0.004	是
	H2	风险感知→场所涉入	-0.170	0.097	-1.753	0.080	否
	H3	环境态度→场所涉入	0.124	0.060	2.066	0.039	是
总体样本	H1	风险感知→环境态度	-2.346	0.282	-8.320	＜0.001	是
	H2	风险感知→场所涉入	-0.096	0.110	-0.872	0.383	否
	H3	环境态度→场所涉入	0.042	0.023	1.850	0.044	是

来源：根据AMOS输出结果整理。

8.4 本章小结

对三组数据样本REI模型进行适配度检验发现：

（1）风险感知对环境态度具有显著性负向影响。即风险感知越高，环境态度越倾向于人类中心主义；风险感知越低，环境态度越倾向于生态中心主义。该结论在三组数据中都得到证实。

（2）风险感知对场所涉入无显著性影响。风险感知的高低与涉入间有着负向的影响关系，即风险感知高，场所涉入则比较低，但这种影响不显著。

（3）环境态度对场所涉入的影响是正向的。此路径在中国熊猫基地和澳大利亚海豚中心有着不同的结论，澳大利亚海豚中心支持显著性影响，而中国熊猫基地中的影响不显著。总体样本受中国熊猫基地样本数较多的影响，该路径结论与中国熊猫基地结论一致，也不显著。

野生动物旅游者对旅游活动的风险感知越高，其环境态度越倾向人类中心主义。风险感知—环境态度的模型关系包含两个方面，野生动物旅游REI模型如图8-9所示。根据涉入理论，在本书分析的基础上，得出了野生动物场所涉入模型（图8-10）。

分析其中的原因，澳大利亚海豚中心受访者的环境态度都较高，倾向生态中心主义，不同人口统计学特征中的环境态度差别不明显。两个案例地受访者的总体场所涉入水平都比较高，不同人口统计学特征的场所涉入差别不明显。在两个潜变量相对无显著差异的时候，两者之间呈现了一定的显著相关。而在中国熊猫基地中，单因素方差分析表明，受访者的环境态度差别较大，这对模型的结果可能会有一定的影响。

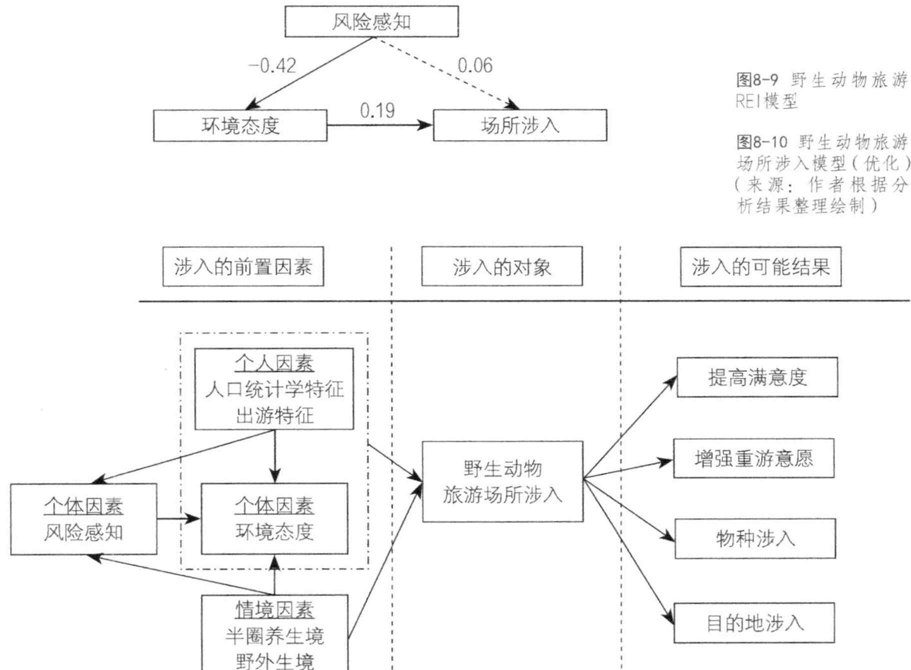

图8-9 野生动物旅游REI模型

图8-10 野生动物旅游场所涉入模型（优化）（来源：作者根据分析结果整理绘制）

第 9 章

结论与讨论

野生动物旅游在世界范围内蓬勃发展，在我国也渐趋规模化、常态化。以遇见接触野生动物为目的的旅游活动成为很多亲子家庭出游的首选，同时，旅游活动对野生动物及其生境会造成一定的负面影响，不恰当的游客行为会带来疾病传播、干扰野生动物正常生理习性、威胁野生动物生命安全等问题，亟待加强对野生动物旅游的研究和管理。

本书从野生动物旅游地面临的保护与发展基本矛盾入手，基于计划行为理论和涉入理论，采用结构方程模型方法，以中国大熊猫基地和澳大利亚海豚中心两个案例地，涵盖圈养生境、半圈养生境及野外生境类型，探讨了野生动物旅游者行为特征以及风险感知、环境态度以及场所涉入的心理特征及影响机制，揭示了野生动物旅游者与目的地互动中的规律，为全国野生动物生境地的可持续发展提供决策依据和科学的理论指导。野生动物旅游作为新兴旅游方式在我国还缺乏相关学术研究，对该类型进行系统性的、机制性的研究，可拓展国内旅游地理学和行为地理学研究领域，对丰富中国人文地理学研究体系也有一定的必要性。

9.1 主要结论

1．系统梳理国内外野生动物旅游研究，探索性阐释野生动物旅游的本土内涵

结合目前我国市场发展的阶段，对野生动物旅游的概念内涵进行本土情境诠释：以遇见野生动物为主要目的，前往野外自然生境或人工生境，而发生的非定居旅行和游览过程中的一切现象和关系的总和。邂逅的生境包括野外生境和人工生境，如国家公园、动物园、野生动物园、繁育与研究中心等。该定义内涵是对人文地理学研究对象的拓展，也是国际野生动物旅游研究的补充和对照。

2．中国野生动物旅游者的出游特征表明产品处于导入期，具有发展潜力和空间

中国野生动物旅游者呈现年轻、高知、国际化和初次体验等概况特征，出游的主体为40岁以下的青年人，游客受教育程度较高，外国游客占比1/3。其中年轻、高知、同家人朋友一起出行，信息来源为网络，为动物迷，尤其喜欢观赏目标动物等特点与国际野生动物旅游者特点一致，也符合生态旅游者的特点，但是旅游者消费较少和停留时间短，与国际野生动物旅游者的特征有差异。我国大多数游客是第一次看大熊猫，平均停留时间短等特征，说明野生动

物旅游在我国处于旅游产品生命周期的导入期，很多基础设施和服务设施还不完善，野生动物旅游产品体验丰富度还有待于提升，而国外野生动物旅游者则多为多次到访游客，停留时间长，在目的体验活动中参与深度体验项目较多，野生动物旅游产品处于成长期。这也说明我国野生动物旅游产品具有较大的发展潜力和空间。

3．野生动物旅游者的风险感知总体程度中等，感知最强因子为体验质量风险

实证分析野生动物旅游者风险感知特征及人口统计学特征，结果表明，在针对大熊猫和海豚的野生动物旅游者风险感知程度中，风险感知程度最强的因子为体验质量风险，其次是舒适性，感知最弱的为身体安全风险。中国熊猫基地受访者的风险感知程度中等，澳大利亚海豚中心受访者的风险感知较弱。研究证实，除性别差异不显著以外，年龄、收入、教育程度和家庭背景在风险感知上都具有显著性差异。风险感知弱的人口统计学特征：年长，收入较高，有良好的教育背景。风险感知强的人口统计学特征：女性比例略高于男性，较多为单身年轻人，收入较低，中等偏低学历。风险感知中等的人口统计学特征：女性比例高于男性，较倾向于风险感知强者，较多为单身年轻人，收入较低，学历中等偏低。野生动物旅游者风险感知对旅游者出游决策具有重要影响。

4．野生动物旅游者的环境态度总体呈现中立且偏生态中心主义特点

实证分析野生动物旅游者环境态度特征及人口统计学特征，结果表明，总体样本中野生动物旅游者环境态度中立，中国熊猫基地受访者的环境态度总体表现立场中立，而澳大利亚海豚中心受访者的环境态度总体表现偏生态中心主义。在总体样本中，不同性别、年龄、收入、教育程度和家庭背景对环境态度都有显著性差异。近人类中心主义者的人口统计学特征：女性比例稍高于男性，大多为单身年轻人，收入较低，学历中等偏低。而近生态中心主义者的人口统计学特征：女性比例高于男性，大多是年长者，收入较高，有良好的教育背景。立场中立者的人口统计学特征：男性比例高于女性，大多为单身、年长者和年龄较小者都有一定比例，收入较低，学历中等。

5．野生动物旅游者场所涉入程度较深，人口统计学特征具有显著性差异

总体样本中野生动物旅游者的场所涉入程度较深。不同收入和教育程度在场所涉入中具有显著性差异，但不同性别、年龄和家庭

背景的游客在场所涉入中无显著性差异。中等场所涉入大多为单身年轻人，收入较低，学历中等偏高。深度场所涉入的野生动物旅游者大多为女性，收入较高，学历中等偏低，单身和已婚育有两子女以上占较高比例。旅游涉入在旅游产业价值链中起着承前启后的作用，前为旅游动机，后为旅游体验质量、顾客满意度，直接影响着景区的经济效益。

6. 论证“风险感知—环境态度—场所涉入”结构方程模型的成立

研究证实风险感知—环境态度—场所涉入（REI）模型成立，风险感知和环境态度均为场所涉入的前置影响因素。环境态度对场所涉入程度有正向显著影响，而风险感知对环境态度则有显著的负向影响，风险感知对场所涉入影响不显著。该模型是计划行为理论和场所涉入理论的拓展，个人因素和情境因素也是场所涉入的前置影响因素，个人因素包括人口统计学特征和出游特征，风险感知以及环境态度；情境因素包括半圈养生境和野外生境。而潜在的涉入结果可能包括提高满意度、增强重游意愿、物种涉入以及目的地涉入。

9.2 野生动物旅游研究的意义

我国经济的快速发展为学术研究带来了众多课题和挑战，使得深入细化旅游研究对象和学科交叉成为一种趋势。中国旅游地理学经历了30年的积累，一些旅游地理学者开始认识和反思旅游地理学科发展与学术贡献，积极拓展学术的范围和深度，学科的自觉性不断增强。本书选择野生动物旅游场所涉入作为研究命题，从理论层面看，研究对象、研究视角、构建的概念模型对旅游地理学都具有一定的拓展意义；从实践层面看，本研究的结论对目的地利用野生动物进行目的地营销、产品规划设计、提升旅游者体验、实现可持续区域发展都有积极意义。探求风险感知、环境态度与场所涉入之间的关系，进一步发展了涉入理论，更加明晰了场所涉入的前置影响因素，拓展涉入的应用情境，丰富了旅游地理学的研究。对野生动物旅游情境的场所涉入问题研究拓展了涉入理论的应用情境，深入探析了野生动物旅游市场现象和特征。

9.2.1 野生动物旅游研究的理论意义

1. 聚焦野生动物旅游方向研究，丰富旅游地理学的学术关注范围

从旅游地理学科内部发展的角度，学者们就某些研究方向进行

了回顾和总结，在生态旅游、乡村旅游、自然保护地旅游、遗产旅游、城市旅游和旅游流与空间结构、社区旅游等研究领域形成了一系列有特色的研究成果，学科涉及领域趋于多元化。跨学科、多视角研究成为未来旅游地理学研究的主流方向，然而中国野生动物旅游是较少涉及的一个研究方向，且相关研究基础非常薄弱。野生动物旅游是一种特殊兴趣旅游活动，属于一种小众人文地理现象。国外学者尤其是欧美和澳大利亚学者对野生动物旅游领域的研究起步早、涉及学科多，研究成果较丰富。目前，野生动物旅游研究在国内属于较少有人涉足的研究领域，仅有的成果也多限于动物学、生态学界关于旅游对野生动物及其环境影响的研究，旅游学术界的研究贡献很少，并且实践层面存在较多的问题。聚焦野生动物旅游问题的研究既是实践发展的客观要求，也是人文地理学理论发展学术对象的拓展。国际视角的野生动物旅游对象的研究，不仅可以与国际对话，加强中西旅游研究的沟通和交流，也可以充实旅游地理学领域的研究，为中国人文地理学的理论发展添砖加瓦。

2. 实证野生动物旅游者画像特征，补充和丰富了旅游者行为研究

长期以来，中国人文地理学相对缺乏对人的行为的正面研究，缺乏与社会科学的广泛结合（柴彦威 等，2011）。研究人类活动的方法逐渐从宏观走向微观，建立在个别人、个别行为及其组合的统计分析基础上的人类行为研究逐渐成为热点（柴彦威 等，2002）。本书运用生态学、社会心理学的交叉学科视角来解释人地关系。本研究选取野生动物旅游为情境，引入源自生态学的环境态度和社会学中消费者行为的计划行为理论和涉入理论，在中国熊猫基地和澳大利亚海豚中心两个目的地场所实证调研风险感知、环境态度、场所涉入的关系。野生动物物种和其生境类型的丰富性决定了旅游者的目的地行为具有差异性，分析受访者的场所涉入程度及影响因素，便于更好地把握野生动物旅游的总体特征，补充和丰富旅游者行为研究。

3. 构建风险感知—环境态度—场所涉入的理论模型，为深入理解游客目的地决策行为提供理论基础

涉入理论目前在我国只在有限的情境下进行过实证研究，如乡村旅游（吴小旭，2010）、影视旅游、自驾车旅游（钟志平 等，2009）和生态旅游（刘静艳 等，2009）等。研究结果表明，游客对旅游目的地的空间涉入机会具有清晰的感知，在时间、交通、距离、个人等多方面因素共同作用下，游客对于目的地的出游决策是

在充分比较景区可替代性的基础上做出的相对理性决策。而在野生动物旅游情境中，旅游者对目的地涉入情况尚无实证分析。旅游目的地是由多个具有旅游资源吸引功能的场所组成。野生动物旅游者的场所涉入是目的地涉入的部分体现。理解野生动物旅游者的场所涉入程度及前置影响因素对理解野生动物旅游者场所内的行为表现、满意度及重游意愿具有重要意义。

9.2.2 实践意义

1. 丰富旅游体验和产品类型，补充旅游市场产品供给类型

城市化改变了人们的旅游需求和行为模式。城市化率在逐渐提升（Ramalho et al.，2012），这种典型的现代都市生活使得人们在疯狂工作之余渴望去大自然享受生活、释放压力，休闲正成为居民生活中越来越重要的元素（王琪延，2000），城市居民对回归自然邂逅野生动物的旅游兴趣也逐渐增长（Mayer，2010；Mcdonald et al.，2008）。野生动物旅游不仅能让游客拥有独特的旅游体验，还对游客的环境意识、心态、知识获取及游后行为产生重要影响，如激发旅游者对野生动物和自然环境的尊重和感恩，增强关注环境问题的意识，促使其开展有利于实现环境可持续发展的行动等（Ballantyne et al.，2007）。从市场供给的角度分析游客出游动机和目的地行为，可以为旅游目的地政府管理及产业相关经营者提供决策参考，有助于目的地相关组织制定旅游营销策略、开发旅游产品。

2. 缓解保护与发展的矛盾，为自然保护地可持续发展提供路径选择

很多发展中国家通过发展非资源消费型野生动物旅游，较好地解决了野生动物保护和当地经济发展的矛盾。旅游活动对野生动物及当地的生态系统会造成一定的影响，要实现对野生动物旅游地的科学保护和可持续发展，最重要的是对旅游者进行管理。中国野生动物资源种类丰富，资源丰富的地区通常位于中国的西部，这些地区往往面临经济发展的压力。鉴于很多珍稀濒危野生动物生态系统的特殊性，目的地要实现野生动物保护和旅游活动的均衡发展，迫切需要理论的指导。探索旅游者行为特征规律并构建旅游行为调控的理论框架，可为我国建立国家公园制度提供决策支撑，更好地完善我国保护地体系；可为资源丰富但面临发展难题的偏远地区提供可行的发展路径选择；同时，有助于建立既与国际接轨又符合我国国情的保护地模式，为野生动物保护地的可持续发展提供理论指导。

3．提高目的地社区居民参与度，促进区域经济发展

自然生境中的野生动物旅游需要具备较强的专业动物和地理知识的向导。而经过培训的当地社区居民是专业向导的合适人员。提高当地社区居民在旅游过程中的参与度，不仅可以提高社区居民收入，促进当地经济发展和整个社会的和谐进步。此外，在增强社区居民参与的过程中，逐渐转变居民对待野生动物的态度和意识，从传统的敌对冲突转变为保护，把传统的以资源消费型（狩猎等）为主转变为非资源消费型（野外观赏、摄影），进步的同时，促进生态平衡，增强当地社区的可持续发展。

9.2.3　目的地管理启示

人与野生动物接触的过程，是一个含有潜在风险的过程，随着野生动物旅游市场的发展，旅游目的地所面临的不确定性和潜在风险日趋增强。依据计划行为理论，旅游风险感知、环境态度和场所涉入都是影响游客旅游决策的重要因素，是理解游客对于目的地行为的重要基础，为目的地制定和完善旅游风险管理政策和策略提供理论依据。依据旅游地生命周期理论，野生动物旅游目的地在经历了探索和参与阶段后已经进入了发展阶段，参与者从少数的有特殊兴趣的专家型旅游者（观鸟者、观鲸者、摄影师或科考人员等）已经扩展到多目的混合的大众观光旅游者。结合本书研究结论，建议通过以下措施进行积极干预和管控：

（1）加强市场监管，将风险管理纳入日常管理框架。旅游目的地在日常管理中，需要结合游客体验风险、安全风险、舒适性风险这三个方面，加强市场监管，降低游客风险感知。首先，需要完善旅游交通设施。中国很多野生动物旅游目的地地处偏远，基础设施相对落后，交通不便，旅游者面临买票难、乘车难和进不去、出不来等问题；其次，将旅游者风险感知管控在较低水平，消除旅游者内心戒备和反感情绪，及时化解消费者的负面感知和不良情绪，降低旅游风险的潜在危害；再次，需掌握细分市场游客的涉入习惯，引导消费者场所涉入行为，实施针对性营销策略，适当引导游客旅游预期和风险感知，景区可以通过建设好自己的官方网站，注重互联网游客评论内容，开展网络公关，如举办旅游爱好者网上沙龙，开通论坛、贴吧等，争取旅游者对目的地给出好评。

（2）注重环境解说系统建设，提升游客环境保护意识。环境保护意识的培养主要通过建立环境解说系统，利用环境解说的方式进行教育培训，野生动物旅游目的地环境解说系统必须建立在研究当

地的自然资源、生态环境和社会文化以及调查旅游者对旅游区的需求、期望和行为的基础上，确定解说目标、对象和内容，确定解说策略，解说后还要进行评估，不断反馈信息，进行修正。解说内容包括野生动物的物种和保护、生理习性，野生动物旅游活动指南等方面。野生动物旅游目的地须承担起环境教育的社会责任。国外很多成熟的野生动物旅游目的地都会有博物馆、完善的环境解说系统、志愿者项目和捐赠项目等。美国黄石公园提供了70多项针对各类客群设计的研学教育体验课程，每年都会吸引超过4万人前来游学，有1/3的美国人一生中至少会去黄石公园1次。黄石公园课程主要面向学生、家庭、探险爱好者、教育工作者四大客群类型进行设计。

（3）丰富游客体验，提高游客对目的地涉入程度。在野生动物旅游产品开发设计方面，旅游目的地应更加关注丰富旅游体验，增加游客邂逅野生动物的机会，丰富野生动物旅游的生境类型，提升旅游者体验质量，提高游客情境涉入程度，进而改善游客环境态度和提高重游意愿。研究表明游客与野生动物互动机会越多，接触时间越长，游客对目的地的涉入程度就越深，进而游客的满意度和重游率就高。我国目前很多野生动物旅游目的地仅限于野生动物观光一种旅游体验。澳大利亚海豚中心在丰富游客体验上的做法值得学习借鉴，他们依据野生动物旅游目的地生境类型的不同，设法增加邂逅野生动物的机会，如观赏海豚包括岸边邂逅海豚、坐轮船到深海去观赏海豚畅游、到特定海域同海豚游泳，此外还有志愿者项目等。

（4）加强对野生动物的监测和保护。野生动物旅游需要以保护为前提，科学开展旅游，在科学掌握野生动物生理习性和行为特征的前提下，开展野生动物旅游活动。澳大利亚海豚中心的志愿者要引导岸边游客的行为，还要监测海豚到访岸边的时间、数量和频次及停留时间。在监测评估的前提下，开展野生动物旅游活动，对于有目的性邂逅野生动物，提升游客体验质量意义很大。

9.3 研究局限

作为国内首个研究野生动物旅游者涉入的实证性研究，本书还存在局限性与不足。

（1）研究案例为两种不同物种和不同野生动物生境类型，总体样本的分析受到样本数据案例地的影响。大熊猫和海豚这两种动物都具有特殊性，然而野生动物和栖息地类型多样，对于旅游者接触其他物种时的风险感知、环境态度和场所涉入是否有所不同，还有待于进一步研究验证。

（2）研究案例地的选择和物种具有一定的特殊性，大熊猫特殊的生存现状和习性决定了在野外生境的观赏行为几乎是不可能实现的，因此本书的案例地选择只能局限于人工环境，而对于不同生境中野生动物旅游者的行为表现是否一致，还有待研究。

（3）本书只聚焦两个物种，野生动物旅游者在面对不同物种时的表现如何，研究未给出答案。

（4）本书没有直接验证环境态度对环境行为的预测力。研究发现，近生态中心主义者的确比近人类中心主义者具有更明显的环境友好行为意向。人们对自然（环境）的基本（一般的）态度决定了其对环境的知觉、认识和评价，决定了他们的环境意识和环境行为。不过，态度可能并不是行为的直接决定因素，而是间接地影响着行为。但无论是通过哪种途径发生作用，我们都可以确定，一般的环境态度对于人们的环境行为具有重要影响。因而，要提高人与自然的有效互动（环境友好行为）就必须建立更加有利于环境的态度，唤醒人们的生态潜意识，明白人是自然的一部分，是自然的朋友，要善待自然。

（5）REI模型中没有考量野生动物旅游者的行为涉入。场所涉入有心理涉入和行为涉入两个维度，由于结构方程模型分析局限于观察变量和潜在变量之间的关系，对旅游行为的涉入没有通过量表进行考量，在模型构建中没有考量其行为维度。此外，对于旅游行为涉入只进行描述性分析阐述，没有利用单因素方差分析不同人口统计学特征和地理学特征在行为涉入维度是否存在显著性差异。本研究也没有检验场所涉入的可能后果。虽然在野生动物场所涉入量表中包含满意度和重游意愿的维度，也有文献证明场所涉入对满意度和重游意愿具有显著正向影响，但是在野生动物旅游情境中，场所涉入的潜在结果有哪些，还有待于进一步探索和实证。野生动物旅游目的地特征等问题没有涵盖。野生动物旅游者的风险感知、环境态度和场所涉入的影响因素分别有哪些？例如案例地的发展生命周期等是否会对以上问题有重要影响，本书没有给出答案。

9.4 研究展望

（1）中国已有野生动物旅游的基础理论研究相当不足，很多研究还处在探索阶段。旅游学术界的研究贡献很少，并且在实践层面存在较多的问题。根据其他国家的研究经验，本书基本确立了以“游客体验—物种保护—目的地发展”为核心的研究框架，具有明显的环境价值取向特征。未来的研究将继续沿着这个方向深化，重点关注以下领域：野生动物旅游的生态影响、游客对不同体验方式的满意度、目的地承载力、旅游发展和野生动物保护的经济价值以及对社会和教育的影响等方面。建议未来国内的研究能对以上问题进行深入探讨。在方法上，可借鉴社会学、人类学、地理学、动物学和数学等学科的研究范式和方法，对野生动物旅游进行解读。

（2）进一步深化对野生动物旅游者的研究，涵盖更广泛的领域。对野生动物旅游目的地的涉入现象进行比较研究，探讨野生动物旅游动机的文化差异，研究野生动物旅游者的环境态度影响。长期来看，值得深入研究的领域包括：野生动物旅游者的目的地涉入影响、目的地涉入的持久性、野生动物旅游驱动的影像旅游，以及以野生动物旅游为导向的志愿者旅游等。

（3）野生动物旅游目前处于起步阶段，野生动物旅游者涉入形式对旅游目的地营销及旅游目的地发展具有重要意义，该领域有许多方向值得研究，如以地理学和生态学视角加强对野生动物旅游目的地的研究，野生动物旅游目的地的空间形态、野生动物旅游目的地的生命周期及阶段判断等。

（4）对更多物种更多生境类型的野生动物旅游案例进行调研。中国野生动物资源丰富，可对广西钦州白海豚与澳大利亚海豚做对比研究，也可以考虑别的物种，如山东威海的天鹅湖、陕西的白叶猴等、黑龙江扎龙的丹顶鹤等，对更多物种进行研究，会丰富野生动物旅游的理论。建议以后的野生动物旅游研究能够关注亚洲乃至世界范围内的其他物种，可以关照更多国籍的旅游者，从而更加科学地总结野生动物旅游者的行为特征规律。

（5）加强对个别细分市场的研究。如在场所涉入问题上，已婚/有伴侣无子女在总体样本数据、熊猫基地样本数据和海豚中心样本数据中都表现出一致性，场所涉入程度不深。由数据分析可知，有子女的受访者场所涉入程度高于无子女群体，不同家庭状况对场所涉入程度的影响无显著性差异，其背后的原因还有待于进一步研究探索。此外，在圈养生境调研中，中文问卷硕士学历组受访者场所涉入程度不高，而学历中等偏下群组的受访者场所涉入程度较深，这个现象值得思考和进一步探索。

诚然，野生动物旅游对野生动物及其栖息地有一定的负面影响，在未来一段时间内，尽管野生动物旅游受到物种保护的制约，但其市场需求空间广阔。正因如此，野生动物旅游产业的发展需要学术界有更多的研究者去关注这一领域的新问题和新需求，产出更多的学术成果，以指导产业实现健康、稳定和可持续发展。野生动物旅游既是城市居民度假休闲释放压力的诉求，也是某些野生动物资源丰富但相对落后贫穷地区发展的途径，开展以非资源消费型为前提的野生动物旅游活动，是实现野生动物资源保护和满足经济发展双重使命的发展策略，是有利于生态文明建设的必然选择。

本书系统研究了野生动物旅游者的人口统计学特征、地理学特征、出游特征以及对风险感知、环境态度和场所涉入的总体表现，不仅具有旅游地理学理论意义，其研究结论对野生动物保护、目的地游客管理及野生动物旅游市场营销也具有指导作用。希望本书能够进一步完善野生动物旅游理论，为我国野生动物旅游领域的研究抛砖引玉，对旅游业和旅游规划行业能有所帮助，并为生态文明的建设和人民游憩生活的改善作出贡献。

附录A　中国四川大熊猫繁育研究基地旅游者中文调查问卷

您好，我是北京大学博士生，想调查一下野生动物旅游者的游客行为。本调查表采用不记名方式，您所填写的内容，仅被用于学术研究，感谢您的真诚配合和协助。

调查者所在单位：北京大学城市与环境学院

- Q1．请看下列描述，在符合您个人情况的方框内画“√”可多选

  □参加过与野生动物保护相关的公益活动

  □订阅野生动物相关的杂志

  □是某野生动物保护协会或组织的会员

  □以观赏野生动物为主要目的而安排过旅行

  □到野外去寻找野生动物并过夜

  □有专业野生动物观赏装备和器材

- Q2．请问您是在哪些地方看过熊猫（可多选）

  □在自己所在城市动物园

  □成都熊猫繁育基地

  □卧龙自然保护区

  □王朗自然保护区

  □陕西长青自然保护区

  □陕西、甘肃等其他大熊猫野外栖息地

  □外国动物园

  □其他地方（可把该地方写在后面横线处）________

- Q3．下列哪种情况符合您

  □专门以看大熊猫为最主要目的而安排的旅行

  □大熊猫为重要内容之一，但不是唯一内容而安排的旅行

  □大熊猫旅游是到达四川后，临时安排的旅游活动

  □其他情况（可把情况写在后面横线处）________

- Q4．您过去一年中观赏大熊猫的次数（包括这一次）

  □1次　　□2～3次　　□3～5次　　□5次以上

- Q5．您到四川来看大熊猫是

  □独自一人去　　□跟家庭成员一起

  □朋友　　□跟随团队组织

  □向导　　□生意伙伴

  □其他________

- Q6. 您获取关于此次旅行的有关信息的主要渠道为

  □官网或社交媒体网络　□亲朋好友

  □社团协会、俱乐部等　□书籍　□杂志

  □电视、广播　□自身经验　□报纸

- Q7. 在访问熊猫繁育基地时，您都参与过下列哪些活动（可多选）

  □远距离观赏大熊猫行为　□一定距离拍摄大熊猫照片

  □近距离观察、投食　□拥抱大熊猫，和大熊猫合影

  □参与志愿者项目　□参与捐款认养大熊猫项目

  □参与大熊猫守护使者项目　□其他的形式________

- Q8. 如果下次观赏大熊猫，您愿意参与下列哪些活动（可多选）

  □远距离观赏大熊猫　□一定距离拍摄大熊猫照片

  □近距离观察、投食　□零拥抱大熊猫，和大熊猫合影

  □参与志愿者项目　□参与捐款认养大熊猫项目

  □参与大熊猫守护使者项目　□其他的形式________

- Q9. 您此次观赏大熊猫费用大约为（仅指在熊猫繁育基地的花费）

  □少于100元　□100～199元　□200～499元

  □500～999元　□1000元以上

- Q10. 您此次在四川（往返）花费时间为

  □少于1晚　□1晚　□2晚

  □3晚　□4～5晚　□6晚以上

- Q11. 这是您第几次来这里看熊猫

  □第一次　□第二次　□第三次

  □第四次　□第五次或已来过5次以上

- Q12. 关于旅游之后的描述，请在符合您的情况后面画“√”

  □告诉自己的亲友

  □投入更多的金钱用于野生动物保护和旅游

  □把自己的旅行经历分享到网上

  □参加野生动物保护的社团或组织，加入野生动物保护的行列；到世界其他更多的地方，进行野生动物旅游

  □参与志愿者旅游，以实际行动关爱野生动物

  □其他________

- Q13. 您对环境关心程度的自我评价打分为________（1～10分）

- Q14. 想了解您对环境的态度（请您根据实际情况及个人对下列表述的同意程度，在相应的方框内画“√”各选项分别赋1～5分，其中“完全不同意”为1分，“完全同意”为5分）

对环境的态度	完全不同意	不太同意	不确定	比较同意	完全同意
1）动植物之所以存在，首先是因为要为人类所用	□	□	□	□	□
2）人类有权改变自然环境以满足自己的需求	□	□	□	□	□
3）人类为了生存必须与自然和平共处	□	□	□	□	□
4）当人类破坏自然时，经常会导致灾难性的后果	□	□	□	□	□
5）自然界的平衡很脆弱，易破坏	□	□	□	□	□
6）动物和人类具有相同的生存权利	□	□	□	□	□

- Q15．您进行大熊猫观赏的主要原因有（请您根据实际情况，在相应的方框内画“√”，可多选）

  □动物迷，尤其喜欢大熊猫　□自我科普教育
  □亲子科普教育　□观光和度假
  □消磨时间　□大熊猫和四川关系紧密
  □追求冒险体验　□远离喧嚣、亲近自然
  □科学考察　□大熊猫是中国的象征
  □其他________

- Q16．这次您到四川旅行的动机（请您根据实际情况，在相应的方框内画“√”，可多选）

  □观光游览　□休闲度假
  □自驾车旅行　□中转去西藏等其他地方
  □探亲访友　□商务会议
  □观赏大熊猫

- Q17．来成都之前，您关于此次旅游中的风险认知情况（请您根据实际情况，在相应的方框内画“√”，程度从弱到强分别赋1～5分，其中1最弱，5最强）

风险认知属性	很弱	弱	中等	强	很强
担心旅游实际开销超出旅游预期花费	□	□	□	□	□
目的地体验没有预期（或宣传）的好	□	□	□	□	□
担心目的地遇见野生动物机会少	□	□	□	□	□
担心在旅途中发生各种意外事件对身体造成伤害	□	□	□	□	□
担心出现水土不服、身体不适	□	□	□	□	□
担心目的地气候条件或旅游项目危及身体健康	□	□	□	□	□
担心付出时间，旅行结果不让人满意	□	□	□	□	□
担心基础配套设施差	□	□	□	□	□
担心目的地交通不便，给出行造成麻烦	□	□	□	□	□

- Q18. 出发前多久开始计划行程：____周或____月或________年
- Q19. 您对大熊猫旅游的涉入程度（请您根据实际情况及个人对下列表述的同意程度，在相应的方框内画"√"，各选项分别赋1～5分，其中"完全不同意"为1分，"完全同意"为5分）

调查问题	完全不同意	不太同意	不确定	比较同意	完全同意
大熊猫旅游的花费很值	□	□	□	□	□
我特别喜欢大熊猫旅游	□	□	□	□	□
我喜欢在野外、长时间近距离观赏大熊猫	□	□	□	□	□
总体对大熊猫旅游非常满意	□	□	□	□	□
未来五年内，我很可能重游此地看大熊猫	□	□	□	□	□

- Q20. 您进行大熊猫旅游后的主要收获有（请您根据实际情况及个人对下列表述的同意程度，在相应的方框内画“√”）

  □亲近自然的喜悦　　□了解当地社会风俗

  □增强野生动物保护的意识；缓解工作、学习的疲劳、恢复活力

  □增进人际交往　　□增长了知识

  □获得成就感，肯定自我
- Q21. 您的性别：□男　□女
- Q22. 您来自：__________省__________市
- Q23. 个人基本情况

  年龄：

  □16岁以下　□16～19岁　□20～29岁

  □30～39岁　□40～49岁　□50～59岁

  □60岁以上

  受教育状况：

  □初中及以下　□中专及高中　□大专

  □本科　□硕士　□博士

  职业：

  □全日制学生　□野生动物保护专家

  □公务员　□工人　□军人

  □兽医　□企事业管理人员

  □专业人士（如会计师、律师、建筑师、医护人员、记者、教师等）

  □服务销售商贸人员　□离退休人员

  □自由职业者　□其他

  家庭状况：

  □单身　□已婚无子女

  □已婚且有一子女　□已婚且有多子女

  个人年收入：

  □低于10000元　□10000～19999元

  □20000～49999元　□50000～99999元

  □100000～199999元　□50万～100万

  □200000元及以上

问卷到此结束，谢谢您的填写！方便的话可留下您的邮箱，可把最后数据的统计结果与您分享。您的邮箱____________________

附录B　中国四川大熊猫繁育研究基地旅游者英语调查问卷

An investigation for wildlife tourist

Wildlife tourist in Chengdu

A research on wildlife tourism is being carried out by the PhD student who is member of the Center of Recreation and Tourism Research, department of Human Geography Peking University. Your cooperation will be greatly appreciated. All information will only be used for academic research purposes. Thank you!

- Q1. Please circle the situation well fits you, "√", multi-choice
  - ☐ Had been volunteer labor for wildlife conservation
  - ☐ Have subscribed to journals related to wildlife or environmental conservation
  - ☐ Be a membership of an association or organization related to wildlife
  - ☐ Have arranged a trip purposely for encountering wildlife
  - ☐ Have been to the natural habitat to observe the wildlife more than one night
  - ☐ Have well equipments for wildlife observing or photograph
- Q2. Please circle the site that you have been to (multi-choice)
  - ☐ Zoo in your own country
  - ☐ The giant panda breeding center
  - ☐ Wolong Nature Reserve
  - ☐ Wanglang Nature Reserve
  - ☐ Changqing Nature Reserve in Shanxi
  - ☐ Wild habitat in Shanxi & Gansu
  - ☐ Zoo in China
  - ☐ Other places____________________(Please name it)
- Q3. Please circle the situation well matched you visit to Chengdu
  - ☐ Arrange the tour purposely for encountering giant panda
  - ☐ Giant panda is one of the most important factors, but not the single one
  - ☐ Decided to visit the giant panda after arriving at Chengdu
  - ☐ Other situation________________(Please name it)

- Q4. How many times have encountered giant panda during the last year (including this time)

  ☐ 1 time ☐ 2-3 times ☐ 3-5 times

  ☐ More than 5 times

- Q5. Who is your companions

  ☐ Alone ☐ Family ☐ Friends

  ☐ Tour group ☐ Guide ☐ Business associate

  ☐ Other people____________

- Q6. What is the information source about this trip

  ☐ Website or social media channel

  ☐ Friends or relatives

  ☐ Association or club ☐ Books

  ☐ Magazines ☐ Televisions

  ☐ Personal experience ☐ Newspaper

- Q7. What activities have you experienced when meeting the giant panda and hope to experience next time? "√", multi-choice

Activity	This time	Next time
Observe the Giant panda behavior from a distance	☐	☐
Take the photo from a distance	☐	☐
Hold the panda	☐	☐
Have a picture together with panda	☐	☐
Volunteer program	☐	☐
Donation for adopting panda	☐	☐
Other activities____________	☐	☐

- Q8. The total expenditure in giant panda breeding center

  ☐ Less than $100 ☐ $100-199

  ☐ $200-499 ☐ $500-999

  ☐ More than $1, 000

- Q9. Howmany nights have you spent or plan to spend in Sichuan

☐ Less than 1 night　☐ 1 night

☐ 2 night　☐ 3 nights

☐ 4-5 night　☐ More than 6 nights

- Q10. This is you ________ to visit the giant panda

☐ First time　☐ Second time

☐ Third time　☐ Fourth time

☐ More than five times

- Q11. What would you like to do after your visit, please tick √ in box

☐ Tell my friends to visit here

☐ Invest more money to giant panda

☐ Share my experience online

☐ Join in the wildlife conservation association

☐ Take more wildlife tourism

☐ Engage in volunteer program

- Q12. Please rate yourself for the extent of environment concern, ________(Semantic scale of 10 point rating, 1=extremely low value for concern to 10 extremely high value for concern)
- Q13. Environmental Attitude Scale (please tick √)

Description	Totally Disagree	Partly Disagree	Not Sure	Partly Agree	Totally Agree
1) When humans interfere with nature it often produces disastrous consequences	☐	☐	☐	☐	☐
2) Humans have the right to modify the natural environment to suit their needs	☐	☐	☐	☐	☐
3) Human ingenuity will insure that we do NOT make the earth unlivable	☐	☐	☐	☐	☐
4) Wildlife should have the equal right for living on earth as human	☐	☐	☐	☐	☐

续表

Description	Totally Disagree	Partly Disagree	Not Sure	Partly Agree	Totally Agree
5) The balance of nature is strong enough to cope with the impacts of modern industrial nations	□	□	□	□	□
6) Humans were meant to rule over the rest of nature	□	□	□	□	□

- Q14. what is your motivation of visiting the giant panda (multi-choice please tick √)

  □ Fan of giant panda

  □ learning

  □ Children education

  □ Sightseeing& holiday attraction

  □ I have free time available on schedule

  □ The giant panda associated with Sichuan

  □ Adventure

  □ Close to the nature

  □ Project to do

  □ The symbol of China

  □ Others____________

- Q15. What is your motivation of visiting Sichuan (multi-choice, please tick √)

  □ Sightseeing

  □ Vacation

  □ Self-driving

  □ The pass way to Tibet

  □ Visiting relatives and friends

  □ Business or meeting

  □ To see giant panda

- Q16. Before your trip, what is your risk perception (Please give the blanket for 1-5 scores according to the extent, 1 for the weak and 5 for the strong)

Items	Very Weak	Weak	Medium	Strong	Very Strong
Worry about tourism actual spending beyond expected cost	□	□	□	□	□
Worry about destination experience not as good as expected (or propaganda)	□	□	□	□	□
Worried that there are less chance to encounter wild animals in destination.	□	□	□	□	□
Worry about variety of accident might happen	□	□	□	□	□
Worry for the physical aptitude to the local environment	□	□	□	□	□
Worry about wildlife to attack	□	□	□	□	□
Worry about the time spent worthwhile	□	□	□	□	□
Worry about the traffic acce-ssibility affected by the natural disasters such as earthquake and flood	□	□	□	□	□
Worry that the facilities within the scenic spot are not well developed	□	□	□	□	□

- Q17. How long time for you to plan your trip before departure
  ________Weeks
- Q18. What is your perception of the elements important for you (please tick √)

Description	Total Disagree	Partly Disagree	Not Sure	Partly Agree	Total Agree
For me, money spent on giant panda is worthwhile	1☐	2☐	3☐	4☐	5☐
I do like the giant panda tourism	1☐	2☐	3☐	4☐	5☐
I would prefer to observe the giant panda in their wild habitat	1☐	2☐	3☐	4☐	5☐
Overall, I am satisfied with giant panda tour	1☐	2☐	3☐	4☐	5☐
In the next 5 years, I am likely to revisit for giant panda	1☐	2☐	3☐	4☐	5☐

- Q19. What is your benefit from this visit (please tick √)

  ☐ Excitement for getting close to nature

  ☐ Learn about the local customs

  ☐ Increase the wildlife conservation awareness

  ☐ Release of the stress

  ☐ Increase the interaction with friends

  ☐ Increased knowledge

  ☐ Sense of self-achievement

  ☐ Others________

- Q20. What is you gender: ☐ Male ☐ Female
- Q21. Where do you live and work? The name of your country (please write down on the blank)

  ____

- Q22. Personal Information (please tick √ in boxes)

  Age:

  ☐ Under 16 ☐ 16-19 ☐ 20-29 ☐ 30-39

  ☐ 40-49 ☐ 50-59 ☐ Above 60

  Educational background:

  ☐ Under Junior Middle School

- ☐ High School
- ☐ Vocational School
- ☐ Bachelor
- ☐ Master
- ☐ Doctor

Occupation:

- ☐ Student
- ☐ Military
- ☐ Official
- ☐ White-Collar
- ☐ Blue-Collar
- ☐ Farmer
- ☐ Technician
- ☐ Business Man
- ☐ Retired
- ☐ Unemployed
- ☐ Else

Household Annual income ($):

- ☐ Less than 10000
- ☐ 10000-19999
- ☐ 20000-49999
- ☐ 50000-99999
- ☐ 100000-199999
- ☐ More than 200000

Family background:

- ☐ Single
- ☐ Married with no children
- ☐ Married with one child
- ☐ Married with two children and above

That is the end of the investigation, thanks for your cooperation.

附录C　澳大利亚班伯里海豚探索中心旅游者调查问卷

An Investigation of Wildlife Tourists in Australia

Wildlife Tourists in Australia

This research on wildlife tourism is being carried out by a PhD student from Peking University in China who is a Visiting Scholar at Murdoch University. Your cooperation will be greatly appreciated and all information will only be used for academic research purposes. Thank you!

- Q1. Please check all the items that apply to you with a √
  - ☐ I have volunteered time for wildlife conservation
  - ☐ I subscribe to magazines on wildlife or environmental conservation
  - ☐ I am a member of an association or society related to wildlife
  - ☐ I have purposely planned this trip to encounter wildlife
  - ☐ I have been to natural habitats to observe wildlife more than one night
  - ☐ I have special equipment for wildlife observation or photography
- Q2. Please check all the sites where you have been to observe dolphins with a √
  - ☐ Aquarium or zoo
  - ☐ Dolphin Discovery Centre, Bunbury WA
  - ☐ Mandurah WA
  - ☐ Monkey Mia WA
  - ☐ Penguin Island WA
  - ☐ Rockingham Wild Encounters, Perth WA
  - ☐ Other places________________(Please name places)
- Q3. How many times have encountered dolphins (including this time)?

  ☐ Once　　☐ 2-3 times　　☐ 3-5 times

  ☐ More than 5 times
- Q4. Who are your companions on this trip to watch dolphins?

  ☐ Alone　　☐ Family　　☐ Friends

  ☐ Tour group　　☐ Guide　　☐ Business associate

  ☐ Other people________

- Q5. Which information sources did you use for planning this trip?

  ☐ Website or social media channel

  ☐ Friends or relatives　　☐ Association or club

  ☐ Books　　☐ Magazines

  ☐ Newspapers　　☐ TV

  ☐ Past personal experiences

- Q6. In which activities have you participated and hope to experience next time when encountering dolphins?

Activity	This time	Next time
Observed dolphin behavior from a distance	☐	☐
Took photos of dolphins from a distance	☐	☐
Swam with dolphins	☐	☐
Fed dolphins	☐	☐
Joined the volunteer program	☐	☐
Gave a donation to help dolphins	☐	☐
Other activities________	☐	☐

- Q7. How much did you spend in total for this dolphin watching trip?

  ☐ Less than \$100　　☐ \$100-199

  ☐ \$200-499　　☐ \$500-999

  ☐ More than \$1000

- Q8. How many nights have you spent or do you plan to spend here in this location?

  ☐ Less than 1 night　　☐ 1 night

  ☐ 2 nights　　☐ 3 nights

  ☐ 4-5 night　　☐ 6 or more nights

- Q9. What do you intend to do after this trip to encounter dolphins, please tick √ in box

☐ Recommend that my friends visit here
☐ Give a donation to dolphin protection
☐ Share my experience online
☐ Join a wildlife conservation association or society
☐ Take more trips to encounter wildlife
☐ Engage in a volunteer program related to dolphins

- Q10. Please rate yourself for the extent of your environmental concern on a scale of 1 to 10 (1 is low and 10 high)________(Score from 1 to 10)
- Q11. Environmental Attitude Scale (please check one box only for each statement)

Environment Attitude Statements	Totally Disagree	Partly Disagree	Not Sure	Partly Agree	Totally Agree
When humans interfere with nature it often produces disastrous consequences	☐	☐	☐	☐	☐
Humans have the right to modify the natural environment to suit their needs	☐	☐	☐	☐	☐
Human ingenuity will insure that we do NOT make the earth unlivable	☐	☐	☐	☐	☐
Wildlife should have the equal right for living on earth as humans	☐	☐	☐	☐	☐
The balance of nature is strong enough to cope with the impacts of modern industrial nations	☐	☐	☐	☐	☐
Humans were meant to rule over the rest of nature	☐	☐	☐	☐	☐

- Q12. What is your motivation for wanting to encounter dolphins?

Motivation	Totally Disagree	Partly Disagree	Not Sure	Partly Agree	Totally Agree
I really like and am a fan of dolphins	□	□	□	□	□
For my personal learning or education	□	□	□	□	□
For my children's learning or education	□	□	□	□	□
For the adventure	□	□	□	□	□
To be close to nature	□	□	□	□	□
Dolphin encounters in Western Australia are well known	□	□	□	□	□

- Q13. What were the purposes for your current trip in WA?

  □ Sightseeing　□ Holidaying

  □ Self-driving　□ Studying

  □ Visiting relatives and friends

  □ Business or meeting

  □ Seeing dolphins

- Q14. Before your trip, what were your concerns?

Risk Concerns Pre-trip	Very Unconcern	Weak Concern	Medium Concern	Strong Concern	Very Concerned
About spending more money than I planned or expected	□	□	□	□	□
That the destination experience would not be as good as I expected	□	□	□	□	□
Worried that I would not see any dolphins	□	□	□	□	□

续表

Risk Concerns Pre-trip	Very Unconcern	Weak Concern	Medium Concern	Strong Concern	Very Concerned
Concerned that I might be involved in an accident	□	□	□	□	□
Worried that I would not be physically able to cope with the local environment or trip requirements	□	□	□	□	□
Concerned that the animals might attack me or my partner	□	□	□	□	□
Concerned that the time spent would not be worthwhile	□	□	□	□	□
Worried about the driving or the traffic enroute	□	□	□	□	□
Concerned that the facilities at this site were well developed or convenient	□	□	□	□	□

- Q15. How long did you spend on planning this trip? ________Weeks
- Q16. How important were the following elements of your trip to encounter dolphins?

Trip Elements	Strongly Disagree	Disagree	Unsure	Agree	Strongly Agree
For me, money spent on dolphin-watching is worthwhile	□	□	□	□	□
I like taking trips to see dolphins	□	□	□	□	□
I would prefer to swim with dolphins in their natural habitat	□	□	□	□	□

续表

Trip Elements	Strongly Disagree	Disagree	Unsure	Agree	Strongly Agree
Overall, I am satisfied with this dolphin encounter	□	□	□	□	□
In the next 5 years, I am likely to revisit here	□	□	□	□	□

- Q17. What benefits have you gotten from this trip to encounter dolphins?

Benefits	Totally Disagree	Partly Disagree	Not Sure	Partly Agree	Totally Agree
Excitement in getting closer to nature	□	□	□	□	□
Increased wildlife conservation awareness	□	□	□	□	□
Release of stress	□	□	□	□	□
Increased interaction with family or friends	□	□	□	□	□
Increased knowledge	□	□	□	□	□
Sense of self-achievement	□	□	□	□	□
Learning more about this local area of West Australia	□	□	□	□	□
Dolphin encounters in Western Australia are well known	□	□	□	□	□

- Q18. What is you gender? □ Male　□ Female
- Q19. Where are you from?

  Country: ____________
- Q20. Where do you live and work? (City/town and country)

  City/town: ____________　Postal code: ____________

  Country: ____________

- Q21. Personal Information

  Age:

  ☐ Under 16 ☐ 16-19 ☐ 20-29 ☐ 30-39

  ☐ 40-49 ☐ 50-59 ☐ 60 or more

  Educational Background:

  ☐ Under Junior Middle School

  ☐ High School ☐ Vocational School

  ☐ Bachelors ☐ Masters

  ☐ Doctoral

  Occupation:

  ☐ Student ☐ Military ☐ Government

  ☐ Private-sector Office Worker

  ☐ Factory Worker ☐ Farmer ☐ Technician

  ☐ Sales ☐ Homemaker

  ☐ Business Owner ☐ Retired ☐ Unemployed

  ☐ Tradesperson ☐ Other

  Household Annual Income ($):

  ☐ Less than $10000 ☐ $10000-19999

  ☐ $20000-49999 ☐ $50000-99999

  ☐ $100000-199999 ☐ $200000 or more

  Family Composition:

  ☐ Single ☐ Couple with no children

  ☐ Family with one child

  ☐ Family with two or more children

Thanks for your cooperation!

An Investigation of Wildlife Tourists in Australia–Pretrip and Post–trip

Wildlife Tourists in Australia

This research on wildlife tourism is being carried out by a PhD student from Peking University in China who is a Visiting Scholar at Murdoch University. Your cooperation will be greatly appreciated and all information will only be used for academic research purposes. The investigation includes two parts: pre-trip and post trip. Thank you!

Part I Pre-trip (Code-number________)

- Q1. Please check all the items that apply to you with a √
  - ☐ I have volunteered time for wildlife conservation
  - ☐ I subscribe to magazines on wildlife or environmental conservation
  - ☐ I am a member of an association or society related to wildlife
  - ☐ I have purposely planned this trip to encounter wildlife
  - ☐ I have been to natural habitats to observe wildlife more than one night
  - ☐ I have special equipment for wildlife observation or photography
- Q2. Please check all the sites where you have been to observe dolphins with a √
  - ☐ Aquarium or zoo
  - ☐ Dolphin Discovery Centre, Bunbury WA
  - ☐ Mandurah WA
  - ☐ Monkey Mia WA
  - ☐ Penguin Island WA
  - ☐ Rockingham Wild Encounters, Perth WA
  - ☐ Other places ____________________ (Please name places)
- Q3. How many times have encountered dolphins (including this time)?

  ☐ Once ☐ 2-3 times ☐ 3-5 times

  ☐ More than 5 times
- Q4. Who are your companions on this trip to watch dolphins?

  ☐ Alone ☐ Family ☐ Friends

  ☐ Tour group ☐ Guide ☐ Business associate

  ☐ Other people________

- Q5. Which information sources did you use for planning this trip?

  ☐ Website or social media channel

  ☐ Friends or relatives ☐ Association or club

  ☐ Books ☐ Magazines

  ☐ Newspapers ☐ TV

  ☐ Past personal experiences
- Q6. What were the purposes for your current trip in WA?

  ☐ Sightseeing ☐ Holidaying

  ☐ Self-driving ☐ Studying

  ☐ Visiting relatives and friends

  ☐ Business or meeting ☐ Seeing dolphins
- Q7. How long did you spend on planning this trip? ________Weeks
- Q8. Please rate yourself for the extent of your environmental concern on a scale of 1 to 10 (1 is low and 10 high)________(Score from 1 to 10)
- Q9. Environmental Attitude Scale (please check one box only for each statement)

Environment Attitude Statements	Totally Disagree	Partly Disagree	Not Sure	Partly Agree	Totally Agree
When humans interfere with nature it often produces disastrous consequences.	☐	☐	☐	☐	☐
Humans have the right to modify the natural environment to suit their needs.	☐	☐	☐	☐	☐
Human ingenuity will insure that we do NOT make the earth unlivable.	☐	☐	☐	☐	☐
Wildlife should have the equal right for living on earth as humans.	☐	☐	☐	☐	☐
The balance of nature is strong enough to cope with the impacts of modern industrial nations.	☐	☐	☐	☐	☐

续表

Environment Attitude Statements	Totally Disagree	Partly Disagree	Not Sure	Partly Agree	Totally Agree
Humans were meant to rule over the rest of nature.	□	□	□	□	□

- Q10. Before your trip, what were your concerns?

Risk Concerns Pre-trip	Very Unconcern	Weak Concern	Medium Concern	Strong Concern	Very Concern
About spending more money than I planned or expected	□	□	□	□	□
That the destination experience would not be as good as I expected	□	□	□	□	□
Worried that I would not see any dolphins	□	□	□	□	□
Concerned that I might be involved in an accident	□	□	□	□	□
Worried that I would not be physically able to cope with the local environment or trip requirements	□	□	□	□	□
Concerned that the animals might attack me or my party	□	□	□	□	□
Concerned that the time spent would not be worthwhile	□	□	□	□	□
Worried about the driving or the traffic en route	□	□	□	□	□
Concerned that the facilities at this site were well developed or convenient	□	□	□	□	□

- Q11. What is your motivation for wanting to encounter dolphins?

Motivation	Totally Disagree	Partly Disagree	Not Sure	Partly Agree	Totally Agree
I really like and am a fan of dolphins	☐	☐	☐	☐	☐
For my personal learning or education	☐	☐	☐	☐	☐
For my children's learning or education	☐	☐	☐	☐	☐
For the adventure	☐	☐	☐	☐	☐
To be close to nature	☐	☐	☐	☐	☐
Dolphin encounters in Western Australia are well known	☐	☐	☐	☐	☐

- Q12. What is you gender? ☐ Male ☐ Female
- Q13. Where are you from?

  Country: ____________
- Q14. Where do you live and work? (City/town and country)

  City/town: ____________ Postal code: ____________

  Country: ____________
- Q15. Personal Information

  Age:

  ☐ Under 16 ☐ 16-19 ☐ 20-29 ☐ 30-39

  ☐ 40-49 ☐ 50-59 ☐ 60 or more

  Educational Background:

  ☐ Under Junior Middle School ☐ High School

  ☐ Vocational School ☐ Bachelors

  ☐ Masters ☐ Doctoral

  Occupation:

  ☐ Student ☐ Military ☐ Government

  ☐ Private-sector Office Worker

  ☐ Factory Worker ☐ Farmer

☐ Technician　　☐ Sales
☐ Homemaker　　☐ Business Owner
☐ Retired　　☐ Unemployed
☐ Tradesperson　　☐ Other

Household Annual Income ($):

☐ Less than $10000　　☐ $10000-19000
☐ $20000-49999　　☐ $50000-99000
☐ $100000-199999　　☐ $200000 or more

Family Composition:

☐ Single　　☐ Couple with no children
☐ Family with one child
☐ Family with two or more children

Thanks for your cooperation!

There is another part for the post-trip answer; a small gift of Ginat Panda Emblem is for your kind help after you completed all and retured to us.

Part Ⅱ Post-trip (Code-number________)

- Q16. In which activities have you participated and hope to experience next time when encountering dolphins?

Activity	This time	Next time
Observed dolphin behaviour from a distance	☐	☐
Took photos of dolphins from a distance	☐	☐
Swam with dolphins	☐	☐
Fed dolphins	☐	☐
Joined the volunteer program	☐	☐
Gave a donation to help dolphins	☐	☐
Other activities________	☐	☐

- Q17. What do you intend to do after this trip to encounter dolphins, please tick √ in box
  - ☐ Recommend that my friends visit here
  - ☐ Share my experience online
  - ☐ Give a donation to dolphin protection
  - ☐ Join a wildlife conservation association or society
  - ☐ Take more trips to encounter wildlife
  - ☐ Engage in a volunteer program related to dolphins
- Q18. How much did you spend in total for this dolphin watching trip?
  - ☐ Less than $100 ☐ $100-199
  - ☐ $200-499 ☐ $500-999
  - ☐ More than $1000
- Q19. How many nights have you spent or do you plan to spend here in this location?
  - ☐ Less than 1 night ☐ 1 night
  - ☐ 2 nights ☐ 3 nights
  - ☐ 4-5 night ☐ 6 or more nights
- Q20. How important were the following elements of your trip to encounter dolphins?

Trip Elements	Strongly Disagree	Disagree	Unsure	Agree	Strongly Agree
For me, money spent on dolphin-watching is worthwhile	☐	☐	☐	☐	☐
I like taking trips to see dolphins	☐	☐	☐	☐	☐
I would prefer to swim with dolphins in their natural habitat	☐	☐	☐	☐	☐
Overall, I am satisfied with this dolphin encounter	☐	☐	☐	☐	☐
In the next 5 years, I am likely to revisit here	☐	☐	☐	☐	☐

- Q21. What benefits have you gotten from this trip to encounter dolphins?

Benifits	Totally Disagree	Partly Disagree	Not Sure	Partly Agree	Totally Agree
Excitement in getting closer to nature	□	□	□	□	□
Increased wildlife conservation awareness	□	□	□	□	□
Release of stress	□	□	□	□	□
Increased interaction with family or friends	□	□	□	□	□
Increased knowledge	□	□	□	□	□
Sense of self-achievement	□	□	□	□	□
Learning more about this local area of West Australia	□	□	□	□	□
Dolphin encounters in Western Australia are well known	□	□	□	□	□

参考文献

[1] 阿尔贝特·史怀泽. 敬畏生命［M］. 陈泽环，译. 上海：上海社会科学出版社，1992.

[2] 安辉，付蓉. 影响旅游者主观风险认知的因素及对旅游危机管理的启示［J］. 浙江学刊，2005（1）：197-201.

[3] 包庆德，夏承伯. 生态创新之维：深层生态学思想研究述评［J］. 南京林业大学学报（人文版），2008（3）：68-78.

[4] 保继刚. 喀斯特石林旅游开发空间竞争研究［J］. 经济地理，1994，14（3）：93-96.

[5] 蔡景龙，李学军. 环青海湖旅游资源开发对野生动物和生态环境的影响［J］. 青海农林技，2003（1）：36-37.

[6] 曹孟勤. 人与自然“深层”关系辨析：从深层生态学出发谈人与自然的本真关系［J］. 南京师大学报（社会科学版），2005，2（5）：9-13.

[7] 柴寿升. 休闲渔业开发的理论与实践研究［D］. 青岛：中国海洋大学，2008.

[8] 车红敏. 不同生活方式下的涉入与感知风险对使用意愿的影响研究［D］. 杭州：浙江大学，2007.

[9] 陈晶. 扎龙自然保护区观鸟区春季鸟类群落分析与观鸟旅游线路设计［D］. 哈尔滨：东北林业大学，2005.

[10] 陈明宝. 休闲渔业资源的价值及评估研究［D］. 青岛：中国海洋大学，2008.

[11] 陈文汇，纪建伟，刘俊昌. 我国综合型野生动物园数量分布与区域社会经济发展的关联分析［J］. 林业资源管理，2007（5）：71-75.

[12] 陈亚芹. 浅析盐城自然保护区观鸟生态游的开发［J］. 盐城师范学院学报（人文社会科版），2011（3）：16-19.

[13] 陈毅清，张俊香. 游客体育旅游风险认知及应对行为的调查研究［J］. 河北体育学院学报，2012（3）：38-43.

[14] 程鲲. 动物园游客的观赏和教育效果评价［D］. 哈尔滨：东北林业大学，2003.

[15] 丛丽，吴必虎，李炯华. 国外野生动物旅游研究综述 [J]. 旅游学刊，2012，5（23）：57-65.

[16] 崔庆明，徐红罡. 野象的迷思：野象谷人-象冲突的社会建构分析 [J]. 旅游学刊，2012，27（5）：49-56.

[17] 崔媛媛，胡德夫，张金国，等. 黄金周游客干扰对圈养大熊猫应激影响初探 [J]. 四川动物，2009，28（5）：647-651.

[18] 戴建兵. 临安市农家乐旅游对野生动物的影响研究 [D]. 杭州：浙江林学院，2008.

[19] 德雷森. 关于阿恩·奈斯、深生态运动及个人哲学的思考 [J]. 施经碧，译. 世界哲学，2008（4）：61-64.

[20] 杜颖. 北京市休闲渔业游客旅游动机研究 [D]. 北京：北京林业大学，2008.

[21] 方科. 感知风险、涉入程度与购买意愿的关系研究 [D]. 杭州：浙江工商大学，2011.

[22] 付蓉，王曼娜，杨鹏，等. 洞庭湖观鸟旅游发展现状及对策 [J]. 经济地理，2008，28（3）：523-526.

[23] 高科. 野生动物旅游：概念、类型与研究框架 [J]. 生态经济，2012（6）：137-140.

[24] 高学斌，雷颖虎，常秀云，等. 陕西省森林旅游狩猎业发展现状及建议 [J]. 陕西师范大学学报（自然科学版），2006，34（S1）：174-177.

[25] 龚明昊. 中国国际狩猎业发展及市场特征分析 [J]. 四川动物，2010，29（4）：660-664.

[26] 韩嵩. 我国野生动物资源价值计量与应用研究 [D]. 北京：北京林业大学，2008.

[27] 何方永. 大熊猫生态旅游的泛化与科学发展 [J]. 安徽农业科学，2009，7（23）：11268-11269.

[28] 何卓. 我国水族馆旅游发展现状与对策研究 [D]. 哈尔滨：东北林业大学，2006.

[29] 洪大用. 环境关心的测量：NEP量表在中国的应用评估 [J]. 社会，2006，26（5）：71-92.

[30] 黄晨. 扎龙国家级自然保护区鹤类娱乐观赏和文化价值评估研究 [D]. 哈尔滨：东北林业大学，2006.

[31] 黄震方，袁林旺，俞肇元，等. 生态旅游区旅游流的时空演变与特征：以盐城麋鹿生态旅游区为例 [J]. 地理研究，2008，1（27）：55-64.

[32] 黄震方，袁林旺，俞肇元. 盐城麋鹿生态旅游区游客变化特征及预测 [J]. 地理学报，2007，62（12）：1277-1286.

[33] 暨诚欣. 中国运动狩猎业可行性研究 [D]. 哈尔滨：东北林业大学，2007.

[34] 江国英. 园林植物与观赏园艺 [D]. 福州：福建农林大学，2012.

[35] 金惠宇，夏述忠. 建设野生动物园的意义及其发展对策初探 [J]. 上海建设科技，2000（6）：23-24.

[36] 雷毅. 阿伦·奈斯的深层生态学思想 [J]. 世界哲学，2010（4）：20-29.

[37] 雷毅. 深层生态学思想研究 [M]. 北京：清华大学出版社，2001.

[38] 李华，潘文靖. 环境丰容对圈养黑猩猩行为的影响 [J]. 北京师范大学学报，2005，41（4）：410-414.

[39] 李进华. 野生灵长类资源的旅游开发与保护关系探讨 [J]. 自然资源学报，1998，4（13）：371-374.

[40] 李玲. 观鸟旅游者行为研究 [D]. 北京：北京林业大学，2009.

[41] 李维余，武振业. 国际狩猎与生态旅游的关系分析 [J]. 世界林业研究，2007，20（5）：73-76.

[42] 李伟强，赵鹏. 湿地鸟类栖息地营建及观鸟旅游方式初探：以盐城丹顶鹤湿地生态旅游区为例 [J]. 湿地科学与管理，2012，8（1）：12-16.

[43] 李秀艳，崔子修. 非人类中心主义理论流派述评 [J]. 唐山学院学报，2006，19（2）：26-28.

[44] 李媛. 野生动物保护的伦理探索 [D]. 广州：中共广东省委党校，2011.

[45] 李跃峰，李俊梅，费宇，等. 用旅行费用法评估樱花对昆明动物园游憩价值的影响 [J]. 云南地理环境研究，2010，22（1）：88-93.

[46] 廖明旗. 中国观鸟旅游发展现状及对策 [J]. 湖南农业大学学报（社会科学版），2006（4）：86-89.

[47] 林英华. 条件价值评估法在野生动物价值评估中的应用 [J]. 北华大学学报（自然科学版），2001，2（1）：80-83.

[48] 刘春济，高静. 基于风险认知概念模型的旅游风险认知分析：以上海市民为例 [J]. 旅游科学，2008（5）：37-43.

[49] 刘记. 卧龙自然保护区生态旅游开发研究 [D]. 成都：成都理工大学，2005.

[50] 刘静艳，王郝，陈荣庆．生态住宿体验和个人涉入度对游客环保行为意向的影响研究［J］．旅游学刊，2009（8）：82-88.

[51] 刘思敏．论我国城市动物园的出路选择［J］．旅游学刊，2004（5）：19-24.

[52] 刘妍．成都大熊猫繁育研究基地保护性旅游开发研究［D］．成都：成都理工大学，2007.

[53] 卢飞．基于满意度的休闲渔业体验研究［D］．青岛：中国海洋大学，2009.

[54] 罗小红，杨晓霞，雷丽．我国野生动物园时空分布研究［J］．西南师范大学学报（自然科学版）．2011，36（3）：229-232.

[55] 罗小红．我国野生动物园时空分布研究［D］．重庆：西南大学，2011.

[56] 罗艳菊，黄宇，毕华，等．基于环境态度的城市居民环境友好行为意向及认知差异：以海口市为例［J］．人文地理，2012，127（5）：69-75.

[57] 吕慎金，杨林，李文斌，等．游客密度对动物园中黇鹿行为的影响［J］．生态学杂志，2008，27（2）：223-228.

[58] 马建章，程鲲．自然保护区生态旅游对野生动物的影响［J］．生态学报，2008，28（6）：2818-2827.

[59] 马鹏．基于可持续发展观下的我国狩猎旅游发展策略探究［J］．林业资源管理，2007，16（2）：43-46.

[60] 马晓哲，白素英．野生动物旅游产品现状初探［J］．野生动物，2011，32（1）：46-48.

[61] 梅玫．辽宁双台河口国家级自然保护区旅游区鸟类群落调查分析与观鸟旅游管理［D］．哈尔滨：东北林业大学，2010.

[62] 聂绍芳，于德珍．论开发昆虫旅游资源［J］．湖南林业科技，2001，28（1）：56-58.

[63] 潘丽丽．旅游目的地空间涉入机会的游客感知特征分析［J］．人文地理，2009（6）：103-106.

[64] 邵隽．基于网络的影视旅游者目的地涉入研究［D］．北京：北京大学，2010.

[65] 施德群．基于旅行费用法的观鸟游憩价值评估［D］．北京：北京林业大学，2010.

[66] 束印，侯银续，王金刚，等．升金湖保护区蝴蝶产业开发的可行性分析［J］．安徽农业科学，2012，40（6）：3374-3378.

[67] 孙婉莹，崔国发．自然保护区野生动物旅游资源综合价值的定量评价研究［J］．安徽农业科学，2012（12）：7192-7194.

[68] 孙婉莹. 自然保护区野生动物旅游资源评价方法探索 [D]. 北京：北京林业大学，2012.

[69] 唐承财，向宝惠，钟林生，等. 西藏申扎县野生动物旅游社区参与模式研究 [J]. 地理与地理信息科学，2011 (5)：104-108.

[70] 唐勇，刘妍. 成都大熊猫繁育研究基地国内旅游者旅游动机实证研究 [C] //中国可持续发展研究会. 2008中国可持续发展论坛论文集 (2)，2008：584-587.

[71] 田秀华，张丽烟，高喜凤，等. 中国动物园保护教育现状分析 [J]. 野生动物，2007，28 (6)：33-37.

[72] 王红英，刘俊昌，曹建华. 鄱阳湖区生态观鸟旅游对当地社区影响的调查分析：基于吴城镇当地居民的调查问卷的分析 [J]. 江西农业大学学报，2008a，30 (6)：1147-1152.

[73] 王红英，刘俊昌，刘细芹. 美国生态观鸟旅游对中国观鸟旅游发展的启示 [J]. 林业经济问题，2008b (2)：152-155.

[74] 王红英. 以野生动物为对象的休闲旅游影响与评价研究：以生态观鸟旅游为例 [D]. 北京：北京林业大学，2008.

[75] 王晶，杨宝仁. 旅行费用法在北方森林动物园资源价值评估中的应用 [J]. 经济师，2010，20 (7)：64-65.

[76] 王静，赵雷刚. 佛坪自然保护区生态旅游对野生动物活动影响分析 [J]. 陕西林业科技，2011 (4)：35-37.

[77] 王丽华. 大连森林动物园旅游形象定位和传播策略 [J]. 桂林旅游高等专科学校学报，2003 (3)：56-58.

[78] 王琪延. 建立生活时间分配统计学之构想 [J]. 统计与决策，2000 (2)：8-10.

[79] 王俫，杨木肖，邹红菲. 扎龙自然保护区鸟类观赏性分析与观鸟管理对策 [J]. 野生动物，2006 (1)：40-42.

[80] 王文慧. 浅析体验经济时代的旅游产品创新 [J]. 经济师，2007 (2)：232-233.

[81] 王颖. 基于感知风险和涉入程度的消费者新能源汽车购买意愿研究 [D]. 上海：华东理工大学，2010.

[82] 王永志. 中国狩猎旅游现状与可持续发展研究 [J]. 贵州民族研究，2010，31 (6)：91-96.

[83] 魏婉红. 我国野生动物园的发展定位思考 [D]. 北京：北京林业大学，2006.

[84] 文首文. 国内外游客教育研究进展 [J]. 旅游学刊，2008，23 (7)：92-96.

[85] 吴兵福. 结构方程模型初步研究 [D]. 天津：天津大学，2006.

[86] 吴小旭. 基于旅游涉入与地方依恋理论的乡村旅游度假产品发展研究 [D]. 广州：华南理工大学，2010.

[87] 武春友，孙岩. 环境态度与环境行为及其关系研究的进展 [J]. 预测，2006，25（4）：61-65.

[88] 武麟，张璇. 风险感知研究中的心理测量范式 [J]. 南京师大学报（社会科学版），2012（2）：95-102.

[89] 谢晓非，徐联仓. 风险认知研究概况及理论框架 [J]. 心理学动态，1995，3（2）：17-22.

[90] 谢屹，刘洪平，温亚利. 德国狩猎活动管理现状探析 [J]. 野生动物杂志，2008，29（5）：259-262.

[91] 徐红罡. 中国非消费型野生动物旅游若干问题研究 [J]. 地理与地理信息科学，2004，20（2）：83-86.

[92] 徐争妍. 休闲渔业发展模式及对策研究 [D]. 杭州：浙江海洋学院，2012.

[93] 严欣. 中国古代生态伦理思想及其当代价值 [D]. 咸阳：西北农林科技大学，2011.

[94] 杨秀梅，李枫. 中国野生动物园发展中的突出问题及可持续发展对策 [J]. 野生动物，2008（3）：152-156+159.

[95] 要红. 试论动物园可持续发展的关键因素 [J]. 山西财经大学学报，2012，34（4）：49.

[96] 尤明慧. 大兴安岭鄂伦春族狩猎民俗旅游模式分析 [J]. 中国商贸，2011（9）：177-178.

[97] 尤鑫，戴年华. 鄱阳湖观鸟生态旅游开发与对策研究 [J]. 江西科学，2010，28（6）：866-870.

[98] 于洪贤，马建章，柴方营，等. 我国游钓渔业的开发与管理 [J]. 野生动物，1996，90（2）：3-6.

[99] 于洪贤，覃雪波. 哈尔滨北方森林动物园生态旅游开发探讨 [J]. 东北林业大学学报，2005，33（6）：85-86.

[100] 于洪贤，王晶. 模糊决策理论在旅游资源综合评价中的应用：以哈尔滨北方森林动物园为例 [J]. 东北林业大学学报，2007，35（1）：79-81.

[101] 余辉亮，张明海，杨敬元，等. 中国灵长类生态旅游开发探讨：以神农架金丝猴生态旅游项目为例 [J]. 经济研究导刊，2011，30（16）：141-144.

[102] 袁林旺，俞肇元，黄震方，等．客源地社会、经济要素对生态旅游区游客量的作用机制分析：以盐城麋鹿自然保护区为例［J］．人文地理，2007，22（6）：120-123.
[103] 袁林旺，俞肇元，黄震方，等．游客变化的多尺度波动特征及作用过程分析_以盐城麋鹿生态旅游区为例［J］．旅游学刊，2009，24（7）：27-33.
[104] 张宏梅，陆林．游客涉入对旅游目的地形象感知的影响：盎格鲁入境旅游者与国内旅游者的比较［J］．地理学报，2010（12）：1613-1623.
[105] 张瑞英．四川省王朗自然保护区生态旅游开发研究［D］．成都：成都理工大学，2004.
[106] 张少青．森林旅游产品适宜性评价实证分析：以福州国家森林公园鸟语林产品为例［J］．林业经济，2008，20（4）：55-57.
[107] 张涛，邓东周，鄢武先．大熊猫生态旅游对大熊猫及其栖息地的影响及对策分析［J］．四川林业科技，2011，32（6）：102-105.
[108] 章杰宽．国内旅游者西藏旅游风险认知研究［J］．四川师范大学学报（社会科学版），2009，36（6）：111-118.
[109] 章杰宽．旅游风险认知模型的优化及实证研究［J］．西藏民族学院学报（哲学社会科学版），2012，33（2）：45-48.
[110] 赵殿升．国外狩猎旅游业［J］．野生动物，1992，60（2）：11-13.
[111] 赵衡，李旭，周伟，等．滇池地区鸟类资源开发与观鸟旅游［J］．西部林业科学，2005，34（4）：115-119.
[112] 赵金凌，成升魁，闵庆文．基于休闲分类法的生态旅游者行为研究：以观鸟旅游者为例［J］．热带地理，2007，27（3）：284-288.
[113] 赵英杰．动物园野生动物福利评价研究［D］．哈尔滨：东北林业大学，2009.
[114] 郑杰．拍卖国际狩猎动物限额的思考［J］．青海科技，2006（6）：10-12.
[115] 钟志平，王秀娟．基于涉入理论的自驾车旅游购物行为实证研究：以少林寺景区为例［J］．经济地理，2009（10）：1748-1752.
[116] 周洪涛．俄罗斯远东狩猎旅游资源开发潜力初探［J］．西伯利亚研究，2012，39（3）：22-24.
[117] 周学红，蒋琳，王强，等．朱鹮游荡期对人类干扰的耐受性［J］．生态学报，2009，29（10）：5176-5184.
[118] 周洋．游客对于动物展示：保护解说媒体的需求研究［D］．北京：北京林业大学，2009.

[119] 周志华，蒋志刚．野生生物、野生动植物和野生来源的定义及范畴［J］．生态学报，2004，24（2）：302-307.
[120] 邹红菲．野生动物资源价格研究［D］．哈尔滨：东北林业大学，1997.
[121] 毕雪．郑州YMH野生动物主题公园产品设计优化研究［D］．昆明：昆明理工大学，2020.
[122] 柴彦威，刘志林．中国城市的时空间结构［M］．北京：北京大学出版社，2002.
[123] 柴彦威，塔娜．中国行为地理学研究近期进展［J］．干旱区地理，2011（1）：1-11.
[124] 陈宽裕．结构方程模型分析实务：SPSS与SmartPLS的运用［M］．台北：五南图书出版股份有限公司，2018.
[125] 陈翔．大湄公河次区域亚洲野象栖息地保护合作机制研究［D］．昆明：昆明理工大学，2016.
[126] 陈耀华，黄朝阳．世界自然保护地类型体系研究及启示［J］．中国园林，2019，35（3）：40-45.
[127] 程双双．旅游涉入、博物馆情境对游客体验质量与行为意图的影响研究［D］．大连：东北财经大学，2012.
[128] 从丽，何继红．野生动物旅游景区游客情感特征研究：以长隆野生动物世界为例［J］．旅游学刊，2020，35（2）：53-64.
[129] 从丽，吴必虎，张玉钧，等．非资源消费型野生动物旅游风险感知研究：澳大利亚班布里海豚探索中心实证［J］．北京大学学报（自然科学版），2016，52（6）：179-188.
[130] 从丽，吴必虎，张玉钧，等．非资源消费型野生动物旅游者的环境态度研究：以澳大利亚海豚探索中心为例［J］．北京大学学报（自然科学版），2016，52（2）：295-302.
[131] 从丽，吴必虎，张玉钧，等．野生动物旅游场所涉入实证分析：以澳大利亚班布里海豚探索中心为例［J］．北京大学学报（自然科学版），2017，53（4）：715-721.
[132] 从丽，吴必虎．基于网络文本分析的野生动物旅游体验研究：以成都大熊猫繁育研究基地为例［J］．北京大学学报（自然科学版），2014，50（6）：1087-1094.
[133] 从丽，肖张锋，肖书文．野生动物旅游地游憩机会谱建构：以成都大熊猫繁育研究基地为例［J］．北京大学学报（自然科学版），2019，55（6）：1103-1111.
[134] 从丽，于佳平，王灵恩．我国半资源消费型野生动物旅游景区时空

演变特征及其驱动因素分析 [J]. 自然资源学报，2020，35（12）：17，31-47.

[135] 丛丽. 人口学特征分异的半圈养生境野生动物旅游者环境态度分析：深层生态学理论视角 [J]. 北京大学学报（自然科学版），2019，55（2）：351-359.

[136] 崔庆明，徐红罡. 反思生态旅游中自然的社会建构 [J]. 旅游导刊，2019，3（4）：15-29.

[137] 崔庆明. 旅游能缓解保护地人与野生动物冲突吗？[J]. 中国生态旅游，2021，11（5）：663-675.

[138] 董晓松，张继好. 消费者涉入度研究综述 [J]. 商业时代，2009（12）：18-19.

[139] 付磊. 旅游噪音对中国大鲵活动节律的影响 [D]. 吉首：吉首大学，2021.

[140] 关芳. 美溪林业局开发狩猎旅游的重要意义 [J]. 林业勘查设计，2014（4）：75-77.

[141] 郭志刚. 社会统计方法：SPSS软件应用 [M]. 北京：中国人民大学出版社，1999.

[142] 何思源，苏杨，闵庆文. 中国国家公园的边界、分区和土地利用管理：来自自然保护区和风景名胜区的启示 [J]. 生态学报，2019，39（4）：1318-1329.

[143] 侯鹏，杨旻，翟俊，等. 论自然保护地与国家生态安全格局构建 [J]. 地理研究，2017，36（3）：420-428.

[144] 黄芳铭. 结构方程模式 [M]. 台北：五南图书出版股份有限公司，2007.

[145] 黄芳铭. 社会科学统计方法学：结构方程模式 [M]. 台北：五南图书出版股份有限公司，2004.

[146] 金雨慧，马志龙，王莹，等. 野生动物现代狩猎效益分析 [J]. 野生动物学报，2017，38（4）：694-700.

[147] 康玉花，卢伟，付志德. 基于SWOT法武威神州荒漠野生动物园发展战略分析 [J]. 绿色科技，2016（8）：197-200.

[148] 劳伦斯·纽曼. 社会研究方法：定性和定量的取向 [M]. 郝大海，译. 北京：中国人民大学出版社，2007.

[149] 雷嫚嫚. 不同性格的民俗节庆游客涉入程度及涉入前因差异研究 [D]. 广州：华南理工大学，2013.

[150] 李芳，陈贵松，梁小妹，等. 昆虫生态旅游的多元价值及其实现路径：以武夷山大安源景区为例 [J]. 武夷学院学报，2014，33（1）：26-30.

[151] 李鸿飞. 旅游者在旅游目的地选择中的感知风险研究 [D]. 石家庄：石家庄经济学院，2009.

[152] 李佳，从静，刘晓，等. 基于红外相机技术调查神农架旅游公路对兽类活动的影响 [J]. 生态学杂志，2015，34（8）：2195-2200.

[153] 李进华. 野生灵长类资源的旅游开发与保护关系探讨 [J]. 自然资源学报，1998（4）：84-87.

[154] 李文明，殷程强，唐文跃，等. 观鸟旅游游客地方依恋与亲环境行为：以自然共情与环境教育感知为中介变量 [J]. 经济地理，2019，39（1）：215-224.

[155] 李新秀，刘瑞利，张进辅. 国外环境态度研究述评 [J]. 心理科学，2010，33（6）：1448-1450.

[156] 李燕琴. 一种生态旅游者的识别与细分方法：以北京市百花山自然保护区为例 [J]. 北京大学学报（自然科学版），2005，41（6）：906-917.

[157] 李越. 北戴河观鸟旅游现状及发展对策浅析 [J]. 中国商贸，2013（4）：136-138.

[158] 刘铭，翟荣惠. 中国食用昆虫文化的历史和产业开发 [J]. 农业考古，2017（3）：223-232.

[159] 刘娜，王秋萍，任晓彤，等. 湿地观鸟旅游可行性及其生态减贫作用分析：以黑龙江泰湖国家湿地公园为例 [J]. 野生动物学报，2019，40（2）：422-428.

[160] 刘鹏，王斌，禹洋，等. 典型野生动物保护区的旅游价值评估：以王朗大熊猫保护区和西双版纳亚洲象保护区为例 [C] //中国生态学学会动物生态专业委员会，中国动物学会兽类学分会，中国野生动物保护协会科技委员会，等. 第十三届全国野生动物生态与资源保护学术研讨会暨第六届中国西部动物学学术研讨会论文摘要集. 2017：1.

[161] 罗庆华. 旅游干扰对张家界大鲵生境和种群的影响研究 [D]. 北京：北京科技大学，2019.

[162] 马春艳，陈文汇. 我国野生动物资源商业价值的动态评估方法设计及应用 [J]. 世界林业研究，2015，28（2）：54-60.

[163] 马建章，邹红菲，郑国光. 中国野生动物与栖息地保护现状及发展趋势 [J]. 中国农业科技导报，2003（4）：3-6.

[164] 史春云，张捷，尤海梅. 游客感知视角下的旅游地竞争力结构方程模型 [J]. 地理研究，2008，27（3）：703-714.

[165] 史培军，宋长青，程昌秀. 地理协同论：从理解“人—地关系”到

设计“人—地协同”[J]. 地理学报，2019，74（1）：3-15.
[166] 孙璐，杨琳曦. 基于旅游可持续发展理念的泰国大象旅游产品开发研究：以清迈为例 [J]. 中国集体经济，2021（19）：166-168.
[167] 孙宇岸. 垂钓运动发展研究：以四川南部为例[J]. 体育文化导刊，2017（3）：68-71.
[168] 唐承财，向宝惠，钟林生，等. 西藏申扎县野生动物旅游社区参与模式研究 [J]. 地理与地理信息科学，2011，27（5）：104-108.
[169] 唐恩富. 浅析雅安市大熊猫特色旅游发展 [J]. 市场论坛，2011（3）：73-74.
[170] 王格婷，屈永建. 秦岭野生动物园游客安全意识现状调查与对策 [J]. 农村经济与科技，2014，25（10）：76-78.
[171] 王郝. 生态住宿体验和个人涉入度对游客环保行为意向的影响研究 [D]. 广州：中山大学，2008.
[172] 王秀娟. 基于涉入理论的自驾车游客购物行为研究：以少林寺景区为例 [D]. 长沙：湖南师范大学，2009.
[173] 王昱婷，李捷. 乡村振兴战略下美丽乡村发展路径研究：以袁湾村为例 [J]. 中国市场，2019（31）：33-34.
[174] 王云，朴正吉，关磊，等. 环长白山旅游公路运营期导致的野生动物致死的初步报道 [C] //中国环境科学学会. 2013中国环境科学学会学术年会论文集（第六卷）. 交通运输部科学研究院，长白山科学研究院，2013.
[175] 吴承照. 国家公园是保护性绿色发展模式 [J]. 旅游学刊，2018，33（8）：1-2.
[176] 吴明隆. 结构方程模型：AMOS的操作与应用 [M]. 重庆：重庆大学出版社，2010.
[177] 向丹凤. 旅游活动对大山包黑颈鹤影响研究 [D]. 昆明：云南师范大学，2014.
[178] 徐红罡，崔庆明. 专栏序言：生命共同体与野生动物旅游可持续发展 [J]. 中国生态旅游，2021，11（5）：661-662.
[179] 杨华，张晓强，刘冰许，等. SWOT分析方法在郑州市动物园旅游规划建设中的应用 [J]. 安徽农业科学，2017，45（14）：152-153+158.
[180] 杨丽雯，王大勇，李双成. 生态系统文化服务供需关系量化方法研究：以平陆大天鹅景区为例 [J]. 北京大学学报（自然科学版），2021，57（4）：691-698.
[181] 尹铎，高权，朱竑. 广州鳄鱼公园野生动物旅游中的生命权力运作

[J]. 地理学报，2017，72（10）：1872-1885.

[182] 于明士. 内蒙古狩猎旅游发展研究 [D]. 呼和浩特：内蒙古师范大学，2014.

[183] 张宏梅，陆林，朱道才. 基于旅游动机的入境旅游者市场细分策略：以桂林阳朔入境旅游者为例 [J]. 人文地理，2010（4）：126-131.

[184] 张建军. 山西阳城蟒河猕猴国家级自然保护区两栖爬行动物多样性及保护 [J]. 野生动物学报，2019，40（4）：969-978.

[185] 张鹏，段永江，陈涛，等. 海南南湾猴岛景区内猕猴与游客接触行为的研究 [J]. 兽类学报，2018，38（3）：267-276.

[186] 赵川. 文旅融合背景下促进大熊猫主题文化旅游发展的思路 [J]. 当代旅游，2021，19（8）：13-14.

[187] 赵殿升. 国外狩猎旅游业 [J]. 野生动物，1992（2）：11-13.

[188] 周琳，崔守斌，陈辉，等. 黑龙江七星河国家级湿地自然保护区观鸟旅游资源分析 [J]. 哈尔滨师范大学自然科学学报，2014，30（2）：36-38+64.

[189] 周杏会. 生态旅游对白马雪山滇金丝猴影响的研究 [D]. 昆明：西南林业大学，2013.

[190] ABDULBAKI B, WOJCIECH J F, JONATHAN Y, et al. Estimating fishing and hunting leisure spending shares in the United States[J]. Tourism Management, 2008, 29(4): 771-782.

[191] AJZEN I. The theory of planned behavior[J]. Organizational Behavior and Human Decision Processes, 1991, 50: 179-211.

[192] AKAMA J, DAMIANNAH M K. Measuring tourist satisfaction with Kenya's wildlife safari: a case study of Tsavo West National Park[J]. Tourism Management, 2003, 24(1): 73-81.

[193] AKAMA J S, KIETI D M. Measuring tourist satisfaction with Kenya's wildlife safari: a case study of Tsavo West National Park[J]. Tourism Management, 2003, 24: 73-81.

[194] ARMSTRONG J, GIBSON N, HOWE F. The role of ex-situ conservation[M]// Moritzand C, Kikkawa J. Conservation biology in Australia and Oceania. 1993, 353-357.

[195] ASSAKER G, VINZI V E, O'CONNOR P. Examining the effect of novelty seeking, satisfaction, and destination image on tourists' return pattern: a two factor, non-linear latent growth model[J]. Tourism Management, 2011, 32 (4): 890-901.

[196] BAGOZZI R P, YI Y. On the evaluation of structural equation

models[J]. Journal of the Academy of Marketing Science, 1988, 16 (1): 74-94.

[197] BALLANTYNE J, EAGLES P. Defining Canadian ecotourists[J]. Journal of Sustainable Tourism, 1994, 2(4): 210-214.

[198] BALLANTYNE R, PACKER J, FALK J. Visitors' learning for environmental sustainability: testing short-and long-term impacts of wildlife tourism experiences using structural equation modeling[J]. Tourism Management, 2010, 32(6): 1243-1252.

[199] BALLANTYNE R, PACKER J, HUGHES K, et al. Conservation learning in wildlife tourism settings: lessons from research in zoos and aquariums[J]. Environmental Education Research, 2007, 13(3): 367-383.

[200] BALLANTYNE R, PACKER J, SUTHERLAND L A. Visitors' memories of wildlife tourism: implications for the design of powerful interpretive experiences[J]. Tourism Management, 2011a, 32(2): 770-779.

[201] BALLANTYNE R, PACKER J. Promoting environmentally sustainable attitudes and behaviour through free-choice learning experiences: what is the state of the game[J]. Environmental Education Research, 2005, 11(3): 21-35.

[202] BALLANTYNE R, HUGHES K. Using front-end and formative evaluation to design and test persuasive bird feeding warning signs[J]. Tourism Management, 2006, 27(2): 235-246.

[203] BALLANTYNE R, PACKER J, HUGHES K. Tourists'support for conservation messages and sustainable management practices in wildlife tourism experiences[J]. Tourism Management, 2009, 30(5): 658-664.

[204] BAUER R A. Consumer behavior as risk taking[M]//Cox D. //Risk taking and information handling in consumer behavior. Cambridge, MA: Harvard University Press, 1967: 23-33.

[205] BAUER R A. Consumer behavior as risk taking[C]//Dynamic Marketing for a Changing World: Proeeedings of the 43rd Conferenee of the American Marketing Association, 1960: 389-398.

[206] BEATON A A, FUNK D C. An evaluation of theoretical frameworks for studying physically active leisure[J]. Leisure Sciences, 2008, 30: 53-70.

[207] BEETON S. Business issues in wildlife tourism[M]//HIGGINBOTTOM

K. Wildlife tourism: impacts, management and planning. Altona, VIC: Common Ground Publishing, 2004: 187-208.

[208] BEH A, BRUYERE B L. Segmentation by visitor motivation in three Kenyan National Reserves[J]. Tourism Management, 2007, 28(6): 1464-1471.

[209] BELLO D, ETZEL M. The role of novelty in the pleasure travel experience[J]. Journal of Travel Research, 1985, 40: 172-83.

[210] BENEELD A, BITGOOD S, LANDERS A. Understanding your visitors: Ten factors that influence their behavior (Tech. Re. No 86-60) [R]. Jacksonville, Al: Centre for Social Design, 1986.

[211] BERWICK S H, SAHARIA V B. The development of international principles and practices of wildlife research and management: Asian and American approaches[M]. Oxford: Oxford University Press, 1995.

[212] BISIKA T. Sexual and reproductive health and HIV/AIDS risk perception in the Malawi tourism industry[J]. Malawi Medical Journal, 2009, 21(2): 75-80.

[213] BLACKWELL R D, MINIARD P W, ENGEL J F. Consumer behavior[M]. 9th edition. New York: Harcourt, Inc press, 2001.

[214] BLONDEL J. Birding in the sky: Only fun, a chance for ecodevelopment or both? [EB/OL]. [2008-1-1]. Available: egis. cafe. crampon. fr/Tourism% 20Frontpages/ Blondel%20article. html.

[215] BOLLEN K A. Structural equations with laten variables[M]. New York: John Wiley & Sons, 1989.

[216] BOLLEN K A, LONG S L. Testing structural equation modeling[M]. Newbury, UK: Sage Publication, 1993.

[217] BOLON E G, ROBINSON W. Wildlife ecology and management[M]. 5th edition. Upper Saddle River, NJ: Prentice Hall, 2003.

[218] BOOKHOUT T A. Research and management techniques for wildlife and habitats[R]. Bethesda, MD: The Wildlife Society, 1996.

[219] BOREN L J, GEMMELL N, BARTON K. The role and presence of a guide: preliminary findings from swim with seal programs and land-based seal viewing in New Zealand[J]. Tourism in Marine Environments, 2008, 5(2-3): 187-199.

[220] BUDESCU D, WALLSTEIN T. Consistency in interpretation of probabilistic phrases[J]. Organizational Behavior and Human

Decision Processes, 1985, 36: 391-405.

[221] BURNS G L, HOWARD P. When wildlife tourism goes wrong: a case study of stakeholder and management issues regarding Dingoes on Fraser Island, Australia[J]. Tourism Management, 2003, 24(6): 699-712.

[222] BURNS G L. The host community and wildlife tourism[M]// HIGGINBOTTOM K. Wildlife tourism: impacts, management and planning. Altona, VIC: Common Ground Publishing, 2004: 125-142.

[223] CAI L A, FENG RM, BREITER D. Tourist purchase decision involvement and information preferences[J]. Journal of Vacation Marketing, 2004, 10(2): 138-148.

[224] CALLICOTT J B. Earth's insights[M]. Oakland: University of California Press, 1994.

[225] CARNEIRO M J, CROMPTON J L. The influence of involvement, familiarity, and constraints on the search for information about destinations[J]. Journal of Travel Research, 2010, 49(4): 451-470.

[226] CARROLL A B, BUCHHOLTZ A K. Business and society: ethics and stakeholder management[M]. Boston: South-Western College Pub, 2008.

[227] CATER C, CATER E. Marine environments[M]//WEAVER D B. The encyclopaedia of ecotourism. Wallingford: CABI Publishing, 2000, 265-282.

[228] CATER C I. Playing with risk? participant perceptions of risk and management implications in adventure tourism[J]. Tourism Management, 2006, 27(2): 317-325.

[229] CATLIN J, JONES R. Whale shark tourism at Ningaloo Marine Park: a longitudinal study of wildlife tourism[J]. Tourism Management, 2010a, 31(3): 386-394.

[230] CATLIN J, JONES T, NORMAN B, et al. Consolidation in a wildlife tourism industry: the changing impact of whale shark tourist expenditure in the Ningaloo coast region[J]. International Journal of Tourism Research, 2010b, 12(2): 134-148.

[231] Charles Darwin Research Station(CDRS). Tourism and conservation partnerships: a view from Galapagos. Isla Santa Cruz, Galapagos Islands, Ecuador[EB/OL]. (2001-01-02)[2008-2-13]. https: //www.

darwinfoundation. org.

[232] CONWAY W. Wild and zoo animal interactive management and habitat conservation [J]. Biodiversity and Conservation, 1995, 4(2): 573-594.

[233] CORDELL H K, MCDONALD B L, TEASELY R J, et al. Outdoor recreation participation trends[M]//CORDELL H K. Outdoor recreation in American life. Champaign, IL: Sagamore Publishing, 1999: 219-322.

[234] CORDELL H K, HERBERT N G. The popularity of birding is still growing[J]. Birding, 2002, 34: 54-59.

[235] CORRAL-VERDUGO V, ARMENDÁRIZ L I. The "New environmental paradigm" in a Mexican community[J]. Journal of Environmental Education, 2000, 31(3): 25-31.

[236] COTTRELL S P. Inflence of socio-demographics and environmental attitudes on general responsible environmental behavior among recreational boaters [J]. Environment and Behavior, 2003, 35(3): 247-375.

[237] CROALL J. Preserve or destroy: tourism and the environment[M]. London: Gulbenkian Foundation, 1995.

[238] CURTIN S C. What makes for memorable wildlife encounters? Revelations from 'serious' wildlife tourists[J]. Journal of Ecotourism, 2010c, 9(2): 149-168.

[239] CURTIN S C. Swimming with dolphins: a phenomenological exploration of tourist recollections[J]. International Journal of Tourism Research, 2006, 8(4): 301-315.

[240] CURTIN S C. Whale-watching in Kaikoura: sustainable destination development[J]. Journal of Ecotourism, 2003, 2(3): 173-195.

[241] CURTIN S C, WILKES K. Consumer behavior and the management of wildlife tourism British wildlife tourism operators'current issues and typologies[J]. Current Issues in Tourism, 2005, 8(6): 455-478.

[242] CURTIN S C. Managing the wildlife tourism experience: the importance of tour leaders[J]. International Journal of Tourism Research, 2010a, 12(3): 219-236.

[243] CURTIN S C. The self-presentation and self-development of serious wildlife tourists[J]. International Journal of Tourism

Research, 2010b, 12(1): 17-33.

[244] CURTIN S C, Wilkes K. Swimming with the captive dolphins: current debates and post-experience dissonance[J]. International Journal of Tourism Research, 2007, 9(2): 131-146.

[245] CURTIN S C. Wildlife tourism: the intangible, psychological benefits of human-wildlife encounters [J]. Current Issues in Tourism, 2009, 12(5): 451-474.

[246] DAVIS D, Tisdell C. Economic management of recreational scuba diving and the environment[J]. Journal of Environmental Management, 1996, 48: 229-248.

[247] DAVIS D C, BANKS S, BIRTLES A, et al. Whale sharks in Ningaloo Marine park: management tourism in an Australia marine protected area[J]. Tourism Management, 1997, 18(5): 259-271.

[248] DAVIS D, TISDELL C, HARDY M. The role of economics in managing wildlife tourism[R]. Gold Coast, Queensland: CRC for Sustainable Tourism, 2001.

[249] DAVIS D, TISDELL C. Tourist levies and willingness to pay for a whale shark experience[J]. Tourism Economics, 1998, 5(2): 161-174.

[250] DAWSON J, STEWART E J, LEMELIN H, et al. The carbon cost of polar bear viewing tourism in Churchill, Canada[J]. Journal of Sustainable Tourism, 2010, 18(3): 319-336.

[251] DESJARDINS J R. Environmental ethics: an introduction to environmental philosophy[M]. San Francisco: Wadsworth Publishing Co. Inc. Press, 2005.

[252] DEVALL B, SESSIONS G. Deep Ecology: Living as if Nature Mattered [M]. Salt Lake City: Peregrine Smith Books, 1985: 66-70.

[253] DIAMANTOPOULOS A, SIGUAW J A. Introducing LISREL[M]. London: Sage Publications, 2000.

[254] DOLNICAR S. Identifying tourists with smaller environmental footprints[J]. Journal of Sustainable Tourism, 2010, 18(6): 717-734.

[255] DOWLING G. STAELIN R. A model of perceived risk and intended risk-handling activity[J]. Journal of Consumer Research, 1994, 21(1): 119-35.

[256] DUDA M D, YOUNG K. Public opinion on hunting, fishing and

endangered species[J]. Responsive Management, Winter, 1996: 1-12.

[257] DUFFUS D A, DEARDEN P. Non-consumptive wildlife-oriented recreation: a conceptual framework [J]. Biological Conservation, 1990, 53(3): 213-231.

[258] DUNLAP R E, VAN LIERE K D. The new ecological paradigm[J]. Journal of environmental education, 1978, 9: 10-19.

[259] DUNLAP R E, VAN LIERE K D, MERTIG A G, et al. New trends in measuring environmental attitudes: measuring endorsement of the new ecological paradigm: a revised NEP scale[J]. Journal of social issues, 2000, 56(3), 425-442.

[260] DUNLAP R E, VAN LIERE K, MERTIG A, JONES R E. Measuring endorsement of the New Ecological Paradigm: a revised NEP scale[J]. Journal of Social Issues, 2000, 56: 425-442.

[261] DUNN M G, MURPHY P E, SKELLY G U. Research note: preference for supermarket products[J]. Journal of retailing, the influence of perceived risk on brand, 1986, 62(2): 204-217.

[262] ENGEL J F, BLACKWELL R D. Consumer behaviour[M]. 4th edition. New York: Dryden Press, 1982.

[263] EUBANKS T L, STOLL J R, DITTON R B. Understanding the diversity of eight birder sub-populations: socio-demographic characteristics, motivations, expenditures and net benefits[J]. Journal of Ecotourism, 2004, 3(3): 151-172.

[264] FENNELL D A, WEAVER D B. Vacation farms and ecotourism in Saskatchewan, Canada[J]. Journal of Rural Studies, 1997, 13(4): 467-475.

[265] FIALLO E A, JACABSON S K. Local communities and protected areas: attitudes of rural residents towards conservation and Machalilla National Park[J]. Ecuador. Environmental Conservation, 1995, 22(3): 241-249.

[266] FILION F L. The role of national tourism associations in the preserving of the environment in Africa[J]. Journal of Travel Research, 1992, 13(4): 7-12.

[267] FORNELL C, LARCKER D F. Evaluating structural equation models with unobservable variables and measurement error[J]. Journal of Marketing Research, 1981, 18(1): 337-346.

[268] FREDLINE E, FAULKNER B. International market analysis of

wildlife tourism[M]. Gold Coast, Queensland: CRC for Sustainable Tourism, 2001.

[269] FREEMAN S, TAFF B D, MILLER Z D, et al. Acceptability factors for wildlife approach in park and protected area settings[J]. Journal of Environmental Management, 2021, 286: 112276.

[270] FUNK D C, JAMES J. The psychological continuum model: a conceptual framework for understanding an individual's psychological connection to sport[J]. Sport Management Review, 2001, 4: 119-150.

[271] GILL R B. Build an experience and they will come: managing the biology of wildlife viewing for benefits to people and wildlife [M]//MANFREDOMJ. Wildlife viewing: a management handbook. Corvallis: Oregon State University Press, 2002.

[272] GOODWIN H, KENT I, PARKER K T, et al. Tourism, conservation and sustainable development: case studies from Asia and Africa[R]. London, UK: International Institute for Environment and Development, 1998.

[273] GRAY D L, CANESSA R, ROLLINS R, et al. Incorporating recreational users into marine protected area planning: a study of recreational boating in British Columbia, Canada[J]. Environmental Management, 2010, 46(2): 167-180.

[274] GREEN R, HIGGINBOTTOM K, JONES D A. Tourism classification of Australian wildlife and their habitats[Z]//HARDY M, HIGGINBOTTOM K. Wildlife tourism: discussion document. CRC for Sustainable Tourism, 1999: 52-68.

[275] GROOM M J, PODOLSKY R D, MUNN C A. Tourism as a sustained use of wildlife: a case study of Madre de Dios, Southeastern Peru[M]// Robinson J G, Redford K H. Neotropical wildlife use and conservation. Chicago, IL: University of Chicago Press, 1991: 339-412.

[276] GROSS M J, BROWN G. An empirical structural model of tourists and places: progressing involvement and place attachment into tourism[J]. Tourism Management, 2008, 29(6): 1141-1151.

[277] GURSOY D, GAVCAR E. International leisure tourists' involvement profile[J]. Annals of Tourism Research, 2003, 30: 906-926.

[278] GUSTAFSON P. Place, place attachment and mobility: three

sociological studies[D]. Gêteborg: Gêteborg University, 2002.

[279] HADDOCK C. Managing Risks in Outdoor Activities[M]. Wellington: New Zealand Mountain Safety Council press, 1993.

[280] HAIR J F, BLACK W C, BABIN B J, et al. Multivariate data analysis [M]. 7th edition New Jersey: Pearson Education, 2010.

[281] HAVITZ M E, DIMANCHE F. Propositions for guiding the empirical testing of the involvement construct in recreational and tourist contexts[J]. Leisure Sciences, 1990, 12(2): 179-196.

[282] HAVITZ M E, DIMANCHE F. Leisure involvement revisited: Conceptual conundrums and measurement advances[J]. Journal of Leisure Research, 1997, 29(3): 245-278.

[283] HAVITZ M, DIMANCHE F. Leisure involvement revisited: drive properties and paradoxes[J]. Journal of Leisure Research, 1999, 31: 122-149.

[284] HAWCROFT L J, MILFONT T L. The use (and abuse) of the new environmental paradigm scale over the last 30 years: a meta-analysis[J]. Journal of Environmental Psychology, 2010, 30(2): 143-158.

[285] HAWKINS D L, BEST R J, CONEY K A. Consumer behavior: building marketing strategy[M]. London: Irwin McGraw-Hill, 2001: 135-147.

[286] HEATH R A. Wildlife-based tourism in Zimbabwe: an outline of its development and future policy options[J]. Geographical Journal of Zimbabwe, 1992, 23: 59-78.

[287] HEMSON G, MACLENNAN S, JOHNSON G, et al. Community, lions, livestock and money: a spatial and social analysis of attitudes to wildlife and the conservation value of tourism in a human-carnivore conflict in Botswana[J]. Biological Conservation, 2009, 142(11): 2718-2725.

[288] HIGGINBOTTOM K, SCOTT N. Wildlife tourism: a strategic destination analysis[M]//HIGGINBOTTOM K. Wildlife tourism: impacts, management and planning. Altona, VIC: Common Ground Publishing, 2004: 253-275.

[289] HIGGINBOTTOM K, BUCKLEY R. Wildlife tourism research report No. 9, Status assessment of wildlife tourism in Australia series, viewing of free-ranging land-dwelling wildlife[R]. Gold Coast, Queensland: CRC for Sustainable Tourism, 2003.

[290] HIGGINBOTTOM K, NORTHROPE C, GREEN R J. Positive effects of

wildlife tourism on wildlife(Wildlife Tourism Research Report Series No 6)[R]. Gold Coast, Queensland: Cooperative Research Center for Sustainable Tourism, 2001.

[291] HIGHAM J E S. Tourists and albatrosses: the dynamics of tourism at the Northern Royal Albatross Colony, Taiaroa Head, New Zealand[J]. Tourism Management, 1998, 19(6): 521-531.

[292] HIGHAM J, BEJDER L. Managing wildlife-based tourism: edging slowly towards sustainability[J]. Current Issues in Tourism, 2008, 11(1): 75-83.

[293] HISRICH J M, DORNOFF R J, KERNAN J B. Perceived risk in store selection[J]. Journal of Marketing research, 1972, 9(4): 435-439.

[294] HOLZER D, SCOTT D, BIXLER R. Socialization influences on adult zoo visitation[J]. Journal of Applied Recreation Research, 1998, 23(1): 43-62.

[295] HOOVER R J, GREEN R T, SAEGER J. A cross national study of perceived risk[J]. Journal of Marketing, 1978, 42(3): 102-108.

[296] HOUSTON M J, ROTHSCHILD M L. Conceptual and methodological perspective in involvement[G]//JAIN S C. Research frontiers in marketing: dialogues and directions[M]. Chicago: American Marketing Association, 1978: 184-187.

[297] HOYT E. Whale watching 2000: Worldwide tourism numbers, expenditures, and expanding socioeconomic benefits[R]. Crowborough: International Fund for Animal Welfare, 2000.

[298] HU B, YU H. Segmentation by craft selection criteria and shopping involvement[J]. Tourism Management, 2007, 28, 1079-1092.

[299] HU B. The impact of destination involvement on travelers' revisit intentions[D]. West Lafayette, IN: Purdue University, 2003.

[300] HUGHS P. Animals, values and tourism: structural shifts in UK dolphin tourism provision[J]. Tourism Management, 2001, 22(4): 321-329.

[301] HUNDLOE T, HAMILTON C. Koalas and tourism: an economic evaluation [R]. The Australian Institute, 1997.

[302] HUNTER M L. Wildlife, Forests and forestry: principles of managing forests for biological diversity[M]. Upper Saddle River, NJ: Prentice-Hall, 1990.

[303] HWANG S N, LEE C, CHEN H J. The relationship among tourists' involvement,

place attachment and interpretation satisfaction in Taiwan's National Parks[J]. Tourism Management, 2005, 26(2): 143-156.

[304] IWASAKI Y, HAVITZ M E. Examining relationships between leisure involvement, psychological commitment and loyalty to a recreation agency[J]. Journal of Leisure Research, 2004, 36(1): 45-72.

[305] JACOBY J, KAPLAN L. The components of perceived Risk[C]// VENKATESAN M. Proceedings of 3rd Annual Conference. Chicago: Association for Consumer Research, University of Chicago, 1972: 382-393.

[306] JAMES C, ROY J. Whale shark tourism at Ningaloo Marine Park: A longitudinal study of wildlife tourism[J]. Tourism Management, 2010, 31(2): 386-394.

[307] JÖRESKOG K G, SÖRBOM D. LISREL: Structural equation modeling with the SIMPLIS command language[C]. Hilldale, NJ: Erlbaum, 1993. 23-35.

[308] KIM H, BORGES M C, CHON J. Impacts of environmental values on tourism motivation: the case of FICA, Brazil[J]. Tourism Management, 2006, 27(5), 957-967.

[309] KIM S, SCOTT D, CROMPTON J L. An exploration of the relationships among social psychological involvement, behavioral involvement, commitment, and future intentions in the context of birdwatching [J]. Journal of Leisure Research, 1997, 29(3), 320-329.

[310] KLINE R B. Principles and practice of structural equation modeling[M]. New York: Guilford Press, 1998.

[311] KNIGHT R L, TEMPLE S A. Origin of wildlife responses to recreationists [M]//Knight R L, Gutzwiller K J. Wildlife and recreationists: coexistence through management and research. Washington DC: Island Press, 1995.

[312] KNIGHT J. The ready-to-view wild monkey: the convenience principle in Japanese wildlife tourism[J]. Annals of Tourism Research, 2010, 37(3): 744-762.

[313] KO D W, STEWART W P. A structural equation model of residents' attitudes for tourism development[J]. Tourism Management, 2002, 23(5): 521-530.

[314] KRUGMAN H E. The impact of television advertizing: learning without involvement[J]. Public Opinion Quarterly, 1965,

29(10):349-356.

[315] KUO I. The effectiveness of environmental interpretation at resource-sensitive tourism destinations[J]. Tourism Research, 2002, 4(2):87-101.

[316] KYLE G T, ANDREW J M. An examination of the leisure involvement: agency commitment relationship[J]. Journal of Leisure Research, 2005, 37(3):342-363.

[317] LANTOS G P . The influences of inherent risk and information acquisition on consumer risk reduction strategies[J]. Journal of the Academy of Marketing Science, 1983, 11(4):358-381.

[318] LAURENT G, Kapferer J. Measuring consumer involvement profiles [J]. Journal of Marketing Research: 1985, 22(1):41-53.

[319] LEMELIN R H, SMALE B. Effect of environmental context on the experience of polar bear viewers in Churchill, Manitoba[J]. Journal of Ecotourism, 2006, 5(3):176-191.

[320] LEPP A, GIBSON H. Sensation seeking and tourism: tourist role, perception of risk and destination choice[J]. Tourism Management, 2008, 29(4):740-750.

[321] LEPP A, GIBSON H. Tourism and World Cup Football amidst perceptions of risk: the case of South Africa[J]. Scandinavian Journal of Hospitality and Tourism, 2011, 11(3):286-305.

[322] LEPP A, GIBSON H. Tourist roles, perceived risk and international tourism[J]. Annals of Tourism Research, 2003, 30(3):606-624.

[323] LIU J, LINDERMAN M, OUYANG Z. Ecological degradation in protected areas: the case of Wolong Nature Reserve for giant pandas[J]. Science, 2001, 292:98-101.

[324] LIU J, OUYANG Z, TAN Y. Changes in human population structure: implications for biodiversity conservation, population and environment[J]. Interdisciplinary Studies, 1999, 21:46-58.

[325] PPOJMNA L. Environmental Ethics: Reading in Theory and Application [M]. 3rd edition. Wadsworth, A Division of Thomson Learning Australia, 2001:180-181.

[326] LUBECK L. East African safari tourism: the environmental role of tour operators, travel agents, and tourists[M]//KUSLER J. Ecotourism and resource conservation: a collection of papers. Madison: Omnipress, 1990.

[327] LUZAR E J, HENNING B R. Tourism Survey[R]. Baton Rouge, Louisiana: Department of Agricultural Economics and Agribusiness, Louisiana State University, 1994.

[328] MACKAY K J, CAMPBELL J M. An examination of residents'support for hunting as a tourism product[J]. Tourism Management, 2004, 25(2): 443-452.

[329] MACLELLAN L R. An examination of wildlife tourism as a sus-tainable form of tourism development in North West Scotland[J]. Tourism Research, 1999, 1(5): 375-387.

[330] MAIR J. Exploring air travellers' voluntary carbon-offsetting behaviour[J]. Journal of Sustainable Tourism, 2011, 19(2): 215-230.

[331] MAKOMBE K. Sharing the Land: wildlife, People, and development in Africa[R]. IUCN/ Sustainable Use of Wildlife Programme, Harare, Zimbabwe and IUCN/Regional Office for Southern Africa, Washington DC, USA, 1993.

[332] MANGUN J C, MANGUN W R. Wildlife watchers in the western United States: a structural approach for understanding policy change[J]. Human Dimensions of Wildlife, 2002, 7(2): 123-137.

[333] ORAMS M B. Tourists getting close to whales, is it what whale-watching is all about[J]. Tourism Management, 2000, 21(7): 561-569.

[334] MAYER P. Urban ecosystems research joins mainstream ecology[J]. Nature, 2010, 467: 153.

[335] MBAIWA J E. The socio-economic and environmental impacts of tourism development on the Okavango Delta, north-western Botswana[J]. Journal of Arid Environments, 2003, 54(2): 447-467.

[336] MCCOOL S M. Wildlife viewing, natural area protection and community sustainability and resilience[J]. Natural Areas Journal, 1996, 16(2): 147-151.

[337] MCDONALD R I, KAREIVA P, FORMAN R T T. The implications of current and future urbanization for global protected areas and biodiversity conservation[J]. Biological Conservation, 2008, 141(6): 1695-1703.

[338] MCGEHEE N G, YOON Y, CÁRDENAS D. Involvement and travel for recreational runners in North Carolina[J]. Journal of Sport Management, 2003, 17: 305-324.

[339] MCINTYRE N, PIGRAM J J. Recreation specialization reexamined: the case of vehicle-based campers[J]. Leisure Research, 1992, 14(1): 3-15.

[340] MEDIO D, ORMOND R F G, PEARSON M. Effect of briefings on rates of damage to corals by scuba divers[J]. Biological Conservation, 1997, 79(3): 91-95.

[341] MEHTA J N, KELLERT S R. Local attitudes towards community-based conservation policy and programmers in Nepal: a case study of the Makalu-Barun conservation area[J]. Environmental Conservation, 1998, 25(4): 320-333.

[342] MITCHELL V W. Understanding consumers' behavior: can perceived risk theory help[J]. Management decision, 1992, 30(3): 26-31.

[343] MORAKABATI Y, FLETCHER J, PRIDEAUX B. Tourism development in a difficult environment: a study of consumer attitudes, travel risk perceptions and the termination of demand[J]. Tourism Economics, 2012, 18(5): 953-969.

[344] MORRISON D. Wildlife tourism in the Minch: distribution, impact and development opportunities[R]. Stornoway: Minch Partnership, 1995.

[345] MOSCARDO G, WOODS B, SALTZER R. The Role of Interpretation in Wildlife Tourism[M]//HIGGINBOTTOM K. Wildlife Tourism: Impacts, Management and Planning. Altona, VIC: Common Ground Publishing, 2004: 231-251.

[346] MOULTON M, SANDERSON J. Wildlife Issues in a Changing World[M]. 2nd edition. London: Lewis Publishers, 1999.

[347] MUIR K. Marketing African wildlife products and services[C]// Proceedings of conference on wildlife management in Sub-Saharan Africa: sustainable economic benefits and contribution to rural development, 6-13 October, Harare, Zimbabwe, 1987: 189-202.

[348] MULOIN S. Wildlife tourism: the psychological benefits of whale watching[J]. Pacific Tourism Review, 1998, 2(3-4): 199-213.

[349] MUNN C A. Macaw biology and ecotourism[M]//BEISSINGER S R, SNYDER N F R. New world parrots in crisis: solutions from conservation biology. Washington DC: Smithsonian Institution Press, 1992, 47-72.

[350] MUSIL C M, JONES S L, WARNER C D. Structural equation modeling and its relationship to multiple regression and factor analysis[J]. Research in Nursing & Health, 1998, 21(3): 271-281.

[351] NACHTIGALL C, KROEHNE U, FUNKE F, et al. Pros and cons of structural equation modeling[J]. Methods Psychological Research Online, 2003, 8(2): 1-22.

[352] NEASS A. Self Realization: an ecological approach to being in the world[M]// Sessions G. Deep Ecology for the 21st Century. Pattaya Center, Thailand: Shambhala, 1995: 1225- 2391.

[353] NEWSOME D, DOWLING R, MOORE S. Wildlife tourism[M]. Buffalo: Channel View Publications, 2005: 16-22, 209-212.

[354] NORMAN, B. Review of current and historical research on the ecology of whale sharks (Rhincodon Typus), and applications to conservation through management of the species[R]. Perth, Western Australia: Department of Conservation and Land Management, 2002.

[355] NUNKOO R, RAMKISSOON H, GURSOY D. Use of structural equation modeling in tourism research past, present, and future[J]. Journal of Travel Research, 2013, 52(6): 759-771.

[356] NYHUS P J. Human-wildlife conflict and coexistence[J]. Annual Review of Environment and Resources, 2016, 41: 143-171.

[357] OKELLO M M, MANKA S G, AMOUR D E D. The relative importance of large mammal species for tourism in Amboseli National Park, Kenya[J]. Tourism Management, 2008, 29(4): 751-760.

[358] ORAM M B. Feeding wildlife as a tourism attraction: a review of issues and impacts[J]. Tourism Management, 2002, 23(3): 281-293.

[359] ORAMS M B. A conceptual model of tourist-wildlife interaction: the case for education as a management strategy[J]. The Australian Geographer, 1996, 27(1): 39-51.

[360] ORAMS M B, HILL G J E. Controlling the eco-tourist in a wild dolphin feeding program: is education the answer?[J]. Journal of Environmental Education, 1998, 29(3): 33-38.

[361] ORAMS M B. Historical accounts of human-dolphin interaction and recent developments in wild dolphin based tourism in Australasia[J]. Tourism Management, 1997, 18(5): 317-326.

[362] PAN L L, BAO J G. Role of intervening opportunities in tourist destination development[J]. Chinese Geographical Science, 2005, 15(4):368-376.

[363] PARSONS E C M, WOODS-BALLARD A. Acceptance of voluntary whale watching codes of conduct in West Scotland: the effectiveness of governmental versus industry-led guide lines[J]. Current Issues in Tourism, 2003, 6(2):172-182.

[364] PATTERSON P G. Expectations and product performance as determinants of satisfaction for a high-involvement purchase[J]. Psychology & Marketing, 1993, 10(5), 449-465.

[365] PEARCE D G, WILSON P M. Wildlife-viewing tourists in New Zealand[J]. Journal of Travel Research, 1995, 34(2):19-26.

[366] PERRY M, HAMM B. Canonical analysis of relations between socioeconomic risk and personal influence in purchase decisions[J]. Journal of Marketing Research, 1969, 6(2):351-354.

[367] PETER J P L, TARPEY SR, L E X. A comparative analysis of three consumer decision strategies[J]. Journal of Consumer Research, 1975, 2(1):29-37.

[368] PETER J D, RYAN M J. An investigation of perceived risk on the brand level[J]. Journal of marketing research, 1976, 13(2):184-188.

[369] POIRA Y, REICHEL A, Biran A. Heritage site perceptions and motivations to visit[J]. Journal of Travel Research, 2006, 44(3):318-326.

[370] POWELL R B, HAM S H. Can ecotourism interpretation really lead to proconservation knowledge, attitudes and behavior? Evidence from the Galapagos Islands[J]. Journal of Sustainable Tourism, 2008, 16(4):467-489.

[371] PRIEST S. The adventure experience paradigm[M]// Miles A, Priest S. Adventure recreation. State College, PA: Venture Publishing, 1990: 157-162.

[372] QI C X, GIBSON H J, ZHANG J J. Perceptions of risk and travel intentions: the case of China and the Beijing Olympic Games[J]. Journal of Sport & Tourism, 2009, 14(1):43-67.

[373] Radder L, Bech-Larsen T. Hunters'motivations and values:

a South African perspective[J]. Human Dimensions of Wildlife, 2008, 13(4): 252-262.

[374] RAMALHO C E, HOBBS R J. Time for a change: dynamic urban ecology [J]. Trends in Ecology and Evolution, 2012, 27(3): 179-188.

[375] RAWLES C, PARSONS E C M. Environmental motivation of whale watching tourists in Scotland[J]. Tourism in Marine Environments, 2004, 1(2): 129-132.

[376] REYNOLDS P C, BRAITHWAITE D. Towards a conceptual framework for wildlife tourism[J]. Tourism Management, 2001, 22(3): 31-42.

[377] Risk and Policy Analysts Ltd. The Conservation and Development Benefits of the Wildlife Trade Report[R] Wildlife and Countryside Directorate, Department of Environment, London, 1996.

[378] RODGER K, MOORE S A, NEWSOME, D. Wildlife tours in Australia: characteristics, the place of science and sustainable futures [J]. Journal of Sustainable Tourism, 2007, 15(2): 160-179.

[379] RODGER K, MOORE S A, NEWSOME, D. Wildlife tourism, science and actor network theory[J]. Annals of Tourism Research, 2009, 36(4): 645-666.

[380] RODGER K, MOORE S A. Bringing science to wildlife tourism: the influence of managers' and scientists' perceptions[J]. Journal of Ecotourism, 2004, 3(1): 1-19.

[381] ROE D N, LEADER-WILLIAMS N, DALAL-CLAYTON D. Take only photographs, leave only footprints: the environmental impacts of wildlife tourism[R]. IIED Wildlife and Development Series No. 10. London: International Institute for Environment and Development. 1997.

[382] ROEHL W S, FESENMAIER D R. Risk perceptions and pleasure travel: an exploratory analysis[J]. Journal of Travel Research, 1992, 30(4): 17-26.

[383] ROSELIUS T. Consumer rankings of risk reduction methods[J]. The Journal of Marketing, 1971, 35(1): 56-61.

[384] RYAN C, HARVEY K. Who likes saltwater crocodiles? Analyzing socio-demographics of those viewing tourist wildlife attractions based on salt water crocodiles[J]. Journal of Sustainable Tourism, 2000, 8(5): 426-433.

[385] RYAN C. Saltwater crocodiles as tourist attractions[J]. Journal

of Sustainable Tourism, 1998, 6(4): 314-327.

[386] SCHNZEL H A, MCINTOSH A J. An insight into the personal and emotive context of wildlife viewing at the penguin place, Otago Peninsula, New Zealand[J]. Journal of Sustainable Tourism, 2000, 8(1): 36-52.

[387] SCHULTZ P W, SHRIVER C, TABANICO J J, et al. Implicit connections with nature[J]. Journal of Environmental Psychology, 2004, 24(1): 31-42.

[388] SEKERCIOGLU C H. Impacts of bird watching on human and avian communities[J]. Environmental Conservation, 2002, 29(3): 282-289.

[389] SEKHAR N U. Local people's attitudes towards conservation and wildlife tourism around Sariska Tiger Reserve[J]. India Journal of Environmental Management, 2003, 69(2): 339-347.

[390] SELIN S, HOWARD D. Ego involvement and leisure behavior: a conceptual specification[J]. Journal of Leisure Research, 1988, 20: 237-244.

[391] SHACKLEY M L. Wildlife tourism[M]. Cengage Learning Business Press, 1996.

[392] SHACKLEY M. Flagship species: case studies in wildlife tourism management[R]. Burlington: The International Ecotourism Society, 2001.

[393] SHACKLEY M. Wildlife tourism[M]. London: International Thomson Business Press, 1996b.

[394] SHERIF C W, SHERIF M. Attitude, ego-involvement and change[M]. New York: John Wiley & Sons, 1967.

[395] SHERIF M, CANTRIL H. The psychology of ego involvement, social attitudes and identifications[M]. New York: John Wiley & Sons, 1947.

[396] SINDIGA I. Wildlife-based tourism in Kenya: land-use conflicts and government compensation policies over protected areas[J]. Journal of Tourism Studies, 1995, 6(2): 5-55.

[397] SIRIVONGS K, TSUCHIYA T. Relationship between local residents' perceptions, attitudes and participation towards national protected areas: a case study of Phou Khao Khouay National Protected Area, central Lao PDR[J]. Forest Policy and Economics,

2012, 21: 92-100.

[398] SLOVIC P. Perception of risk[J]. Science, 1987, 236: 280-285.

[399] STOECK N, SMITH A, NEWSOME D, et al. Regional economic dependence on iconic wildlife tourism: case studies of Monkey Mia and Harvey Bay[J]. International Journal of Tourism Studies, 2005, 16(1): 69-81.

[400] STONE R N, GRØNHAUG K. Perceived risk: further considerations for the marketing discipline[J]. European Journal of Marketing, 1993, 27(3): 39-50.

[401] STONE R N. The marketing characteristics of involvement[J]. Advances in Consumer Research, 1984, 11(1): 210-215.

[402] SYLVAN R, BENNETT D. Taoism and deep ecologist[J]. The Ecologist, 1988, 18: 148.

[403] TAYLOR L A, HALL P D, Cosier R A, et al.. Outcome feedback effects on risk propensity in an MCPLP task[J]. Journal of Management, 1996, 22(2): 299-322.

[404] TISDELL C, WILSON C. Wildlife-based tourism and increased support for nature conservation financially and otherwise: evidence from sea turtle ecotourism at Mon Repos[J]. Tourism Economics, 2001, 7(3): 233-249.

[405] TOSUN C. Host perceptions of impacts: a comparative tourism study [J]. Annals of Tourism Research, 2002, 29(1): 231-253.

[406] TSAUR S-H, TZENG G-H, Wang K-C. Evaluating tourist risks from fuzzy perspectives[J]. Annals of Tourism Research, 1997, 24(4): 796-812.

[407] TUAN Y F. Space and place: the perspective of experience [M]. Minneapolis: University of Minnesota Press, 1977.

[408] TURLEY S. Children and the demand for recreational experiences: the case of Zoos[J]. Leisure Studies, 2001, 20(1): 1-18.

[409] VALENTINE P, BIRTLES A. Wildlife watching[M]//HIGGINBOTTOM K. Wildlife tourism: impacts, management and planning. Altona, VIC: Common Ground Publishing, 2004: 15-34.

[410] VERHAGE B J, YAVAS U, GREEN R T. Perceived risk: a cross-cultural phenomenon[J]. Internationl Journal of research in marketing, 1990, 7(4): 297-303.

[411] World Association of Zoos and Aquariums(WAZA). Building

a future for wildlife-the world zoo and aquarium conservation strategy[R]. Bern: WAZA, 2005.

[412] WILSON C, TISDELL C. Conservation and economic benefits of wildlife-based marine tourism: sea turtles and whales as case studies[J]. Human Dimensions of Wildlife, 2003, 8(1): 49-58.

[413] WILSON C, TISDELL C. Sea turtles as a non-consumptive tourism resource especially in Australia[J]. Tourism Management, 2001, 22(3): 279-288.

[414] WOODS B. Animals on display: principles for interpreting captive wildlife[J]. Journal of Tourism Studies, 1998, 9(1): 28-39.

[415] MCNEELY J A, THORSELL J W, CEBALLOS-LASCURAIN H. Guidelines: development of national parks and protected areas for tourism [R]. Tourism and the Environment Technical Report Series(13). Madrid, Spain: World Tourism Organisation, United Nations Environment Programme, 1992.

[416] WURZINGER S, JOHANSSON M. Environmental concern and knowledge of ecotourism among three groups of swedish tourists[J]. Journal of Travel Research, 2006, 45(2): 217-226.

[417] YOON Y, GURSOY D, CHEN J S. Validating a tourism development theory with structural equation modeling[J]. Tourism Management, 2001, 22(4): 363-372.

[418] ZAICHKOWSKY J. Measuring the involvement concept[J]. Journal of Consumer Research, 1985, 12: 341-352.

[419] AKAMA J S. Western environmental values and nature-based tourism in Kenya., 1996, 17(8), 567-574.

[420] ANDERSON J A. Regression and ordered categorical variables[J]. Journal of the Royal Statistical Society: Series B(Methodological), 1984, 46(1): 1-22.

[421] BAMBERG S, MÖSER G. Twenty years after Hines, Hungerford, and Tomera: a new meta-analysis of psycho-social determinants of pro-environmental behaviour[J]. Journal of environmental psychology, 2007, 27(1): 14-25.

[422] BAMBERGER J. The development of intuitive musical understanding: a natural experiment[J]. Psychology of Music, 2003, 31(1): 7-36.

[423] BENTLER P M, BONETT D G. Significance tests and goodness

of fit in the analysis of covariance structures[J]. Psychological bulletin, 1980, 88(3): 588-606.

[424] BENTLER P M. Comparative fit indexes in structural models[J]. Psychological bulletin, 1990, 107(2): 238-246.

[425] BENTLER P M. On the fit of models to covariances and methodology to the Bulletin. [J]. Psychological bulletin, 1992, 112(3): 400-404.

[426] BOSTROM A, BARKE R P, TURAGA R M R, et al. Environmental concerns and the new environmental paradigm in Bulgaria[J]. The Journal of Environmental Education, 2006, 37: 25-40.

[427] BROCK T. Wildlife tourism: a visitor attraction's perspective. Presentation to 'It's Wild! People, Nature and Tourism in Scotland'[R]. 2002.

[428] BYRNES J, MILLER D, SCHAFER W. Gender differences in risk taking: a meta-analysis[J]. Psychological Bulletin, 1999, 125(3): 367-383.

[429] CEBALLOS G, EHRLICH P R, BARNOSKY A D, et al. Accelerated modern human-induced species losses: entering the sixth mass extinction. Science Advances, 2015, 1(5): e1400253.

[430] CHANG S Y. Australians' holiday decisions in China: a study combining novelty-seeking and risk-perception behaviors[J]. Journal of China Tourism Research, 2009, 5(4): 364-387.

[431] CONG L, WU B, MORRISON A M, et al. Analysis of Wildlife Tourism Experiences with Endangered Species: An Exploratory Study of Encounters with Giant Pandas in Chengdu, China[J]. Tourism Management, 2014, 40(2): 300-310.

[432] CUNNINGHAM A J. A method of increased sensitivity for detecting single antibody-forming cells[J]. Nature, 1965, 207: 1106-1107.

[433] CURTIN S. Nature, wild animals and tourism: an experiential view [J]. Journal of Ecotourism, 2005, 4(1): 1-15.

[434] DERBAIX C. Perceived risk and risk relievers: an empirical investigation[J]. Journal of economic psychology, 1983, 3(1): 19-38.

[435] DEVELLIS R F. Scale development: theory and applications[M]. Newbury Park, CA: Sage Publications, 1991.

[436] DOWLING G R, STAELIN R. A model of perceived risk and intended

risk-handling activity[J]. Journal of consumer research, 1994, 21(1): 119-134.

[437] FALK S. A review of the scarce and threatened bees, wasps and ants of Great Britain [R]. 1991.

[438] FIRESTONE K. Wildlife Tourism: Impacts, Management, and Planning [M]. Melbourne: Common Ground Publishing, Pty. Ltd., 2004.

[439] FISCHHOFF B, SLOVIC P, LICHTENSTEIN S, et al. How safe is safe enough? A psychometric study of attitudes towards technological risks and benefits[J]. Policy Sciences, 1978, 9: 127-152.

[440] FLYNN J, SLOVIC P, MERTZ C K. Gender, race, and perception of environmental health risks. Risk Analysis, 1994, 14(6): 1101-1108.

[441] FRANSSON N, GÄRLING T. Environmental concern: con-ceptual definitions, measurement methods, and re-search findings[J]. Journal of Environmental Psycho-logy, 1999, 19(4): 369-382.

[442] GORE M L, KNUTH B A, CURTIS P D, et al. Factors influencing risk perception associated with human-black bear conflict[J]. Human Dimensions of Wildlife An International Journal, 2007, 12: 133-136.

[443] GORE M L, WILSON R S, SIEMER W F, et al. Application of risk concepts to wildlife management: Special issue introduction[J]. Human Dimensions of Wildlife, 2009, 14(5): 301-313.

[444] HAIR J F, SARSTEDT M, PIEPER T M, et al. The use of partial least squares structural equation modeling in strategic management research: a review of past practices and recommendations for future applications[J]. Long Range Planning, 2012, 45(5-6): 320-340.

[445] HAVLENA W J, DESARBO W S. On the Measurement of Perceived Consumer Risk[J]. Decision Sciences, 1991, 22(4): 927-939.

[446] HUGHES M, MORRISON-SAUNDERS A. Influence of on-site interpretation intensity on visitors to natural areas[J]. Journal of Ecotourism, 2005, 4(3): 161-177.

[447] IUDZG/CBSG(IUCN/SSC). Executive summary, the world zoo conservation strategy: the role of the zoos and aquaria of the world in global conservation[R]. Chicago: Chicago Zoological Society, 1993.

[448] KAISER H F. An index of factorial simplicity[J]. psychometrika, 1974, 39(1): 31-36.

[449] KRUGMAN H E. The measurement of advertising involvement[J]. Public Opinion Quarterly, 1966, 30(4): 583-596.

[450] LEE W H, MOSCARDO G. Understanding the Impact of Ecotourism Resort Experiences on Tourists' Environmental Attitudes and Behavioural Intentions[J]. Journal of Sustainable Tourism, 2005, 13: 546-565.

[451] LEHTO X Y, O'LEARY J T, MORRISON A M. The effect of prior experience on vacation behavior[J]. Annals of Tourism Research, 2004, 31(4): 801-818.

[452] LEMELIN R H, FENNELL D, SMALE B. Polar bear viewers as deep ecotourists: How specialised are they? [J]. Journal of Sustainable Tourism, 2008, 16(1): 42-62.

[453] LEOPOLD A. The river of the mother of God: and other essays by Aldo Leopold[M]. Madison: Univ of Wisconsin Press, 1992.

[454] MACCALLUM R C, ROZNOWSKI M, MAR C M, et al. Alternative strategies for cross-validation of covariance structure models[J]. Multivariate behavioral research, 1994, 29(1): 1-32.

[455] MARDIA K V, FOSTER K. Omnibus tests of multinormality based on skewness and kurtosis[J]. Communications in Statistics-theory and methods, 1983, 12(2): 207-221.

[456] MARK R J, PANG Z, GEDDES J W, et al. Amyloid β-peptide impairs glucose transport in hippocampal and cortical neurons: involvement of membrane lipid peroxidation[J]. Journal of Neuroscience, 1997, 17(3): 1046-1054.

[457] MARSH H W, HAU K T, WEN Z. In search of golden rules: comment on hypothesis-testing approaches to setting cutoff values for fit indexes and dangers in overgeneralizing Hu and Bentler's (1999) findings[J]. Structural equation modeling, 2004, 11(3): 320-341.

[458] MCDONALD P C, FIELDING A B, DEDHAR S. Integrin-linked kinase-essential roles in physiology and cancer biology[J]. Journal of cell science, 2008, 121(19): 3121-3132.

[459] MITCHELL A A. Involvement: a potentially important mediator of consumer behavior[J]. Advances in Consumer Research,

1979(6): 191-196.

[460] MITCHELL V M. Consumer Perceived Risk: Conceptualizations and Models[J]. European Journal of Marketing, 1999, 33: 163-195.

[461] MITCHELL V W, GREATOREX M. Risk perception and reduction in the purchase of consumer services[J]. The Service Industries Journal, 1993, 13(4), 179-200.

[462] MITCHELL V W, MCGOLDRICK P J. Consumer's risk-reduction strategies: a review and synthesis[J]. International Review of Retail, Distribution and Consumer Research, 1996, 6(1): 1-33.

[463] MOSCARDO G, SALTZER R L. Understanding wildlife tourism markets [M]//HIGGINBOTTOM K. Wildlife tourism: impacts, management and planning. Altona, VIC: Common Ground Publishing, 2004: 167-185.

[464] MUSTIKA P L K, BIRTLES A, EVERINGHAM Y, et al. The human dimensions of wildlife tourism in a developing country: watching spinner dolphins at Lovina, Bali, Indonesia[J]. Journal of Sustainable Tourism, 2013, 21(2): 229-251.

[465] NAESS A. Self-realization: an ecological approach to being in the world[M]//GLASSER H, DRENGSON A. The selected works of Arne Naess. Dordrecht: Springer, 2005, 10: 515-530.

[466] NAESS A. The apron diagram[M]//DRENGSON A, INOUE Y. The deep ecology movement: an introductory anthology. Berkeley: North Atlantic Books, 1995: 10-12.

[467] NEWSOME D, DOWLING R K, MOORE S A. Wildlife Tourism[M]. Bristol: Channel View Publications Ltd., 2005.

[468] NUNNALLY J C, KNOTT P D, DUCHNOWSKI A, et al. Pupillary response as a general measure of activation[J]. Perception & Psychophysics, 1967, 2: 149-155.

[469] PENNISI L A, HOLLAND S M, STEIN T V. Achieving bat conservation through tourism[J]. Journal of Ecotourism, 2004, 3(3): 195-207.

[470] PIMM S L, JENKINS C N, ABELL R, et al. The biodiversity of species and their rates of extinction, distribution, and protection. Science, 2014, 344(6187): 1246752.

[471] PRAYAG G, RYAN C. Antecedents of tourists' loyalty to Mauritius: The role and influence of destination image, place attachment, personal involvement, and satisfaction[J]. Journal of Travel

Research, 2012, 51(3): 342-356.

[472] REID I S. An investigation of the high and low involvement decision-making process used when purchasing leisure services for the first time[D]. College Station: Texas A&M University, 1990.

[473] RODGER K, MOORE S A, NEWSOME D. Wildlife tours in Australia: characteristics, the place of science and sustainable futures[J]. Journal of Sustainable Tourism, 2007, 15(2): 160-179.

[474] SAMUELS A, BEJDER L, CONSTANTINE R, et al. Swimming with wild cetaceans, with a special focus on the Southern Hemisphere[J]. Marine Mammals: Fisheries, Tourism and Management Issues. CSIRO Publishing, Collingwood, 2003: 277-303.

[475] SAMUELS A, BEJDER L, HEINRICH S. A review of the literature pertaining to swimming with wild dolphins[M]. Bethesda, Maryland: Marine Mammal Commission, 2000.

[476] SCOTT D, WILLITS F K. Environmental attitudes and behavior: a Pennsylvania survey[J]. Environment and Behavior, 1994, 26, 239-260.

[477] SHETH J N. Influence of brand preference on post-decision dissonance[J]. Journal of the Academy of Applied Psychology, 1968, 5(3): 73-77.

[478] SIEMER W F, HART P S, DECKER D J, et al. Factors that influence concern about human-black bear interactions in residential settings[J]. Human Dimensions of Wildlife, 2009, 14(3): 185-197.

[479] SPENCE H E, ENGEL J F, BLACKWELL R D. Perceived risk in mail-order and retail store buying[J]. Journal of Marketing Research, 1970, 7(August): 364-369.

[480] STEIGER J H. Point estimation, hypothesis testing, and interval estimation using the RMSEA: some comments and a reply to Hayduk and Glaser[J]. Structural Equation Modeling, 2000, 7(2): 149-162.

[481] TABACHNICK B G, FIDELL L S. Experimental designs using ANOVA[M]. Belmont, CA: Thomson/Brooks/Cole, 2007.

[482] THRESHER P B. The economics of a lion case study of the Amboseli National Park in Kenya[Z]. 1981.

[483] TREVES A, WALLACE R B, NAUGHTON-TREVES L, et al. Co-managing human-wildlife conflicts: a review[J]. Human dimensions of wildlife, 2006, 11(6): 383-396.

[484] VAN LIERE K D, DUNLAP R E. The social bases of environmental concern: a review of hypotheses, explanations and empirical evidence[J]. Public Opinion Quarterly, 1980, 44(2): 181-197.

[485] WEARING S, NEIL J. Refiguring self and identity through volunteer tourism[J]. Society and Leisure, 2000, 23(2): 389-419.

[486] WEAVER A A. Determinants of environmental attitudes: a five-country comparison[J]. International Journal of Sociology, 2002, 32(1): 77-108.

[487] WILSON C, TISDELL C A. Knowledge of birds and willingness to support their conservation: an Australian case study[J]. Bird Conservation International, 2005, 15: 225-235.

[488] WRIGHT P L. The cognitive processes mediating acceptance of advertising[J]. Journal of Marketing Research, 1973, 10(1): 53-62.

[489] ZAICHKOWSKY J L. Conceptualizing Involvement[J]. Journal of Advertising, 1986, 15(2): 4-14+34.

[490] ZAICHKOWSKY J L. The personal involvement inventory: Reduction, revision, and application to advertising. Journal of advertising, 1994, 23(4): 59-70.

[491] ZEPPEL H, MULOIN S. Conservation benefits of interpretation on marine wildlife tours[J]. Human Dimensions of Wildlife, 2008, 13(4), 280-294.

后　记

在当前国家战略的背景下，以国家公园为主体的自然保护地体系的建立和生态文明战略的推进，人与野生动物的和谐共生是实现人与自然发展的重要体现。本书在10年前博士论文研究工作的基础上，整理完成的，是野生动物旅游研究领域在国内的第一本学术专著，具有理论创新性，更具有一定的探索性，对比中国和澳大利亚两个国家野生动物旅游地实践发展和游客特征，有一定的国际视野鉴，该选题赋予了一定的前瞻性和重要的现实意义。

随着国家公园体制的建立，如何平衡生态保护与旅游发展，如何在保护的前提下合理利用自然资源，成为亟待解决的问题。本书通过对野生动物旅游场所的深入研究，提供了一种科学的涉入管理模式，有助于实现生态保护与旅游业可持续发展的双赢。其次，生态文明战略的实施强调了人与自然和谐共生的理念。本书探讨的野生动物旅游场所涉入，不仅关注旅游活动对野生动物及其栖息地的影响，也关注如何通过教育和参与提高公众的生态保护意识，这与生态文明战略的核心理念不谋而合。此外，随着生态文明建设的不断深入，公众对于自然保护和生态旅游的需求日益增长。本书的研究成果能够为自然保护地的管理者提供决策支持，为旅游规划者提供实践指导，同时也能满足公众对于高质量生态旅游体验的期待。

在国家公园和自然保护地体系不断完善的背景下，本书的出版将为相关政策的制定和实施提供理论依据和实践案例，有助于推动自然保护地的科学管理和生态旅游的可持续发展。同时，这也将促进国际社会对于中国自然保护和生态文明建设的认识和理解，提升中国在全球生态保护领域的影响力。

综上，本书对于推动国家公园体制的建立和生态文明战略的实施具有借鉴价值。随着国家对生态文明建设的不断投入和公众环保意识的提高，希望本书的研究成果将在未来发挥更加重要的作用。

在本书即将付梓之际，我愿借此机会，向那些在我研究和写作过程中给予我支持和帮助的人表示最深切的感谢。

首先，我要感谢我的博士导师吴必虎教授，他不仅在学术上给予我宝贵的指导，更在精神上给予我巨大的鼓励。吴教授的严谨治学和对学术前沿的敏锐洞察，为我的研究提供了坚实的基础。他的教诲和支持，是我能够在学术道路上不断前行的动力。该书能够出版也得益于博士论文的研究工作。

我还要感谢美国普渡大学的Alastair M. Morrison教授和澳大利亚默多克大学的David Newsome教授，他们在国际学术交流和研究方法上给予我的指导，使我的研究具有了更广阔的国际视野。他们的智慧和经验，对本书的完成起到了不可或缺的作用。

本书的完成，也离不开母校北京大学城市环境学院的老师和同学们，以及我在澳大利亚默多克大学的合作伙伴们。他们为我提供了丰富的案例资料和实地调研的机会，使我能够更深入地理解和分析野生动物旅游的现状和问题。

我还要感谢北京林业大学园林学院，资助了本书出版所需要的经费。此外也感谢所有参与本书评审和提出宝贵意见的专家和学者。他们的建议和批评，使我能够不断修正和完善我的研究，提高了本书的学术质量和实用性。此外，我还要感谢我的家人，他们对我的研究工作给予了无条件的支持和理解。在我埋头苦干的日子里，他们是我的坚强后盾，为我提供了一个温暖的避风港。最后，我要感谢出版社的编辑和工作人员，他们的专业精神和耐心工作，使得本书得以顺利出版。

本书不仅是我个人学术探索的成果，也是众多人智慧和努力的结晶。希望这本书能够为野生动物旅游的研究和实践提供有价值的参考和启示，为保护野生动物和促进可持续发展作出贡献。本书的撰写和出版，是在国家大力推进生态文明建设和自然保护地体系改革的大背景下进行的。这一国家战略为我们提供了宝贵的研究机遇，也对本书的研究内容提出了更高的要求。我深知，尽管我已竭尽全力，但由于时间和能力所限，书中难免存在一些疏漏和不足之处。我诚恳地希望广大读者、同行专家以及所有关心野生动物旅游和自然保护的人士，能够不吝赐教，提出宝贵的意见和建议。我期待着与大家共同见证和参与中国自然保护事业的发展，为建设美丽中国贡献我们的智慧和力量。

我坚信，通过不断的交流和探讨，我们可以共同推动野生动物旅游的科学研究和实践工作，为实现生态保护与旅游业的和谐发展贡献力量。我也期待本书能够成为这一领域内的一个有益的参考，为相关政策的制定和实施提供一定的理论支持和实践指导。

再次感谢所有支持和帮助过我的人们，没有你们，就没有这本书的诞生。

是为记。